电工技术基础学习辅导

同步指导·例题解析·同步练习·模拟试题

主　编　欧小东
副主编　黄承良　朱文杰　曾祥红　刁其恩

電子工業出版社

Publishing House of Electronics Industry

北京·BEIJING

内 容 简 介

本书是一本全面综合了全国多个省份对口高考考试大纲的要求而编写的较为全面的学习、复习指导用书。分为主册和附册两部分。主册以各章、节为单元，将全书知识点分解为知识同步指导、经典例题解析、同步练习题三部分来达到学习指导和巩固练习的目的。附册的内容为 8 套单元测试卷，方便教师开展单元测试，了解学生对各章节知识的掌握情况依教学进度进行考核检查。

本书内容包括：直流电路基础知识、复杂直流电路、电容器、磁与电磁、正弦交流电路、三相交流电和电动机、变压器、非正弦交流电路、电路过渡过程 9 章共计 58 个单元知识同步指导、逾 200 例经典例题解析、58 个单元知识同步练习题和 8 套单元测试卷，以及各单元知识同步练习题和各单元测试卷的参考答案。

本书主要为电子类学生对口升学考试量身打造，可作为大中专学校的电子类、机电类学生的学习指导用书，也可以作为相关专业教师的教学参考用书。

图书在版编目（CIP）数据

电工技术基础学习辅导 / 欧小东主编. —北京：电子工业出版社，2019.9

ISBN 978-7-121-37086-1

Ⅰ. ①电… Ⅱ. ①欧… Ⅲ. ①电工技术—教学参考资料 Ⅳ. ①TM

中国版本图书馆 CIP 数据核字（2019）第 144530 号

责任编辑：蒲　玥
印　　刷：三河市良远印务有限公司
装　　订：三河市良远印务有限公司
出版发行：电子工业出版社
　　　　　北京市海淀区万寿路 173 信箱　邮编　100036
开　　本：787×1 092　1/16　印张：17　字数：531.2 千字
版　　次：2019 年 9 月第 1 版
印　　次：2024 年 7 月第 13 次印刷
定　　价：58.50 元（含试卷）

凡所购买电子工业出版社图书有缺损问题，请向购买书店调换。若书店售缺，请与本社发行部联系，联系及邮购电话：（010）88254888，88258888。

质量投诉请发邮件至 zlts@phei.com.cn，盗版侵权举报请发邮件至 dbqq@phei.com.cn。

本书咨询联系方式：（010）88254485，puyue@phei.com.cn。

前　　言

伴随着我国从制造业大国向制造业强国的转型以及"中国制造 2025"战略的稳健推进，职业高考必将在全国各地不断升温。《国家职业教育改革实施方案》强调：全力提高中等职业教育发展水平，建立职业高考制度，大力推进高等职业教育高质量的发展。教育部的改革更是传来好消息：在国家普通高等院校 1200 多所学校中，将有 600 多所转向职业教育，转型的大学本科院校占高校总数的 50% 左右，职业教育将迎来一个发展的春天。

职业学校广大教师和应考生在教学和学习的过程中，深感手头的教学资料非常有限，专业课程复习资料更是匮乏。现有的习题集存在知识点分解不细、解题示范太少等缺陷，不适合职业高中层次的学生自主学习，因此急需针对学生实际情况、以课程教学为表现形式、知识点全面且有层次、学法指导通俗易懂、例题选取全面、同时又紧扣新考试大纲的复习指导书。

二十多年来，笔者一直从事对口升学"电工技术基础""电子技术基础"等高考科目的教学和考前辅导工作，拥有丰富的教学指导和辅考经验以及系统完备的专业资料储备。应新职业高考升学复习的需要，现将笔者的"电工技术基础"教学资料科学系统地整理成册，编成《电工技术基础学习辅导》《电工技术基础学习检测》，奉献给同行教师和莘莘学子。

本书突出了以下几个特点。

1. **广泛的适用性**：真正做到了有教学理论可依，有解题经验可学。参考了湖南、湖北、广东、江苏、北京等十几个省市的考纲和部分考题，具有广泛的适用性。

2. **学习要求明确**：充分体现了能力本位的特色，根据教育部颁发的教学大纲并综合参考了多地区考纲后提出明确的学习要求。

3. **知识同步指导**：将全书知识先化整为零，按章节分成 58 个小节，对小节的知识点进行指导分析和学法点拨，内容选取上对教材和考纲做了适度拓展。

4. **经典例题解析**：通过大量的典型的例题解析，帮助学生理解和巩固基本概念，提高解题能力；精选的例题做到详实、全面同时又注重理论联系实际。书中详尽阐述了解题的过程，更可贵的是突出了解题的新思路、新方法和新技巧，并对学生易出错处加以点评，非常适合学生自主学习的需要。

5. **同步练习题和综合练习题相结合**：这是一个将全书知识点化零为整、融会贯通的环节。本书选取了大量的适合中等职业教育的练习题，供学生练习、巩固和提高；习题难度符合普通学生的学习，还适当地选择了一些具有相当难度的习题，进一步提高学生的解题能力，因此也更适合对口升学学生的备考复习；书中附有各章节习题、测试卷的参考答案，以方便读者查对。

6．内容完整全面：本书和其配套的《电工技术基础学习检测》含单元测试卷、综合测试卷共37套，从不同形式、不同层面上帮助学生巩固知识、融合知识和运用知识，全面检查学生学习情况及复习备考。题材选取上围绕课程的重点、难点和考点，详实、系统且全面。采用主、附册分印形式的目的是为相关专业教师减少重复工作，只需全心授课，从此再无制卷之苦。

本书由欧小东任主编，黄承良、朱文杰、曾祥红、刁其恩任副主编。在编写过程中，得到了湖南师范大学工学院孙红英、彭士忠、杨小钨三位教授的悉心指导，得到了郴州综合职业中专学校领导以及同事们的大力支持。另外，杨外明、胡贵树老师提供了大量素材，樊珂、黄文娟、何丽平、周芳雨等在校学生为书稿录入做了大量的工作，在此一并向他们表示诚挚的感谢。

本书既可以作为电子类学生职业高考升学考试用书，也可作为大中专学校、技工学校的电子类、机电类学生的学习指导用书，同时也可以作为相关专业教师的教参用书。

由于作者水平有限，书中难免有不妥之处，敬请专家和读者批评指正。

编　者

目　　录

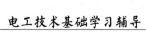

第一章　直流电路基础知识

 学习要求

（1）理解库仑定律及其应用。

（2）理解电场、电场强度、电力线、匀强电场、静电屏蔽的概念和物理意义。

（3）掌握电流、电流强度、电流参考方向的概念和相关计算。

（4）掌握电压、电位、电动势的物理概念，电压、电位的参考方向，电动势的方向，以及相关计算。

（5）理解电路的组成、电路的功能和电路模型的概念。

（6）掌握电阻定律、欧姆定律、焦耳定律相关计算及应用。

（7）掌握电能、电功率的概念及相关计算，电功率正负值的物理意义。

（8）掌握电源的最大输出功率、阻抗匹配和电源效率的计算。

1.1　库仑定律

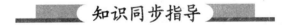

知识同步指导

1．摩擦生电的本质

摩擦生电的本质是电子从一个物体转移到另一个物体，造成物体的电子过多或不足而对外呈现带电特性。

2．自然界中的两种电荷及相互作用力

（1）两种电荷为正电荷、负电荷。

（2）相互作用力为引力或斥力。两种力表现为同种电荷相互排斥，异种电荷相互吸引。描述电荷多少的物理量称为电荷量，用"Q（q）"表示，单位为库仑，符号为C。

3．库仑定律

库仑定律诠释了点电荷之间相互作用力（也称静电力或库仑力）的大小和方向的问题。

1）库仑定律的内容：真空中两个点电荷间的作用力的大小跟它们所带电荷量的乘积成正比，跟它们之间距离的平方成反比，作用力的方向在它们的连线上。

2）库仑定律公式表示为

$$F = K\frac{q_1 q_2}{r^2}$$

式中：q_1、q_2——点电荷的电荷量，单位是库仑，符号为C；

　　　r——点电荷间的距离，单位是米，符号为m；

　　　K——静电恒量，$K = 9 \times 10^9 \text{N} \cdot \text{m}^2/\text{C}^2$；

F——静电力，单位是牛顿，符号为N。

3）学习库仑定律应注意的两个问题。

（1）库仑定律只适用于点电荷，对非点电荷间的相互作用力，库仑定律不适用。

（2）库仑定律用绝对值表示电荷的大小，再根据电荷的性质确定是引力或斥力。

经典例题解析

【例1】 真空中有 q_1、q_2 两个点电荷，它们相互吸引。已知引力大小为 1.8×10^{-4}N，点电荷 q_1 的电荷量为 $+4\times10^{-9}$C，两个点电荷的距离为 10^{-3}m，求 q_2 的电荷量。

【解答】 $F=K\dfrac{q_1q_2}{r^2}\Rightarrow q_2=\dfrac{Fr^2}{Kq_1}=\dfrac{1.8\times10^{-4}\times(10^{-3})^2}{9\times10^9\times4\times10^{-9}}=5\times10^{-12}\text{C}$

因为 q_1 与 q_2 相互吸引，故 q_2 为负电荷，即 $q_2=-5\times10^{-12}$C。

【例2】 在空气中有两个带有异种电荷的金属小球，分别带有 -4C 和 $+1$C 的电荷量，它们的作用力为 F，若相碰后再放回原处，则作用力的大小变为（　　）。

　　A. $\dfrac{9}{16}F$ 　　　　B. $\dfrac{9}{4}F$ 　　　　C. $\dfrac{25}{16}F$ 　　　　D. F

【解析】 异种电荷相碰后会先完全中和量小的异性电荷，中和完毕后余下的同种电荷再平均分配。

【解答】 设原来 q_1q_2 的乘积为 $1\times4=4$，作用力为 F 且相互吸引，那么现在的 q_1q_2 的乘积就为 $1.5\times1.5=2.25$，作用力为 F' 且相互排斥。由于 $\dfrac{F'}{F}=\dfrac{2.25}{4}=0.5625$，故答案选择 A。

同步练习题

一、填空题

1．电荷间存在着相互作用力，同种电荷相互_____，异种电荷相互_____。

2．真空中有 A、B 两个点电荷，A 的电荷量是 B 的电荷量的 3 倍，若把 A、B 的电荷量都增大为原来的 3 倍，保持它们之间的距离不变，则它们之间的作用力变为原来的_____倍，A 对 B 的作用力是 B 对 A 的作用力的_____倍。

3．两个带电的金属小球相距 r 时，它们之间的静电力大小为 F；若 r 不变，将两球所带电荷量均匀加倍，则它们之间静电力大小为_____；若电荷量不变，将两球之间距离加倍，则它们之间的静电力大小为_____；若两球所带电荷量均加倍，同时将两球间距离减为原来的 $\dfrac{1}{2}$，则它们之间的静电力大小为_____。

二、单项选择题

1．已知真空中有两个点电荷 q_1 和 q_2，相互间的吸引力是 F，且 $|q_1|=|3q_2|$，若将它们的距离变为原来的 2 倍，则它们之间的相互作用力是（　　）。

A. $\frac{1}{4}F$ B. $\frac{3}{4}F$ C. $\frac{4}{3}F$ D. $\frac{1}{2}F$

2. 两个完全相同的金属小球，分别带有 $+3q$ 和 $-q$ 的电荷量，当它们相距为 r 时，它们之间的静电力为 F。若把它们接触后分开，再置于相距 $r/3$ 的两点，则它们之间静电力的大小将变为（   ）。

A. $\frac{1}{3}F$ B. F C. $3F$ D. $9F$

三、计算题

1. 已知 A、B 两个点电荷的电荷量 $q_A = 5 \times 10^{-10}$C，$q_B = -6 \times 10^{-10}$C，A、B 间的距离 $r = 0.3$cm。求：

（1）A、B 间相互作用力的大小；

（2）若 A、B 之间的距离变为 0.1cm，A、B 之间的相互作用力又是多少？

2. 真空中两个点电荷相互吸引，其引力大小为 5.4×10^{-6}N。若其中一个点电荷的电荷量是 6×10^{-10}C，两个点电荷间的距离为 0.01m。求另一个点电荷的电荷量。

1.2 电场及电场强度、静电感应和静电屏蔽

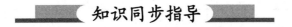

知识同步指导

1. 电场的引出

点电荷间没有直接相触，相互之间却有力的作用，是因为电荷周围存在电场的原因。

（1）场：一种看不见，摸不着，但又客观存在的物质。

（2）电场：存在于电荷周围空间的特殊物质。电荷间的相互作用力（也称电场力或库仑力或静电力）是通过电场实现的。

（3）电场力的两个重要特征。

① 置于电场中的任何带电体，都要受到电场力的作用。

② 电场具有能量。

2. 电场强度

（1）电场强度：检验电荷在电场中某一点所受的电场力 F 与检验电荷 q 的比值称为该

点的电场强度。

（2）电场强度计算公式

$$E = \frac{F}{q}$$

式中：E——电场强度，单位为牛顿每库仑（N/C）或伏特每米（V/m）。

【强调】电场强度既有大小又有方向，即电场强度是矢量。

3. 电力线

为形象描述电场力的大小和方向而人为绘制的一种假想曲线。

电力线的特征：

（1）起于正电荷，终于负电荷或无穷远；

（2）电力线越密的地方，电场强度越大，反之越小；

（3）电力线上某点电场强度的方向即为该点电力线的切线方向，也就是在该点放置一正检验电荷时，检验电荷所受电场力的方向；

（4）任何两条电力线不会相交。

4. 静电感应与静电屏蔽

（1）静电感应现象：在外电场的作用下，金属导体内部电荷重新分布，在两个相对表面上出现等量异性电荷的现象，如图 1-2-1 所示。

（2）静电平衡及其特点。

当附加电场的电场强度与外电场强度相等时，金属板内的合成电场强度为零，移动自由电子的力也就为零。电荷停止分离，金属板两侧的正、负电荷不再增加，导体处在静电平衡状态。如图 1-2-1 所示。

处于静电平衡状态的导体，其内部电场强度为零，感应电荷只分布在导体的表面。需要说明的是，导体表面的电场强度并不为零，其方向与导体表面垂直。

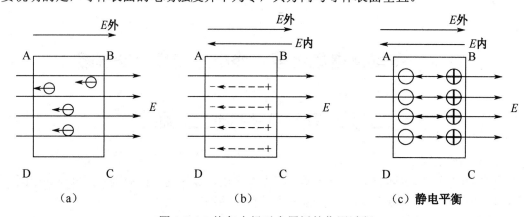

图 1-2-1 均匀电场对金属板的作用过程

（3）静电屏蔽。

任何金属空腔内的物体，不会受到外电场的影响；一个置于接地的金属空腔内的带电体，也不会影响腔外的带电体，这就是静电屏蔽的原理、静电屏蔽的本质是将电力线中断。

经典例题解析

【例1】检验电荷的电荷量 $q=3\times10^{-9}$C，在电场中 P 点受到的电场力 $F=0.18$N。

（1）求该点的电场强度；

（2）若检验电荷放在 P 点，电荷量 $q'=6\times10^{-9}$C，检验电荷所受电场力又是多少？

【解答】（1）$E=\dfrac{F}{q}=\dfrac{0.18}{3\times10^{-9}}=6\times10^{7}\text{N}/\text{C}$

（2）由于电场中某点的电场强度与检验电荷无关，所以 P 点的电场强度不变，q' 所受电场力 F' 为：

$$F'=Eq'=6\times10^{7}\times6\times10^{-9}=0.36\text{N}$$

【例2】在电场中，电荷量为 5×10^{-10}C 的点电荷，在 A 点受到的电场力是 6×10^{-7}N，在 B 点受到的电场力是 8×10^{-7}N，求 A、B 两点的电场强度分别是多少？

【解答】$E_{\text{A}}=\dfrac{F_{\text{A}}}{q}=\dfrac{6\times10^{-7}}{5\times10^{-10}}=1.2\times10^{3}\text{N/C}$

$E_{\text{B}}=\dfrac{F_{\text{B}}}{q}=\dfrac{8\times10^{-7}}{5\times10^{-10}}=1.6\times10^{3}\text{N/C}$

【例3】信号传输线都要用一层金属丝编织的网包覆，金属丝网起什么作用？

【解答】金属丝编织的网起到了静电屏蔽的作用。既保障了外电场不干扰信号线内的信号传输，也避免了传输线内信号的电场向外辐射。

【例4】油罐车的尾部为什么要挂一条触及地面的铁链？

【解答】运输中油品晃动，在油品晃动过程中，油品之间会产生静电。如果静电积聚过多，可能会引起火灾或爆炸。在罐体下部安装铁链，目的就是将车体内的静电引入大地，避免发生危险。

同步练习题

一、填空题

1. 电场强度是矢量，它既有_____，又有_____。电场中某点的电场强度方向与正电荷在该点所受的电场力的方向_____。

2. 把带电荷量为 2×10^{-9}C 的检验电荷放入场中的某点，它所受的电场力为 5×10^{-7}N，则该点的电场强度是_____；如果在该点放入一个电荷量为 6×10^{-9}C 的检验电荷，则该点的电场强度是_____，该点检验电荷受到的电场力等于_____。

3. 电力线总是起于_____，终于_____或_____，它不是闭合曲线；任何两条电力线都不会_____，静电屏蔽的本质就是将电力线_____。

4．处于电场中的导体，因_____力的作用而使导体内的_____重新分布的现象称为静电感应，因_____感应而在导体上显现的电荷称为_____电荷。

5．在电场中，处于_____平衡状态下的导体，因内外_____的强度_____，方向_____，其内部电场强度必定为_____；外部电场的电力线在导体表面_____，而_____进入导体内部。空腔导体能使其腔内的电路不受_____电场干扰的现象称为_____。接地的空腔导体内的_____也不能对外部形成干扰。

6．电荷周围_____的物质，这种物质称为电场。电荷间的相互作用就是通过_____发生的。

7．放入电场中某一点的检验电荷受到的电场力与它的_____的比值，称为这一点的电场强度。公式为：$E=$_____；电场强度是矢量，_____在电场中某一点所受电场力的方向，就是这一点的电场强度方向。

8．在电场中某一区域，如果各点的电场强度的_____和_____都相同，那么这个区域的电场称为_____电场。

二、单项选择题

1．静电场中某点的电场强度（ ）。
  A．与电荷在该点所受的电场力的大小成正比
  B．与放于该点的电荷的电荷量成反比
  C．与放于该点的电荷的电荷量及所受电场力的大小无关
  D．其方向与电荷在该点所受的电场力的方向一致

2．在由场电荷 Q 形成的电场中点 A 处，放入 $q_1=0.5\times10^{-7}$C 的检验电荷，测得 $E_A=1.2\times10^{-4}$N/C；现改用 $q_2=0.5q_1$ 的检验电荷替换 A 点处的 q_1，则 A 点处的电场强度 E_A 应为（ ）。
  A．2.4×10^{-4}N   B．1.2×10^{-2}N/C
  C．1.2×10^{-4}N/C   D．0.3×10^{-2}N/C

3．在某电场中距离电荷 Q 点 1m 处，测得电场强度 $E=1.2\times10^{-4}$N/C，则在距离电荷 Q 点 2m 处的地方，电场强度 E 应为（ ）。
  A．2.4×10^{-4}N/C   B．1.2×10^{-2}N/C
  C．1.2×10^{-4}N/C   D．0.3×10^{-4}N/C

4．场电荷 Q 电荷量为 8.0×10^{-2}C，在其所产生的电场中点 A 处，测得电场强度 $E_A=1.2\times10^{-4}$N/C，现用场电荷 Q' 电荷量为 1.2×10^{-1}C 替代原场电荷 Q，则 A 处的电场强度 E_A 应是（ ）。
  A．2.4×10^{-4}N/C   B．1.2×10^{-4}N/C
  C．1.8×10^{-4}N/C   D．3.6×10^{-4}N/C

三、计算题

1．电场中某点的电场强度是 $8×10^{-6}$N/C，电荷量为 $4×10^{-8}$C 的检验电荷在该点受到的电场力是多少？

2．在场电荷+Q 产生的电场中有一点 P，检验电荷 $q= 5×10^{-9}$C 在 P 点受到的电场力 $F=25$N，求 P 点的电场强度 E；若将 $q'=-2×10^{-9}$C 的检验电荷放在 P 点，求其所受力的大小和方向。

1.3　电流

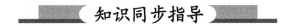
知识同步指导

1．电流

（1）电荷的定向运动形成电流。其运动形式表现为：

① 金属导体中自由电子的定向运动；

② 电解液中正、负离子的运动；

③ 半导体内自由电子与空穴的运动。

（2）导体产生电流的内、外因。

① 内因：导体内有可以移动的自由电子。

② 外因：导体内要维持一个电场，即两端要有电压。

2．电流的双重含义

（1）表示一种物理现象；

（2）表示该物理现象的剧烈程度，也称电流强度，简称电流。其定义式为：

$$I = \frac{q}{t}$$（单位时间内通过导体横截面积的电荷量）

单位为安培，符号 A。单位换算：$1kA=10^3A$　$1A=10^3mA$　$1mA=10^3\mu A=10^6nA$

3．电流密度

通过单位横截面积的电流强度称为电流密度，其定义式为：

$$J = \frac{I}{S}$$

单位为安培/平方毫米（A/mm²）。

【强调】实际使用中，导体的电流密度应小于允许值，否则会发热严重，引发危险。

4. 电流的方向

（1）正电荷运动的方向为电流的方向。在金属导体中，电流的方向与自由电子的运动方向相反。

（2）电流的参考方向。

为计算方便而事先假设的电流方向，可任意设定，用箭头标明。若计算结果为正值，则说明实际电流方向与参考方向一致，反之亦反。如果不标明参考方向，电流的正负号无任何意义。电流参考方向标注示例如图 **1-3-1** 所示。

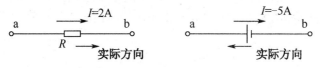

图 1-3-1　电流参考方向标注示例

5. 电流是矢量

电流既有大小又有方向。

6. 电流的类型

（1）直流电流，直流电流又分为恒定直流电流和脉动直流电流。

（2）交流电流，交流电流又分为正弦交流电流和非正弦交流电流。

经典例题解析

【例 1】电荷的_____运动形成电流，若 1min 内通过某一导体横截面积的电荷量为 6C，则通过导线的电流是_____A，合_____mA，合_____μA。

【解答】定向　　0.1　　100　　1×10^5

【例 2】已知 4mm² 的铜导线允许的电流密度为 6A/mm²，则在 5s 内允许通过导线的电荷量是多少？

【解答】因为 $Q = It$，$I = JS$，所以 $Q = JSt = 6 \times 4 \times 5 = 120C$。

同步练习题

一、填空题

1. 电流的实际方向与参考方向_____时，电流为正值；电流的实际方向与参考方向_____时，电流为负值。

2. 导体中形成电流的内因是_____；外因是_____，两者缺一不可。

3. 电流的单位是_____，用万用表测量电流时应把万用表_____在被测电路中。

4．_____为电流的方向，在金属导体中，电流方向与自由电子运动的方向_____。

5．若 3min 通过横截面的电荷量是 1.8C，则导体中的电流为_____mA。

6．若导体中的电流为 0.5A，经过_____min，通过导体横截面的电荷量为 12C。

7．电流大小和方向随时间而改变的电流称为_____；电流大小和方向都不随时间而改变的电流称为_____。

8．_____电荷定向移动的方向为电流的方向。若 3min 通过导体横截面的电荷量是 18C，则导体中的电流是_____A。

9．若导线中电流为 $10^5\mu A$，则在 1min 内通过此导线横截面的电荷量为_____。

二、单项选择题

1．下列关于电流的叙述正确的是（　　　）。
　A．电荷的移动形成电流
　B．电流的方向与自由电子运动方向相同
　C．电流的方向与正电荷定向移动方向相同
　D．电流做功时，只能把电能转化为热能

2．某导体在 1min 内通过的电荷量为 60C，该导体的电流是（　　　）A。
　A．60　　　　　B．1　　　　　C．0.017　　　　　D．3600

3．导线中的电流为 $I=2mA$，则 1h 通过导线横截面的电荷量为（　　　）。
　A．2C　　　　　B．120C　　　　　C．7200C　　　　　D．7.2C

1.4　电压和电位

知识同步指导

1．电压概念及定义

（1）概念：衡量电场力做功能力大小的物理量。

（2）定义：a、b 两点间的电压 U_{ab} 等于电场力把正电荷从 a 点移到 b 点所做的功 W_{ab} 与被移动电荷的电荷量 q 的比值。其定义式为

$$U_{ab} = \frac{W_{ab}}{q}$$

电压的单位为伏特，符号为 V。

【强调】双下标标注法表示的方向始终是始下标指向终下标。

单位换算：$1kV=10^3V$，　　　　　$1V=10^3mV$　　　　　$1mV=10^3\mu V$

2．电位的概念及定义

电场中不同的点具有不同的能量，正电荷在电场中某点所具有的能量 A 与电荷的电荷量 q 之比称为该点的电位。其定义式为

$$V = \frac{A}{q}$$

电位的单位为伏特，符号为 V。

3. 参考点

通常为了比较电位的高低，必须设定一个电位为零的点，该点即称为参考点。

在同一个电路中，参考点可任意选择，但只能选择一个。在图 1-4-1 中：

若 $V_a=0$（选 a 为参考点），则 $V_b<0$，$V_c<V_b$；

若 $V_b=0$（选 b 为参考点），则 $V_a>0$，$V_c<0$；

若 $V_c=0$（选 c 为参考点），则 $V_b>0$，$V_a>V_b$；

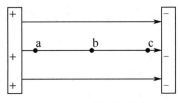

图 1-4-1　选择参考点

4. 电压的方向

（1）电压的实际方向：规定电压的方向由高电位端指向低电位端，即**电位降低的方向**。

（2）电压的参考方向：指在不明电压实际方向之前，为分析和计算的方便而**事先假设的电压方向**。若计算结果为正值，说明参考方向与实际方向一致，反之亦反。**若没有参考方向，电压的正负号无任何意义**。图 1-4-2 为电压参考方向的三种标注方法。

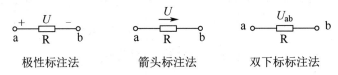

极性标注法　　　　箭头标注法　　　　双下标标注法

图 1-4-2　电压参考方向标注方法

5. 电压与电位的关系

（1）两点间电压与电位的数量关系。

$U_{ab}=V_a-V_b$，即**两点之间的电压等于两点的电位之差**。

（2）电压与电位的辩证关系。

① **电位是相对的**。电位的大小与参考点有关，对同一个点而言，参考点改变，电位也随之改变。

② **电压是绝对的**。电路中两点之间的电压是不变的，与参考点的选择无关。

经典例题解析

【例1】在电路中为什么要引入电压、电流的参考方向？参考方向与实际方向有何区别和联系？何谓关联参考方向？

【解答】在分析和计算复杂电路时，由于事先很难判断电流或电压的实际方向，因而引入了参考方向的概念。

在规定的参考方向下，若计算值为正，说明参考方向与实际方向一致；若计算值为负，说明参考方向与实际方向相反。

若选定电流和电压的参考方向一致，则为关联参考方向，反之则为非关联参考方向。

【例2】如图 1-4-3 所示，$V_A=9V$、$V_B=-6V$、$V_C=5V$、$V_D=0V$，试求 U_{AB}、U_{BC}、U_{CD}、U_{AC}、U_{AD}、U_{BD}？

【解答】依据电压与电位的关系得：

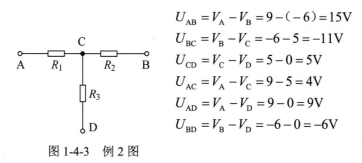

$$U_{AB} = V_A - V_B = 9 - (-6) = 15V$$
$$U_{BC} = V_B - V_C = -6 - 5 = -11V$$
$$U_{CD} = V_C - V_D = 5 - 0 = 5V$$
$$U_{AC} = V_A - V_C = 9 - 5 = 4V$$
$$U_{AD} = V_A - V_D = 9 - 0 = 9V$$
$$U_{BD} = V_B - V_D = -6 - 0 = -6V$$

图 1-4-3　例 2 图

【例 3】如图 1-4-4 所示，以 c 为参考点，则 $V_A=$＿＿＿＿V，$V_B=$＿＿＿＿V，$U_{AB}=$＿＿＿＿V，$U_{AC}=$＿＿＿＿V；若以 b 为参考点，则 $V_A=$＿＿＿＿V，$V_C=$＿＿＿＿V，$U_{AB}=$＿＿＿＿V，$U_{AC}=$＿＿＿＿V。

【解答】0，-1.5，1.5，0
1.5，1.5，1.5，0

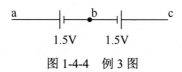

图 1-4-4　例 3 图

同步练习题

一、填空题

1. 电路中 a、b 两点的电位分别为 V_a、V_b，a、b 两点间的电压 $U_{ab}=$＿＿＿＿。

2. 在一条电力线上有 A、B 两点，如图 1-4-5 所示。将电荷 q 由 A 点移到 B 点，电场力做功，则电力线的方向是＿＿＿＿指向＿＿＿＿；电荷 q 分别在 A、B 两点时，在＿＿＿＿点的电位能大，A、B 两点＿＿＿＿点电位高；若电荷 q 的电荷量为 $2×10^{-6}C$，由 A 点移到 B 点，电场力做功 $W=2×10^{-4}J$，则 A、B 两点之间的电压 $U_{AB}=$＿＿＿＿V。

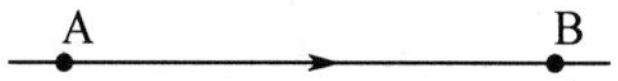

图 1-4-5　题 2 图

3. 把电荷量为 $1.5×10^{-8}C$ 的电荷从电场中的 A 点移到电位 $V_B=100V$ 的 B 点，电场力做功为 $-3×10^{-8}J$，那么 A 点的电位 $V_A=$＿＿＿＿V，若将电荷从 A 点移到 C 点，电场力做

功为 6×10^{-6}J，则 C 点的电位 $V_C=$_____V，B 点和 C 点之间的电压 $U_{BC}=$_____V。

4．电压的方向规定由_____电位端指向_____电位端。当电压采用双下标标注法时，电压方向从_____下标指向_____下标。

5．在图 1-4-6 中，以 c 点为参考点，则 $V_a=$_____V，$V_b=$_____V，$V_d=$_____V，$U_{ab}=$_____V，$U_{ad}=$_____V，$U_{bd}=$_____V；若以 a 点为参考点，则 $V_b=$_____V，$V_c=$_____V，$V_d=$_____V，$U_{bc}=$_____V，$U_{bd}=$_____V，$U_{cd}=$_____V。

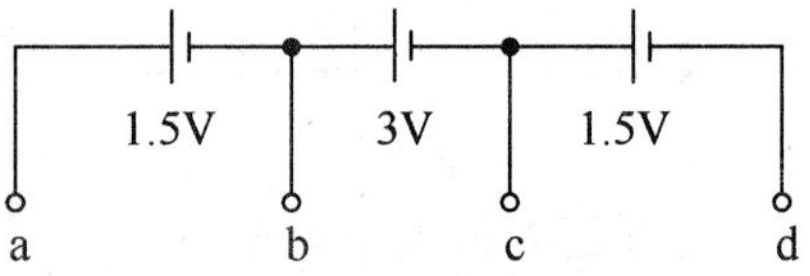

图 1-4-6　题 5 图

6．电路中有 a、b、c 三点，当选择 c 点为参考点时，$V_a=$15V，$V_b=$5V；若选择 b 点为参考点时，则 $V_a=$_____，$V_c=$_____。

7．电场中有 a、b、c 三点，设 b 点电位为零，$U_{ac}=$8V，a 点电位为 3V，则 c 点电位为_____V，将电荷量为 2×10^{-6}C 的正电荷从 c 点移动到 a 点，电场力做功为_____J。

8．a、b、c 为电场中的三点，将电荷量为 2×10^{-6}C 的正电荷从 c 点移到 a 点，电场力做功为 1×10^{-5}J，则 $U_{ac}=$_____V，设 b 点电位为零时，$V_a=$10V，则 $V_c=$_____V。

9．正电荷在电路中某点所具有的能量与电荷所带电荷量的比称为该点_____。

10．在电路的分析和计算中，假定的电流、电压方向称为电流、电压的_____。当假定的电流、电压的方向与_____方向相反时取负。

11．当电荷量为 1×10^{-2}C 的电荷从 a 点移动到 b 点时，电场力做功为 2.2J，若 a 点电位为 110V，则 b 点电位为_____V，$U_{ab}=$_____V。

12．在直流电路中，电压的正方向是_____电位指向_____电位。

二、单项选择题

1．电路中两点间的电压高，则（　　）。
    A．这两点的电位都高　　　　　　B．这两点间的电位差大
    C．这两点的电位都大于零　　　　D．无法判断

2．在图 1-4-7 所示电路中，$E_1=$6V，$E_2=$3V，则 A 点电位 V_A 应是（　　）。
    A．3V　　　　　　　　　　　　　B．-3V
    C．-6V　　　　　　　　　　　　D．-9V

3．在图 1-4-8 所示电路中，已知 $U_{AO}=$75V，$U_{BO}=$35V，$U_{CO}=$-25V，则 U_{CA} 为（　　），U_{BC} 为（　　）。
    A．60V　　　　　　　　　　　　B．-60V
    C．100V　　　　　　　　　　　D．-100V

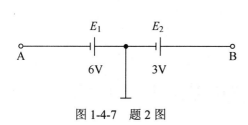

图1-4-7　题2图

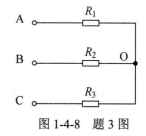

图1-4-8　题3图

4. 若把电路中原来电位为3V的点改选为参考点，则电路中各点电位比原来（　　）。

　　A. 升高　　　　　　　　　　　　B. 降低

　　C. 不变　　　　　　　　　　　　D. 不确定

5. 电路中任意两点间电位的差值称为（　　）。

　　A. 电压　　　　　　　　　　　　B. 电流

　　C. 电动势　　　　　　　　　　　D. 电位

6. 静电场中两点间的电压是（　　）。

　　A. 不变的　　　　　　　　　　　B. 变化的

　　C. 随参考点选择的不同而不同　　　D. 不确定

三、计算题

已知a、b、c三点，$q=5\times10^{-2}C$，$W_{ab}=2J$，$W_{bc}=3J$，以b点为参考点，试求a点和c点电位。

1.5　电源和电动势

知识同步指导

1. 电源

（1）作用：将其他形式的能转化为电能。

（2）类型：干电池，蓄电池，光电池，发电机等。

（3）特点：正极电位高，负极电位低。在通路状态下，外电路中电流从高电位流向低电位；而在电源内部，则由负极流向正极。

2. 电动势

（1）电源力：存在于电源内部的非静电性质的力（也称非静电力或外力）。

（2）电动势：衡量电源力将其他形式的能转化为电能能力的物理量（体现电源力做功的能力）。

（3）电动势定义：电源力把正电荷从电源负极移到电源正极所做的功与被移动电荷的

电荷量的比值称为电动势，即

$$E = \frac{W}{q}$$

式中，E 为电动势，单位为伏特，符号为 V。

（4）电动势方向：**由电源的负极指向电源的正极**（与电源力方向一致）。

3. **电动势与电压的区别与联系**

（1）**存在的位置不同。**

电动势只存在于电源的内部，而电压存在于电源的内、外部。

（2）**物理意义不同。**

电动势是衡量电源力将其他形式的能转化为电能的能力；电压是衡量电场力将电能转化为其他形成能的能力。

（3）**方向不同。**

电动势为电位升高的方向，电压为电位降低的方向。

经典例题解析

【例1】 电压与电动势有何区别？为什么它们的单位都定义为伏特？

【解答】 电压的定义是：a、b 两点间的电压 U_{ab} 在数值上等于单位正电荷从 a 点移到 b 点电场力所做的功。规定电压的方向就是电位降低的方向。

电动势的定义是：电源电动势 E_{ba} 在数值上等于电源力把单位正电荷从电源的低电位 b 点经电源内部移到高电位 a 点所做的功。

故二者的单位均为伏特。但两者物理概念不同。

【例2】 某电场中 A、B 两点的电位分别为 $V_A=800V$，$V_B=-800V$，若有 5C 的正电荷从 B 点送到 A 点，电场力做的功为多少焦耳？是正功还是负功？

【解析】 对电荷而言，电位能增加是外力做正功，电场力做负功；电位能减少，是电场力做正功，外力做负功。

【解答】 $U_{BA} = V_B - V_A = -800 - 800 = -1\,600V$（A 端电位高）

$W_{BA} = U_{BA} \times q = -1\,600 \times 5 = -8\,000J$，即电场力做了 8000J 的负功，外力做正功。

同步练习题

一、填空题

1. 把_____的能转化为_____的设备叫电源。在电源内部，电源力把正电荷从电源的_____移到电源的_____。

2. 在外电路，电流从_____流向_____，是_____做功；在内电路，电流由_____流向_____，是电源力做功。

3. 在电源内部，电源力做了 12J 的功，将 8C 的正电荷由负极移到正极，则电源的电动势为_____V；若将电荷量为 12C 的电荷由负极移到正极，则电源力需做_____的功。

4．电源和负载的本质区别是：电源是把_____能转换成_____能的设备；负载是把_____能转换成_____能的设备。

二、单项选择题

1．关于电动势的说法，正确的是（　　）。
A．电动势反映了不同电源的做功能力
B．电动势是矢量
C．电动势的方向由正极经电源内部指向负极
D．电源内部的电源力维持电荷的定向移动

2．关于电动势的说法，正确的是（　　）。
A．电动势不仅存在于电源内部，且电源外部也有电动势
B．电动势就是电压
C．电动势的正方向是从正极指向负极
D．电动势的大小与外电路无关，它是由电源的本身性质决定的

三、计算题

电场力将电荷量为 1.2C 的正电荷从 A 点移到 B 点，电位降低了 200V，则电场力做了多少焦耳的功？

1.6　电阻和电阻定律

知识同步指导

1．物质按导电性能分为三类
导体（电阻率通常在 $10^{-4}\sim10^{1}\Omega\cdot mm^2/m$）；
半导体（电阻率通常在 $10^{1}\sim10^{13}\Omega\cdot mm^2/m$）；
绝缘体（电阻率通常在 $10^{13}\sim10^{26}\Omega\cdot mm^2/m$）。

2．电阻的物理定义
导体对电流的阻碍作用称为导体的电阻。

3．电阻定律的内容
在温度一定时，一定材料制成的导体的电阻跟它的长度成正比，跟它的横截面积成反比，还跟它的材料有关系。其定义式为

$$R = \rho \frac{L}{S}$$

式中，ρ——电阻率，单位是欧米，符号为 $\Omega \cdot m$；

L——导体的长度，单位是米，符号为 m；

S——导体的截面积，单位是平方米，符号为 m^2；

R——导体的电阻，单位是欧姆，符号为 Ω。

单位换算：$1M\Omega = 10^3 k\Omega = 10^6 \Omega$

4. 电导的概念

电阻的倒数称为电导（G），它是衡量电阻导电能力大小的物理量，其定义式为

$$G = \frac{1}{R}$$

式中，G——电导，单位是西门子，符号为 S。

5. 导体电阻与温度的关系

一般情况下，绝大多数金属材料取电阻随温度升高而增大，其表达式为

$$R_2 = R_1[1 + \alpha(t_2 - t_1)]$$

式中，t_1——起始温度（℃）；

t_2——实际温度（℃）；

$(t_2 - t_1)$——导体的温升（℃）；

α——导体的电阻温度系数；

R_1——温度为 t_1 时对应的导体电阻；

R_2——温度为 t_2 时对应的导体电阻。

α 的物理意义：导体温度升高 1℃时，电阻发生的变化量与原来电阻的比值。即

$$\alpha = \frac{R_2 - R_1}{R_1(t_2 - t_1)}$$

如果 $\alpha > 0$：$t\uparrow$，$R\uparrow$，称为**正温度系数电阻**（常见于一般金属）；

如果 $\alpha \approx 0$：$t\uparrow$，R 不变，称为**零温度系数电阻**（常见于康铜，锰铜，用于制作标准电阻或电阻器）；

如果 $\alpha < 0$：$t\uparrow$，$R\downarrow$，称为**负温度系数电阻**（常见于半导体材料和电解液）。

6. 伏安法测电阻简介

伏安法是根据欧姆定律来测量电阻的方法。考虑到电压表和电流表的内阻对测量结果的影响，测量电路电阻可采用两种接法：电流表外接法和电流表内接法。在进行电阻测量时，可根据具体测量条件在两种接法中作出选择：**当被测电阻为大阻值电阻时，宜采用电流表内接法，如图 1-6-1（a）所示；当被测电阻为小阻值电阻时，宜采用电流表外接法，如图 1-6-1（b）所示，以减小由测量仪表引起的测量误差。**

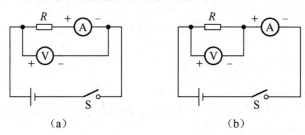

图 1-6-1 测量电阻的方法

经典例题解析

【例1】欲输送电力至250m远处，如果选用50mm²横截面积的铜导线，求线路的损耗电阻是多少？（铜：$\rho=1.75\times10^{-8}\Omega\cdot m$）

【解析】电力输送形成回路需往返两根导线，故实际需要导线长度为**500m**。

【解答】$R_{损}=\rho\dfrac{L}{S}=1.75\times10^{-8}\times\dfrac{250\times2}{50\times10^{-6}}=0.175(\Omega)$

【例2】将一根金属导线均匀拉长，使其直径为原来的$\dfrac{1}{2}$，则导线的阻值是原来的（　　）。

A．2倍 　　　　　　　　　　B．4倍

C．8倍 　　　　　　　　　　D．16倍

【解析】导线原电阻为$R_1=\rho\dfrac{L_1}{S_1}$，今直径减半，横截面积变为原来的$\dfrac{1}{4}$，但由于体积不变，长度将增至原来的4倍。因此$R_2=\rho\dfrac{4L_1}{\frac{1}{4}S_1}=16R_1$，故选D。

同步练习题

一、填空题

1．根据物质导电能力的强弱，一般将物质分为_____、_____和_____。

2．导体对电流的_____作用叫电阻。电阻的单位是_____，用符号_____表示。导体的电阻决定于导体的_____、_____和_____等因素，用公式表示为_____。

3．一根长800m，横截面积为2mm²的铜导线（$\rho=1.75\times10^{-8}\Omega\cdot m$），它的电阻是_____Ω；若将其对折起来使用，其阻值是其原来阻值的_____倍。

4．将一根金属导线均匀拉长，使其直径为原来的$\dfrac{1}{2}$，则该导线的阻值是原来阻值的_____倍。

5．电导是衡量导体_____的一个物理量，它与电阻的关系为_____。

6．对于电阻温度系数为正的导体材料，导体的电阻随温度的升高而_____。

7．电阻器主要用于稳定和调节电路中的_____和_____，它的指标有_____、_____、_____、最高工作电压、温度特性和稳定性等。

8．识别如图1-6-2所示的色环电阻器，该电阻器的标称阻值是_____Ω，允许偏差是_____。

9．如图1-6-3是两个电阻的伏安特性，则R_a比R_b_____（大，小），R_a=_____Ω。

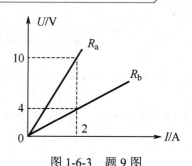

图 1-6-2　题 8 图　　　　　　图 1-6-3　题 9 图

二、选择题

1．一根粗细均匀的导线，当其两端电压为 U 时，通过的电流为 I，若将此导线均匀拉长为原来的 2 倍，要使电流仍为 I，则导线两端所加的电压应为（　　）。

A．$\dfrac{U}{2}$　　　　　B．U　　　　　　C．$2U$　　　　　D．$4U$

2．一个均匀电阻经对折后，接到原来的电路中，在相同的时间里，电阻所产生的热量是原来的（　　）倍。

A．$\dfrac{1}{2}$　　　　　B．$\dfrac{1}{4}$　　　　　C．2　　　　　　D．4

3．通常情况下，环境温度升高时，半导体的电阻值会（　　），纯金属导体的电阻值会（　　）。

A．增大　　　　　B．减小　　　　　C．不变　　　　　D．不能确定

4．一根电阻值为 R 的均匀导线，若将其直径减小一半，长度不变，则其电阻值为（　　）。

A．$\dfrac{1}{2}R$　　　　B．$2R$　　　　　C．$4R$　　　　　D．$\dfrac{1}{4}R$

5．当电阻两端的电压与流过电阻的电流不成正比关系时，其伏安特性是（　　）。

A．直线　　　　　B．曲线　　　　　C．圆　　　　　　D．椭圆

6．将一根粗细均匀的圆形金属导线，均匀拉长到原来的 2 倍，此时导线的电阻是原来的（　　）倍。

A．$\dfrac{1}{4}$　　　　　B．$\dfrac{1}{2}$　　　　　C．2　　　　　　D．4

7．一根导线的阻值为 R，若将其拉长为原来的 4 倍，则其阻值为（　　）。

A．R　　　　　　B．$\dfrac{1}{4}R$　　　　C．$4R$　　　　　D．$16R$

1.7　电路和欧姆定律

知识同步指导

1．电路

电流流通的闭合路径称为电路。电路由电源、负载、连接导线、控制和保护装置组成。

（1）电源，是向电路提供能量，将其他形式的能转化为电能的装置（如干电池、发电机等）。

（2）负载，即各种用电设备，其作用是将电能转化为其他形式的能（如电灯、电动机等）。

（3）连接导线，将电源和负载接成闭合电路，实现电能的输送和分配（如铜导线、铝导线等）。

（4）控制和保护装置，控制电路的通断，保护电路的安全（如过流、过压、欠压、短路、过载保护装置等）。

2. 欧姆定律

（1）部分电路欧姆定律（指不含电源的电阻电路）。

如图 1-7-1 所示：

当 U、I 参考方向一致时，$I = \dfrac{U}{R}$（关联参考方向）；

当 U、I 参考方向相反时，$I = -\dfrac{U}{R}$（非关联参考方向）。

【强调】欧姆定律只适用于线性电路。

线性电阻： 电阻值不随电压、电流变化而变化的电阻。

线性电路： 由线性电源、线性电阻组成的电路。

非线性电阻： 电阻值随电压、电流变化而改变的电阻。

非线性电路： 电路中含非线性电源或非线性电阻的电路。

（2）全电路欧姆定律（指含负载和电源的闭合电路）。

如图 1-7-2 所示全电路中：$E=U_内+U_外$，$U_内=Ir=U_r$，$U_外=IR$（又称路端电压或端电压）$E=I(r+R)$，可得全电路欧姆定律公式

$$I = \frac{E}{R+r}$$

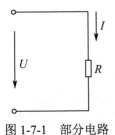

图 1-7-1　部分电路

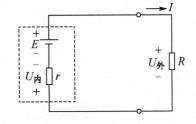

图 1-7-2　全电路

（3）全电路的三种工作状态。

① 通路状态（有载状态）：其特点是 R、r、I 均为正常值，$I = \dfrac{E}{R+r}$，$E=U_内+U_外$。

② 短路状态：其特点是 $R=0$，$U_外=0$，$U_内=E$，$I = \dfrac{E}{0+r}$，且其值很大，故危害甚大，绝不允许出现，故电路必须设置短路保护装置。

③ 开路状态（断路状态）：其特点是 $R=\infty$，$I = \dfrac{E}{r+\infty} \to 0$，$U_内=0$，$U_外=E$。

3. 电路模型

电路理论是在模型概念的基础上建立起来的，要分析一个复杂的电路系统，首先要用理论化的模型来描述这个系统。为了便于对电路进行分析和计算，常把实际的元件加以近似化、理想化，在一定条件下忽略其次要性质，用足以表征其主要特性的模型来表示，这种由理想元件构成的电路，就称为实际电路的"电路模型"。

经典例题解析

【例1】 已知电阻 $R=5\Omega$，求图 1-7-3 中的电压 U_{ab}，并说明电流和电压的实际方向。

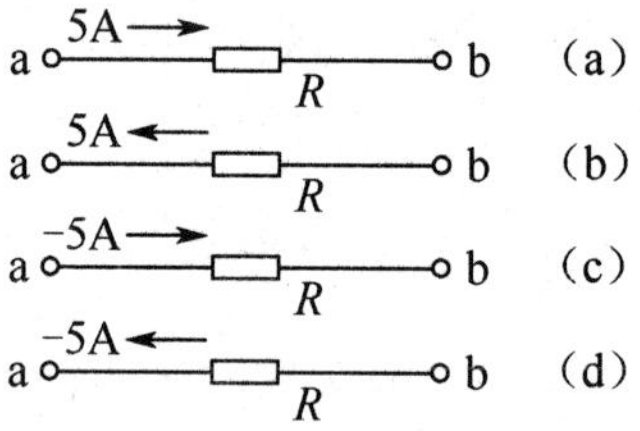

a ○— 5A→ —[R]— ○ b　（a）
a ○— 5A← —[R]— ○ b　（b）
a ○— -5A→ —[R]— ○ b　（c）
a ○— -5A← —[R]— ○ b　（d）

图 1-7-3　例 1 图

【解答】 根据题中设定电流参考方向和数值，已知 $R=5\Omega$，由欧姆定律可得：

（a）$U_{ab}=5\times5=25\text{V}$

电流的实际方向与图中电流参考方向相同。电压的方向是 a "+"（高电位端），b "–"（低电位端）；

（b）$U_{ab}=-IR=(-5)\times5=-25\text{V}$

电流的实际方向与所标参考方向相同，电压的实际方向是 a "–"，b "+"；

（c）$U_{ab}=IR=(-5)\times5=-25\text{V}$

电流的实际方向与所标参考方向相反，电压的实际方向同（b）解答；

（d）$U_{ab}=-IR=-(-5)\times5=25\text{V}$

电流的实际方向与所标参考方向相反，电压的实际方向同（a）解答。

【例2】 求图 1-7-4 中所示各元件吸收或发出的功率。

【解答】 由电压、电流的参考方向可得：

（a）非关联参考方向，$P=-UI=-10\times1=-10\text{W}<0$，元件为电源，发出功率；

（b）关联参考方向，$P=UI=10\times1=10\text{W}>0$，元件为电阻或是电源，吸收功率；

←—A—[ ]——
1A　→ 10V　（a）
←—B—[ ]——
1A　←— 10V　（b）
→—C—[ ]——
1A　→ 10V　（c）

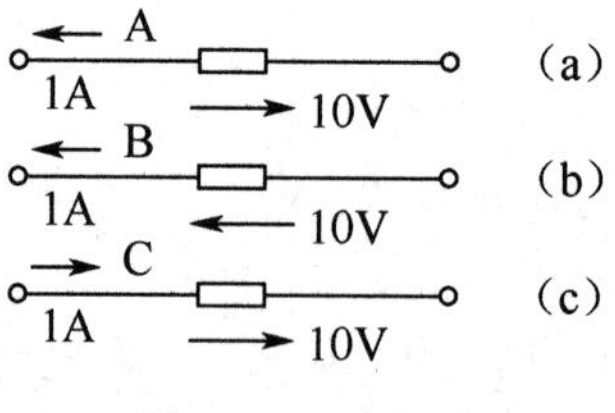

图 1-7-4　例 2 图

（c）关联参考方向，$P=UI=10\times1=10\text{W}>0$，元件为电阻或是电源，吸收功率。

【例3】图1-7-5中A、B、C为三个元件（电源或负载），电压、电流参考方向已设定，已知$I_1=3A$，$I_2=-3A$，$I_3=-3A$，$U_1=120V$，$U_2=10V$，$U_3=-110V$。

（1）试标出各元件电流、电压的实际方向以及极性；

（2）计算各元件的功率，并从计算结果指出哪个是电源，哪个是负载？

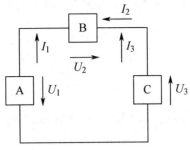

图1-7-5 例3图

【解答】（1）在图中已标出电流、电压的参考方向，已知 I_1、U_1、U_2 为正值，说明实际方向与设定的参考方向一致。I_2、I_3、U_3 为负值，表示实际方向与参考方向相反。

（2）$P_A=-I_1U_1=-360W<0$，元件为电源；

$P_B=-I_2U_2=-(-3)\times10=30W>0$，元件为负载；

$P_C=I_3U_3=(-3)\times(-110)=330W>0$，元件为负载。

【例4】在图 1-7-6 所示电路中，$R_1=14\Omega$，$R_2=29\Omega$，当开关 S 与 1 接通时，电路中的电流为 1A；当开关 S 与 2 接通时，电路中的电流为 0.5A，求电源的电动势和内阻。

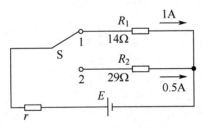

图1-7-6 例4图

【解析】列出开关 S 置"1"和置"2"时的全电路欧姆定律方程，代入参数，联立求解，即可求出 E 和 r 的数值。

【解答】依题意列方程组如下：

$$\begin{cases} E = I_1R_1 + I_1r \\ E = I_2R_2 + I_2r \end{cases} \Rightarrow \begin{cases} E = 14I_1 + r \\ E = 29I_2 + 0.5r \end{cases}$$

解得：$E=15V$，$r=1\Omega$

【例5】如图 1-7-7 所示，问：（1）当变阻器 R_3 的滑动触点向左移动时，图中各电表的示数如何变化？为什么？（2）滑动触点移到变阻器最左端时、各电表有示数吗？（3）将 R_1 拆去，各电表有示数吗？

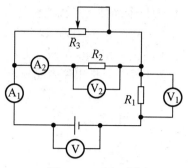

图 1-7-7　例 5 图

【解答】（1）R_3 滑动触点左移，R_3 减小，整个外电阻 $R_外$ 减小，由 $I = \dfrac{E}{R_外 + r}$ 可知，A_1 示数增大；

根据 $U = E - Ir$，I 增大，内电压 Ir 增大，端电压 U 减小，即 V 示数减小；

根据 $U_1 = IR_1$，I 增大，R_1 不变，故 V_1 示数增大；

根据 $U_2 = U - U_1$，U 减小，U_1 增大，故 V_2 示数减小。根据 $I_2 = \dfrac{U_2}{R_2}$，U_2 减小，R_2 不变，故 A_2 示数减小。

（2）滑动触点移到最左端时，R_3 短路，V_2 左右两端等电位，故示数为零；电路中的电流均从短路支路中通过，故 A_2 示数也为零；其余各表仍有示数。

（3）将 R_1 拆去，外电路开路，电流消失，所以 A_1、A_2 和 V_2 示数均为零，但 V 和 V_1 测的是端电压，故仍然有示数，其大小等于电动势。

同步练习题

一、填空题

1．某导体两端加上 3V 电压时，流过导体电流为 0.6A，则导体电阻应为＿＿＿＿Ω，其两端电压变为 6V 时，电阻应为＿＿＿＿Ω。

2．电路中电流一定是从＿＿＿＿电位流向＿＿＿＿电位。

3．一个焊接用电烙铁接 36V 电压，电流为 10A。当使用时，加热元件的电阻 $R =$＿＿＿＿。

4．内阻为 0.1Ω 的 12V 蓄电池，对外电路提供 20A 电流时，其端电压为＿＿＿＿V，外电路等效电阻为＿＿＿＿Ω。

5．一个电动势为 2V 的电源，内阻为 0.1Ω，当外电路开路时，电路中的电流为＿＿＿＿，端电压为＿＿＿＿；当外电路短路时，电路中的电流为＿＿＿＿，端电压为＿＿＿＿。

6．一个电动势为 3V 的电源与 9Ω 的电阻接成闭合电路，电源端电压为 1.8V，则电源的内阻为＿＿＿＿Ω。

7．一个电动势为 6V 的电源与 2.6Ω 的电阻组成闭合电路，电路中的电流为 2A，则电路端电压为_____V，电源内阻为_____Ω。

8．在全电路中，负载中的电压、电流方向为_____方向；电源中的电压、电流方向为_____方向。

9．一个电池和一个电阻组成最简单的闭合电路。当负载电阻的阻值增加到原来的 3 倍时，电流却变为原来的一半，则原来内、外电阻的阻值之比为_____。

10．在闭合电路中，端电压随负载电阻的增大而_____，当外电路断开时，端电压等于_____。

11．一个电源分别接上 8Ω 和 2Ω 的电阻时，两个电阻消耗的功率相同，则这个电源的内阻为_____Ω。

12．当一只灯使用时，流过的最大电流是 2A，灯亮时灯丝的电阻值是 25Ω。试计算可以加在灯上的最大电压 $U=$_____。

13．有一个电动势为 250V、内阻为 5Ω 的电源，其负载由"220V/40W"的电灯并联而成，欲使电灯正常发光，则需用_____只。

14．在焊接电路元件时需用 30W 的电烙铁，今只有一只"220V/100W"的电烙铁，故应_____联一个阻值为_____Ω 的电阻后方可正常使用。

15．全电路中，已知 $E=1.65$V，外电路电阻 $R=5$Ω，电路中的电流 $I=300$mA，据此推算端电压 $U=$_____V，电源内阻 $r=$_____Ω。

16．如图 1-7-8 所示，开关 S 分别打到"1"、"2"、"3"时，电流表的读数分别为_____A、_____A、_____mA。

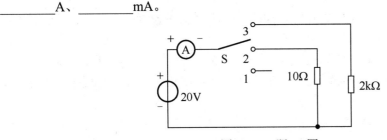

图 1-7-8　题 16 图

二、单项选择题

1．对于同一个导体而言，$R=\dfrac{U}{I}$ 的物理意义是（　　）。

A．加在导体两端的电压越大，则电阻越大

B．导体中的电流越小，则电阻越大

C．导体的电阻与电压成正比，与电流成反比

D．导体的电阻等于导体两端的电压与通过的电流之比

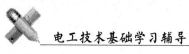
2. 如图 1-7-9 所示电路，已知安培表读数为 2A，伏特表读数为 10V，电源内阻 $r=1\Omega$，则电源的电动势为（　　）。

  A．12V   B．10V

  C．9V   D．8V

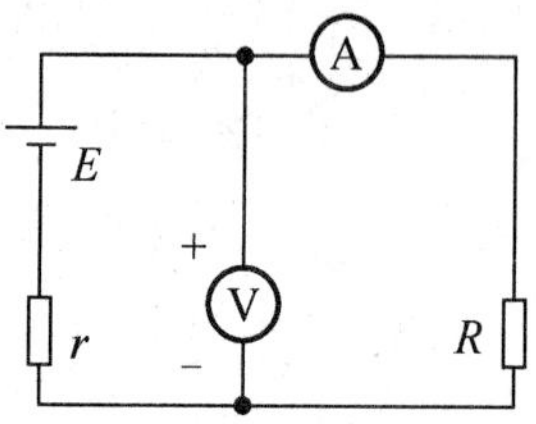

3．在电路中，端电压的高低是随着负载电流的增大而（　　）。

  A．减小   B．增大

  C．不变   D．无法判断

图 1-7-9　题 2 图

4．用电压表测得电路端电压为 0V，这说明（　　）。

  A．外电路断路   B．外电路短路

  C．外电路上的电流较小   D．电源电阻为 0

5．有一根电阻线，在其两端加 1V 电压时，测得其电阻值为 0.5Ω，如果在其两端加 10V 电压时，其电阻值应为（　　）。

  A．0.05Ω   B．0.5Ω   C．5Ω   D．20Ω

6．导体两端的电压是 4V，通过的电流是 0.8A，如果使导体两端的电压增加到 6V，那么导体的电阻和电流分别是（　　）。

  A．5Ω，1.2A   B．5Ω，2A

  C．7.5Ω，0.8A   D．12.5Ω，0.8A

7．一块太阳能电池板，测得它的开路电压为 800mV，短路电流为 40mA，若将该电池板与一个阻值为 20Ω 的电阻器连成一闭合电路，则它的端电压是（　　）。

  A．0.1V   B．0.2V   C．0.3V   D．0.4V

8．用具有一定内阻的电压表测出实际电源的端电压为 6V，则该电源的开路电压比 6V（　　）。

  A．稍大   B．稍小   C．严格相等   D．不能确定

9．一个电动势为 2V，内电阻为 0.1Ω 的电源，当外电路断路时，电路中的电流和端电压分别是（　　）。

  A．0A，2V   B．20A，2V   C．20A，0V   D．0A，0V

10．由 10V 的电源供电给负载 1A 的电流，如果电流到负载往返线路的总电阻为 1Ω，那么负载的端电压应为（　　）。

  A．11V   B．8V   C．12V   D．9V

11．某电源分别接 1Ω 和 4Ω 负载时，输出功率相同，此电源内阻为（　　）。

  A．1Ω   B．2Ω   C．3Ω   D．4Ω

12．有一闭合电路，其电源的电动势 $E=30V$，内阻 $r=5\Omega$，负载电阻 $R=10\Omega$，则电流 $I=$（　　）A。

  A．1.5   B．2   C．2.5   D．3

13．在全电路中，负载电阻增大，端电压将（　　）。

  A．增大   B．减小   C．不变   D．不确定

14．在闭合电路中，电源内阻增大，则电源端电压将（　　）。

  A．增大   B．减小

  C．不变   D．不确定

15．如图 1-7-10 所示电路，当开关 S 接通后，灯泡 B 的亮度变化是（　　）。

A．变亮　　　　　　　　　　B．变暗

C．不变　　　　　　　　　　D．不能确定

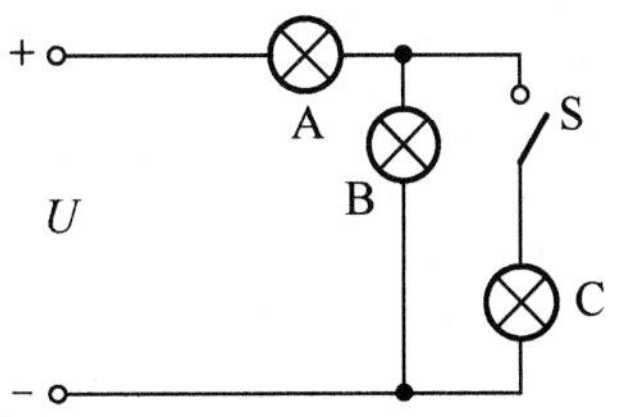

图 1-7-10　题 15 图

16．一个电动势为 2V，内电阻为 0.1Ω 的电源，当外电路短路时，电路中的电流和端电压分别是（　　）。

A．0A，2V　　　　　　　　　B．20A，2V

C．20A，0V　　　　　　　　D．0A，0V

17．当负载短路时，电源内压降（　　）。

A．等于电源的电动势　　　　B．等于端电压

C．为零　　　　　　　　　　D．不确定

三、计算题

1．有一电池同 3Ω 的电阻连接时，端电压是 12V；同 7Ω 的电阻连接时，端电压为 14V，求电源的电动势和内阻。

2．某一闭合电路当外电阻为 10Ω 时，通过的电流为 0.2A，当外电路短路时，通过的电流为 1.2A，求电源的电动势和内阻。

3．如图 1-7-11 所示电路，当变阻器的阻值为 R_P 时，电流表和电压表的读数分别为 0.2A 和 1.9V；改变变阻器的阻值 R_P 后，电流表和电压表的读数分别为 0.6A 和 1.7V。求电源的电动势和内阻。

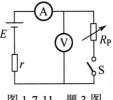

图 1-7-11　题 3 图

1.8　电能和电功率

知识同步指导

1. 电能

电能就是**电荷定向运动形成的电流所做的功**。做功过程本质上就是将电能转换成其他形式能的过程。

因为 $U = \dfrac{W}{q}$，$I = \dfrac{q}{t}$，所以 $W = qU = UIt$

式中，W——电能，单位为焦耳，符号为 J。

2. 焦耳定律

电流在一段电路上所做的功与这段电路两端的电压、电路中的电流，以及通电时间成正比。即

$$W = UIt = I^2Rt = \dfrac{U^2}{R}t$$

电能的另一个单位为千瓦时（kWh），也称"度"，1 度电=1kWh=3.6×10^6J。

3. 电功率

电流在单位时间内所做的功称为电功率，它是衡量电流做功快慢的物理量。其定义式为

$$P = \dfrac{W}{t} = UI = I^2R = \dfrac{U^2}{R}$$

式中，P——电功率，单位是瓦特，符号为 W。

4. 电路的功率平衡

根据能量守恒和转化定律可知，**电源电动势发出的功率，必然等于负载电阻和电源内阻所消耗的功率之和**。即

$$P_{电源} = P_{负载} + P_{内阻}$$

$$\text{或 } IE = I^2R + I^2r \quad \text{或 } IE = U_外I + U_内I \quad \text{或 } IE = \dfrac{U^2_外}{R} + \dfrac{U^2_内}{r}$$

经典例题解析

【例 1】有人说：在公式 $P = I^2R$ 中，功率和电阻成正比；在公式 $P = \dfrac{U^2}{R}$ 中，功率和电阻成反比。这种说法对吗？为什么？

【解答】这种说法是错误的。对同一个电阻而言，$P = UI$、$P = I^2R$、$P = \dfrac{U^2}{R}$ 三个公式计算出来的结果一定是相同的。这只能说明公式 $P = I^2R$ 的物理意义是在 I 相同（串联电路）的

前提下，P 与 R 成正比；公式 $P = \dfrac{U^2}{R}$ 的物理意义是在 U 相同（并联电路）的前提下，P 与 R 成反比。

【例2】在图 1-8-1 所示电路中，电动势 E=120V，负载电阻 R=119Ω，电源内阻 r=1Ω。试求：负载电阻消耗的功率 $P_负$、电源内阻消耗的功率 $P_内$ 及电源提供的功率 P_E。

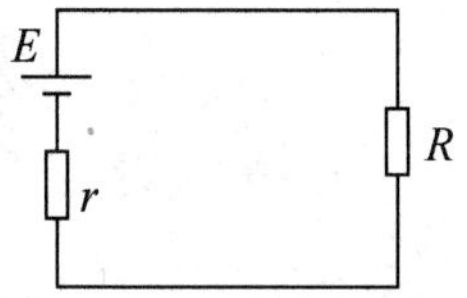

【解答】$I = \dfrac{E}{R+r} = \dfrac{120}{119+1} = 1\text{A}$

$U_负 = IR = 1 \times 119 = 119\text{V}$ $\quad$ $U_内 = Ir = 1 \times 1 = 1\text{V}$

则：$P_负 = I^2R = 1 \times 119 = 119\text{W}$ $\quad$ 或 $P_负 = U_RI = 119 \times 1 = 119\text{W}$

或 $P_负 = \dfrac{U_外^2}{R} = \dfrac{14\,161}{119} = 119\text{W}$ $\quad$ $P_内 = I^2r = 1 \times 1 = 1\text{W}$

$P_E = EI = 120 \times 1 = 120\text{W}$ $\qquad$ $P_E = P_内 + P_负$

验证了电路中功率是平衡的。

图 1-8-1　例 2 图

【例3】某车间原来使用 100 只"220V/100W"的白炽灯照明，现改用 100 只"220V/40W"的日光灯，若按每天用灯 8h，一年按 300 天计算，每年能节约多少度电？若每度电价格为 0.6 元，此举一年可节约多少电费？

【解答】方法一：$W_原 = nP_原t = 100 \times 0.1\text{kW} \times 8 \times 300 = 24000\text{ kWh}$

$\qquad\qquad\qquad W_现 = nP_现t = 100 \times 0.04\text{kW} \times 8 \times 300 = 9600\text{ kWh}$

每年节约电：$\Delta W = W_原 - W_现 = 14\,400\text{ kWh}$

每年省的电费：14400×0.6=8640 元

方法二：$\Delta W = n\Delta Pt = 100 \times (100 - 40) \times 10^{-3} \times 8 \times 300 = 14400\text{ kWh}$

每年省的电费：14400×0.6=8640 元

【例4】某电灯与某电源相连时，消耗功率 100W，现在该灯上串入一根长导线后仍接入上述电源，实测电灯消耗功率 81W，问此时长导线消耗的功率为多少 W？

【解析】串联电路分析从电流入手。

【解答】P_1=100W，P_2=81W，设线路损耗功率为 P_r，设电灯的电阻基本不变，则：

$$P_1 = I_1^2R = 100\text{W} \qquad P_2 = I_2^2R = 81\text{W}$$

$\Rightarrow \dfrac{I_2^2}{I_1^2} = \dfrac{P_2}{P_1}$ $\quad$ 等式两边同时开根号，$\Rightarrow \dfrac{I_2}{I_1} = 0.9$，即电流降为原来的 0.9 倍。

但由于总电压未变，总功率 $(P_2 + P_r) = UI_2 = U \times 0.9I_1 = 90\text{W}$

则线路损耗的功率：$P_r = (P_2 + P_r) - P_2 = 90 - 81 = 9\text{W}$

【拓展】其他条件不变，若实测电灯消耗功率 64W，同理可得导线消耗的功率为 16W；若实测电灯消耗功率 49W，同理可得导线消耗的功率为 21W。

同步练习题

一、填空题

1. 一个标有"220V/400W"的电烤箱，正常工作电流为_____A，其电热丝阻值为_____Ω，电烤箱消耗的功率为_____W；若连续使用 8h，所消耗的电能是_____kWh，它所产生的热量是_____J。

2. 电气设备正常运行时所允许的_____、_____和_____称为它们的额定值。负载在额定条件下运行的状态叫_____，超过其额定值条件运行的状态叫_____，低于其额定值条件运行状态叫_____。

3. 有甲灯"220V/60W"和乙灯"110V/40W"串接于 220V 的电源上工作时，_____灯较亮；若并接于 48V 的电源上时，_____灯较亮。

4. 一只"200Ω/2W"的电阻器，使用时允许施加的最高电压是_____V，允许通过的最大电流是_____A。

5. 一只"40W/220V"的电灯，正常工作时的电流是_____A，如果不考虑温度对电阻的影响，给它施加 110V 的电压时，它的功率是_____。

6. 某教室有40W灯 4 只，60W吊扇 4 把，每天工作6h，每月（30 天）耗电_____度。

7. 对日常使用的电源来说，负载增大是指负载电阻_____。

8. 一个"400Ω/1W"的电阻，使用时允许加的最高电压为_____V，允许通过的最大电流为_____A=_____mA。

9. 把 320Ω 的电阻接到 80V 的电压上，在电阻上产生的功率是_____。

10. 负载大是指_____，电源实际输出功率的大小取决于_____。

11. 一只规格为"220V/40W"的白炽灯，当接于 220V 直流电源工作 10 小时后，消耗的电能是_____度。

12. 两根电阻丝的横截面积相同，材料相同，其长度之比 $L_1:L_2=2:1$，若把它们串联在电路中，则它们产生的热量之比 $Q_1:Q_2=$_____。

13. 电炉的电阻丝断了，去掉原来的 $\frac{1}{4}$ 后仍接在原来的电压下工作，它的功率与原来的功率之比为_____。

14. 有两只白炽灯，分别为 220V/40W 和 110V/60W，则两灯的额定电流之比为_____；灯丝电阻之比为_____；把它们分别接到 110V 的电源上，它们的功率之比为_____；通过灯丝的电流之比为_____。

二、单项选择题

1．在电源电压不变的前提下，电炉要在相等的时间内增加电阻丝的发热量，下列措施可行的是（　　）。

    A．增长电阻丝　　　　　　　　　　B．剪短电阻丝

    C．在电热丝上并联电阻　　　　　　D．在电热丝上串联电阻

2．"12V/6W" 的灯泡接入 6V 电路中，通过灯丝的实际电流是（　　）。

    A．1A　　　　　　　　　　　　　　B．0.5A

    C．0.25A　　　　　　　　　　　　D．0A

3．下列 4 个可等效为纯电阻的用电器，电阻最大的是（　　）。

    A．220V/40W　　　　　　　　　　B．220V/100W

    C．36V/100W　　　　　　　　　　D．110V/100W

4．一只标有 "12V/6W" 的灯泡接入某电路中，测得通过它的电流为 0.4A，则它的实际功率（　　）。

    A．等于 6W　　　　　　　　　　　B．小于 6W

    C．大于 6W　　　　　　　　　　　D．无法判断

5．由于直流供电电网的电压降低，用电器的功率降低了 19%，则这时供电网上的电压比原来的电压降低了（　　）。

    A．10%　　　　　　　　　　　　　B．19%

    C．81%　　　　　　　　　　　　　D．90%

6．电热丝接在一个不计内阻的电源上使用，每秒产生的热量为 Q，现将这一根电热丝拉长 n 倍后，再接入同一电源，则每秒产生的热量为（　　）。

    A．nQ　　　　　　　　　　　　　B．$n^2 Q$

    C．$\dfrac{1}{n} Q$　　　　　　　　　　　D．$\dfrac{1}{n^2} Q$

7．一根均匀电阻丝对折后，并联到原来的电源上，在相同的时间内，电阻丝所产生的热量是原来的（　　）倍。

    A．$\dfrac{1}{2}$　　　　　　　　　　　　B．$\dfrac{1}{4}$

    C．2　　　　　　　　　　　　　　D．4

8．某教学楼有 100 只灯，每只灯的功率为 60W，若所有的灯都在 220V 电压下工作 2h，则消耗电能（　　）。

    A．120 度　　　　　　　　　　　　B．12000 度

    C．12 度　　　　　　　　　　　　　D．60 度

9．设 60W 和 100W 的电灯在 220V 额定电压下工作时的电阻分别为 R_1 和 R_2，则 R_1 和 R_2 的关系为（　　）。

    A．$R_1 > R_2$　　　　　　　　　　B．$R_1 = R_2$

    C．$R_1 < R_2$　　　　　　　　　　D．不能确定

10．一个由线性电阻构成的电器，从 220V 的电源吸取 1000W 的功率，若将此电器接到 110V 的电源上，则吸取的功率为（　　）。

    A．250W　　　　　　　　　　　　B．500W

C. 1000W　　　　　　　　　　　　　D. 2000W

11. 一根电阻丝的两端加上电压 U 后，在 t 时间内放出的热量为 Q，若将这根电阻丝对折后再加上电压 U，在同样时间内放出的热量为（　　　）。

A. $2Q$　　　　　　　　　　　　　　B. $4Q$

C. $8Q$　　　　　　　　　　　　　　D. $16Q$

12. 当流过用电器的电流一定时，电功率与电阻值成（　　　）。

A. 反比　　　　　　　　　　　　　　B. 正比

C. 一定关系　　　　　　　　　　　　D. 没有关系

13. 有"220V/100W""220V/25W"白炽灯两只，串联后接入 220V 交流电源，其亮度情况（　　　）。

A. 100W 的灯更亮　　　　　　　　　B. 25W 的灯更亮

C. 两只灯一样亮　　　　　　　　　　D. 无法确定

14. A 灯为"220V/40W"，B 灯为"110V/40W"，它们都在各自的额定电压下工作，以下说法正确的是（　　　）。

A. A 灯比 B 灯亮　　　　　　　　　　B. B 灯比 A 灯亮

C. 两个一样亮　　　　　　　　　　　D. A 灯和 B 灯的工作电流是一样的

15. 有一电源分别接 8Ω 和 2Ω 电阻，单位时间内放出的热量相同（导线电阻不计），则电源内阻为（　　　）。

A. 1Ω　　　　　　　　　　　　　　B. 2Ω

C. 4Ω　　　　　　　　　　　　　　D. 8Ω

16. 标注为"100Ω/4W"和"100Ω/25W"的两个电阻串联时，允许加的最大电压是（　　　）。

A. 70V　　　　　　　　　　　　　　B. 40V

C. 140V　　　　　　　　　　　　　D. 以上都不是

三、计算题

1. 有一台直流发电机，其端电压 $U=237V$，内阻 $r=0.6Ω$，输出电流 $I=5A$。试求：（1）发电机的电动势 E 和此时的负载电阻 R；（2）求各项功率，并写出功率平衡式。

2. 某一全电路中，若将负载电阻 R_L 由原来的 2Ω 改为 6Ω，电路中的电流就减小到原来的一半，求电源的内阻是多少？

3．一个额定电压为 6V 的继电器 J，其线圈的电阻 $R_2＝200\Omega$。若电源的电动势 $E＝24V$（内阻不计），则应串接多大的降压电阻 R_1 才能使这个继电器正常工作？

1.9　电源最大输出功率

知识同步指导

1．最大功率输出定律的内容（也叫负载获得最大功率的条件）

在全电路中，当负载电阻 R 和电源内阻 r 相等时（在正弦交流电路中，则当负载阻抗 Z_L 与电源内阻阻抗 Z_r 为一对共轭复数时），电源的输出功率最大，同时负载获得的功率也最大。

即当 $R=r$ 时：

$$P_{\max} = \frac{E^2}{4R} = \frac{E^2}{4r}$$

在无线电技术中，$R=r$ 这种状态称为负载匹配（或阻抗匹配）。当负载匹配时，$P_R=P_{\max}$，但电源的效率却不高，仅有 50%。

$$\eta_E = \frac{P_R}{P_E} \times 100\% = \frac{R}{R+r} \times 100\% = 50\%$$

强调两点：

（1）在电信系统中，由于传输功率不大，效率不是主要问题，主要考虑负载如何获得最大功率，要求 **R** 尽可能与 **r** 相等；

（2）在电力输送系统中，主要考虑输电效率，要求 **R>>r**。

2．负载的功率曲线和电源的效率曲线

负载的功率曲线和电源的效率曲线如图 1-9-1 所示。

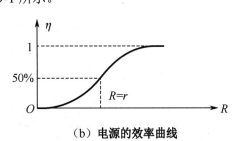

（a）负载的功率曲线　　　　　（b）电源的效率曲线

图 1-9-1　负载的功率曲线和电源的效率曲线

经典例题解析

【例1】 如图 1-9-2 所示电路，$R_1=2\Omega$，电源电动势 $E=10V$，内阻 $r=0.5\Omega$，R_P 为可调电阻。问：

（1）R_P 值为多大时它可获得最大功率？且最大功率为多少？

（2）R_P 值为多大时 R_1 可获得最大功率？且 R_1 可获得的最大功率为多少？

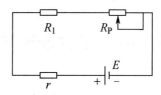

图 1-9-2 例 1 图

【解析】（1）根据电路的等效理论，任何一个复杂的线性电路均可等效为仅含电源、电源内阻和负载三部分的全电路。其中待求元件即为负载，电源和电源内阻均为从负载两端看过的等效电源和电源内阻；（2）负载是可调电阻时，负载获得最大功率的条件是 **$R=r$**；负载是固定电阻时，负载获得最大功率的条件是 r 值最小，此时流过负载的电流最大。

【解答】（1）R_P 为负载，R_1+r 合并为电源内阻，$R_P=R_1+r=2.5\Omega$ 时，R_P 可获得最大功率，且最大功率为

$$P_{\max} = \frac{E^2}{4R_P} = \frac{10^2}{4\times 2.5} = 10W$$

（2）R_1 为固定阻值负载，故 $R_P=0$ 时 R_1 可获得最大功率，且最大功率为

$$P_{\max} = I^2_{\max}R_1 = (\frac{E}{R_1+r})^2 \times R_1 = (\frac{10}{2+0.5})^2 \times 2 = 32W$$

【例2】 已知全电路中，$E=40V$，$r_o=30\Omega$，求 R 分别等于 10Ω，30Ω，770Ω 时的负载功率和电源的效率。

【解答】 当 $R=10\Omega$ 时

$$I = \frac{E}{R+r_o} = \frac{40}{10+30} = 1A \qquad P_R = I^2R = 1^2 \times 10 = 10W$$

电源效率：
$$\eta_E = \frac{R}{R+r_o} \times 100\% = \frac{10}{10+30} \times 100\% = 25\%$$

当 $R=30\Omega$ 时

$$I = \frac{E}{R+r_o} = \frac{40}{30+30} = \frac{2}{3}A \qquad P_R = I^2R = (\frac{2}{3})^2 \times 30 = 13.33W$$

电源效率：
$$\eta_E = \frac{R}{R+r_o} \times 100\% = \frac{30}{30+30} \times 100\% = 50\%$$

当 $R=770\Omega$ 时

$$I = \frac{E}{R+r_o} = \frac{40}{770+30} = 0.05A \qquad P_R = I^2R = (0.05)^2 \times 770 = 1.925W$$

电源效率： $\eta_{\mathrm{E}} = \dfrac{R}{R+r_{\mathrm{o}}} \times 100\% = \dfrac{770}{770+30} \times 100\% = 96.3\%$

同步练习题

一、填空题

1. 当负载电阻可变时（电源的电动势为 E，内阻为 r），负载获得最大功率的条件是_____，负载获得的最大功率为_____。

2. 某电源伏安特性曲线如图 1-9-3 所示，则该电源开路电压 U_{oc}=_____V，短路电流 I_{sc}=_____A，电源参数 E=_____V，r_{o}=_____Ω；当外接 6Ω 负载时，端电压为_____V，输出电流为_____A，输出功率为_____W；当外接_____Ω 负载时，输出功率最大，且最大输出功率 P_{max}=_____W。

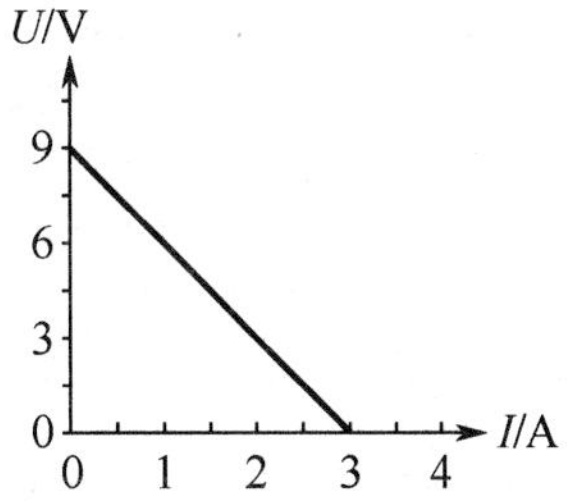

图 1-9-3　题 2 图

3. 电动势为 9V，内阻为 0.1Ω 的电源，当负载为_____时，它的输出电流最大，其值为_____；当负载为_____时，它的输出功率最大，其值为_____；输出最大功率时，电源的端电压是_____，效率为_____。

二、单项选择题

1. 某电源外接 1Ω 与 4Ω 负载时输出功率相等，那么该电源的内阻为（　　）。
　　A．1Ω　　　　　　　　　　　B．2Ω
　　C．2.5Ω　　　　　　　　　　D．4Ω

2. 某电源的开路电压为 20V，短路电流为 10A，那么该电源的最大输出功率为（　　）。
　　A．400W　　　　　　　　　　B．40W
　　C．50W　　　　　　　　　　D．100W

三、计算题

1. 如图 1-9-4 所示电路，R_1=14Ω，R_2=9Ω，当开关 S 扳到位置 1 时，测得电流 I_1=0.2A；当开关 S 扳到位置 2 时，测得电流 I_2=0.3A，求电源的电动势和内阻。

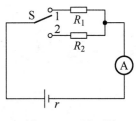

图 1-9-4　题 1 图

2. 如图 1-9-5 所示电路，$R_1=4\Omega$，$R_2=12\Omega$，开关 S 分别扳到位置 1 和位置 2 时的电压读数依次为 8V 和 12V。（1）绘制该电源的伏安特性曲线，画出它的电源模型，并求解参数 E、r；（2）求该电源的最大输出功率？在何种情况下才能实现最大功率输出？

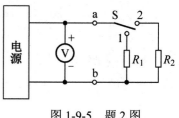

图 1-9-5　题 2 图

第二章 直流电路

（1）掌握串、并联电路的特点、性质，伏特表、安培表的改装应用，以及混联电路的分析和计算。

（2）掌握电路中各点电位及两点间电压的分析和计算。

（3）掌握基尔霍夫定律、叠加定理、戴维南定理及适用场合。

（4）熟练运用支路电流法、弥尔曼定理和戴维南定理分析计算复杂直流电路。

（5）理解电源的两个电路模型，掌握它们之间的等效变换条件，熟练运用电源的等效变换，分析计算某一支路的电流、电压或功率。

（6）理解电桥的平衡条件，掌握相关应用和计算。

2.1 电阻串联电路

知识同步指导

1. 电阻串联电路的定义和电阻串联电路模型

（1）电阻串联电路的定义：**把两个或两个以上的电阻依次连接起来，组成中间无分支的电路，称为电阻的串联。**

（2）电阻串联电路模型及等效电路如图 2-1-1 所示。

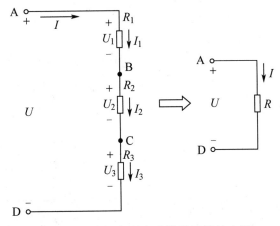

图 2-1-1　电阻串联电路模型及等效电路

（3）串联电路实例：

圣诞树上挂满的灯泡，几十个甚至更多的灯泡串联起来，接在 220V 的电源上。其中有一个灯泡内装有双金属片开关，利用其膨胀系数 T 的不同产生的内应力，去控制灯泡的亮灭。

$T\uparrow$ →开关断开→所有灯灭。

$T\downarrow$ →至正常值→开关闭合→所有灯亮。

2. 电阻串联电路的特点

（1）串联电路中，电流处处相等。

即：$I=I_1=I_2=I_3=\cdots=I_n$

（2）串联电阻电路两端的总电压等于各个电阻两端的分电压之和。

即：$U_总=U_1+U_2+U_3+\cdots+U_n$

（3）串联电路的总电阻（等效电阻）等于各串联电阻之和。

即：$R_总=R_1+R_2+R_3+\cdots+R_n$

上式表明：① 串联电路的总电阻大于任何一个分电阻；

② 当有 n 个相同的电阻 R 串联时，$R_总=nR$。

【补充】电路等效的概念：指结构和元件可以完全不相同的电路 **A** 与 **B**,对外电路而言，**A**、**B** 两电路在相同的端钮处，具有相同的电流与电压，它们互换对外电路没有任何影响，则称 **A**、**B** 两电路等效。如图 **2-1-2** 所示。

图 2-1-2　等效电路

（4）串联电路的电压分配关系。

$$U_1：U_2：U_3：\cdots：U_n：U=R_1：R_2：R_3：\cdots：R_n：R$$

说明串联电路中各电阻两端的电压与自身电阻的阻值成正比。

可得电阻串联分压公式：$U_n=\dfrac{U_总R_n}{R}=\dfrac{U_总R_n}{R_1+R_2+\cdots+\cdots+R_n}$

（5）串联电路功率分配关系。

$$P_1：P_2：P_3：\cdots：P_n=R_1：R_2：R_3：\cdots：R_n$$
$$P_总=P_1+P_2+P_3+\cdots+P_n$$

即在电阻串联电路中，各电阻消耗的功率与自身阻值成正比；总功率等于各个电阻消耗的功率之和。

3. 电阻串联电路典型应用——分压

（1）分压器。

① 连续可调分压器，如图 2-1-3 所示。② 固定三级分压器，如图 2-1-4 所示。

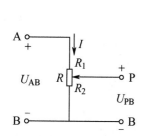

图 2-1-3　连续可调分压器

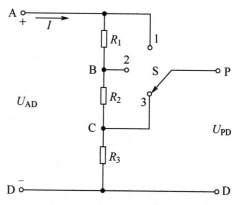

图 2-1-4　固定三级分压器

工作原理分析:

因为 $U_{PB} = U_{AB} \dfrac{R_2}{R}$ 　　　　开关 S 置 "1",则: $U_{PD} = U_{AD}$

所以当 $R_1 = 0$ 时,　$U_{PB} = U_{AB}$ 　　开关 S 置 "2",则: $U_{PD} = U_{AD} \dfrac{R_2 + R_3}{R_1 + R_2 + R_3}$

当 $R_2 = 0$ 时,　$U_{PB} = 0$ 　　　　开关 S 置 "3",则: $U_{PD} = U_{AD} \dfrac{R_3}{R_1 + R_2 + R_3}$

因此,U_{PB} 的输出电压范围为 $0 \sim U_{AB}$。

(2)电压表扩大量程。

① 电压表扩大量程原理。

电压表扩大量程原理图如图 2-1-5 所示。

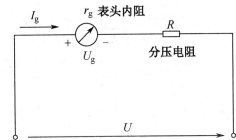

I_g—表头满偏电流;r_g—表头内阻;U_g—表头电压降;R—分压电阻

图 2-1-5　电压表扩大量程原理图

分压电阻: 　　　　　　　　　$R = \dfrac{U}{I_g} - r_g$

因为 $U \gg U_g$,所以电压表量程被扩大。

② 万用表直流电压挡电路实例。

万用表直流电压挡电路如图 2-1-6 所示。

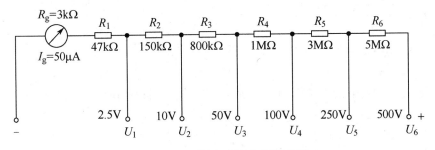

图 2-1-6　万用表直流电压挡电路

$R_1 = \dfrac{U_1}{I_g} - R_g = \dfrac{2.5\text{V}}{50\mu\text{A}} - 3\text{k}\Omega = 47\text{k}\Omega$ 　　　$R_2 = \dfrac{U_2 - U_1}{I_g} = \dfrac{(10 - 2.5)\text{ V}}{50\mu\text{A}} = 150\text{k}\Omega$

$R_3 = \dfrac{U_3 - U_2}{I_g} = \dfrac{(50 - 10)\text{ V}}{50\mu\text{A}} = 800\text{k}\Omega$ 　　　$R_4 = \dfrac{U_4 - U_3}{I_g} = \dfrac{(100 - 50)\text{ V}}{50\mu\text{A}} = 1\text{M}\Omega$

$R_5 = \dfrac{U_5 - U_4}{I_g} = \dfrac{(250 - 100)\text{ V}}{50\mu\text{A}} = 3\text{M}\Omega$ 　　　$R_6 = \dfrac{U_6 - U_5}{I_g} = \dfrac{(500 - 250)\text{ V}}{50\mu\text{A}} = 5\text{M}\Omega$

◆◆◆ 经典例题解析 ◆◆◆

【例 1】已知 R_1、R_2、R_3 的阻值关系为：$R_1 : R_2 : R_3 = 1 : 2 : 3$；现将它们串联后接在 120V 的电源上，试求：

（1）若 R_2 消耗的功率为 30W，求 P_1 和 P_3；

（2）各电阻两端的电压 U_1、U_2、U_3。

【解析】可利用电阻串联的功率分配关系和电压分配关系求解。

【解答】（1）$\dfrac{P_2}{P_1} = \dfrac{R_2}{R_1} \Rightarrow P_1 = \dfrac{P_2 R_1}{R_2} = \dfrac{30 \times 1}{2} = 15\text{W}$

同理：
$$P_3 = \dfrac{P_2 R_3}{R_2} = \dfrac{30 \times 3}{2} = 45\text{W}$$

（2）
$$\dfrac{R_1}{R_{总}} = \dfrac{U_1}{U_{总}} \Rightarrow U_1 = \dfrac{R_1 U_{总}}{R_{总}} = \dfrac{1 \times 120}{6} = 20\text{V}$$

同理：$U_2 = \dfrac{R_2 U_{总}}{R_{总}} = \dfrac{2 \times 120}{6} = 40\text{V}$ $U_3 = \dfrac{R_3 U_{总}}{R_{总}} = \dfrac{3 \times 120}{6} = 60\text{V}$

或 $U_1 = U \dfrac{R_1}{R_1 + R_2 + R_3} = 120\dfrac{1}{6} = 20\text{V}$ $U_2 = U \dfrac{R_2}{R_1 + R_2 + R_3} = 120\dfrac{2}{6} = 40\text{V}$

$$U_3 = U - (U_1 + U_2) = 120 - (20 + 40) = 60\text{V}$$

【例 2】如图 2-1-7 示所示，已知负载电阻 $R_L = 50\Omega$，它的额定工作电压为 100V，欲使 R_L 工作于额定状态，求分压电阻 R 的阻值、电流和功率。

【解答】（1）$\dfrac{R}{R_L} = \dfrac{U_R}{U_L} \Rightarrow R = \dfrac{R_L \times U_R}{U_L}$

$$= \dfrac{50 \times (220 - 100)}{100} = 60\Omega$$

（2）$I_R = \dfrac{U_R}{R} = \dfrac{220 - 100}{60} = 2\text{A}$

（3）$P_R = I_R^2 R = 2^2 \times 60 = 240\text{W}$

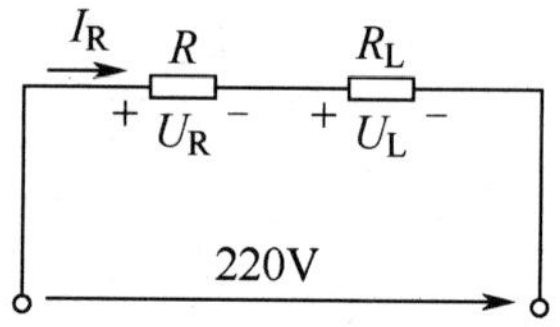

图 2-1-7   例 2 图

【例 3】R_1 的额定值为 "50V/10W"，R_2 的额定值为 "40V/16W"，将它们串联起来接在 80V 的电源两端，问：

（1）R_1、R_2 能否正常工作？

（2）串联后的额定工作电压是多少？

【解析】串联电路电流处处相等。当额定电流不同的元器件组成串联电路时，串联电阻器组的额定电流取决于它们间的最小值。

【解答】（1）$R_1 = \dfrac{U_1^2}{P_1} = \dfrac{50^2}{10} = 250\Omega$ $R_2 = \dfrac{U_2^2}{P_2} = \dfrac{40^2}{16} = 100\Omega$

若接在 80V 上，则 $U_{R1} = U \dfrac{R_1}{R_1 + R_2} = 80 \times \dfrac{250}{350} \approx 57.14\text{V}$

$$U_{R2} = U - U_{R1} = 80 - 57.14 = 22.86V$$

由于 R_1 的分压超过了 50V，故不能正常工作。

（2）R_1 额定工作电流 $I_{1N} = \dfrac{P_{1N}}{U_{1N}} = \dfrac{10}{50} = 0.2A$

R_2 额定工作电流 $I_{2N} = \dfrac{P_{2N}}{U_{2N}} = \dfrac{16}{40} = 0.4A$

故串联后的额定工作电流 $I_N = I_{1N} = 0.2A$，则串联后的额定工作电压为：

$$U_N = I_N(R_1 + R_2) = 0.2 \times 350 = 70V$$

【例 4】如图 2-1-8 所示的电路是一衰减电路，共有四挡。当输入电压 U_i=16V 时，试计算各挡输出电压 U_o。【省对口招生考试试题】

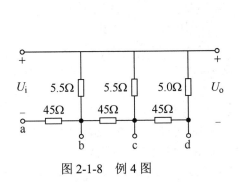

图 2-1-8 例 4 图

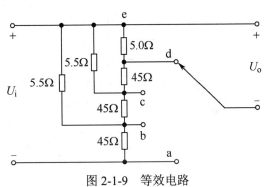

图 2-1-9 等效电路

【解答】画出等效电路如图 2-1-9 所示，由等效电路可知

① 使用 a 挡：$U_o = U_i = 16V$

② 使用 b 挡：$R_{eb} = \{ [(5+45)//5.5] + 45 \} // 5.5 = 5\Omega$

$$R_{ba} = 45\Omega \Rightarrow U_{eb} = \frac{R_{eb}}{R_{ba} + R_{eb}}U_i = \frac{5}{45+5} \times 16 = 1.6V$$

③ 使用 c 挡：$R_{ec} = (5+45)//5.5 = 5\Omega \Rightarrow U_{ec} = \frac{5}{45+5}U_{eb} = \frac{1}{10}U_{eb} = 0.16V$

④ 使用 d 挡：$U_{ed} = \frac{5}{45+5}U_{ec} = \frac{1}{10}U_{ec} = 0.016V$

同步练习题

一、填空题

1. 有两个电阻 R_1 和 R_2，已知 R_1：R_2=1：4，若它们在电路中串联，则电阻上的电压比 U_{R1}：U_{R2}=_____；它们消耗的功率比 P_{R1}：P_{R2}=_____。

2. 有三个电阻 R_1、R_2、R_3 串联，其阻值分别为 50Ω、100Ω、25Ω，欲使 R_3 的功率不超过 100W，则 R_1 上的电压至多为_____。

3. 在串联电路中，电压关系是：_____；电流关系是：_____。

4．有一电流表的表头，容许通过最大电流为 500μA，内电阻 R_g=2kΩ，要把它改装成 100V 的电压表，则应串联一个阻值为_____Ω 的电阻。

二、单项选择题

1．在已知 I_g 和 R_g 的表头上串联一个电阻 R，其量程扩大（　　）倍。

A．$\dfrac{R_g}{R+R_g}$　　　　B．$\dfrac{R}{R+R_g}$　　　　C．$\dfrac{R+R_g}{R_g}$　　　　D．$\dfrac{R+R_g}{R}$

2．如果要扩大电压表的量程，应在表头线圈上加入（　　）。

A．串联电阻　　　B．并联电阻　　　C．混联电阻　　　D．都不是

3．R_1 和 R_2 为两串联电阻，已知 R_1=4R_2，若 R_1 上消耗的功率为 1W，则 R_2 上消耗的功率为（　　）。

A．5W　　　　　B．20W　　　　　C．0.25W　　　　D．400W

4．R_1=10Ω，R_2=20Ω，若将两电阻串联起来，则总电阻为（　　）Ω。

A．10　　　　　B．20　　　　　C．30　　　　　D．40

5．在串联电路中，若两电阻的比值为 2：3，则两端的电压之比为（　　）。

A．2：3　　　　B．3：2　　　　C．1：1　　　　D．5：2

6．某伏特表内阻为 1800Ω，现要扩大量程为原来的 10 倍，则应（　　）。

A．用 18000Ω 的电阻与伏特表串联　　B．用 18000Ω 的电阻与伏特表并联

C．用 16200Ω 的电阻与伏特表串联　　D．用 16200Ω 的电阻与伏特表并联

7．R_1 和 R_2 串联，若 R_1：R_2=2：1，且 R_1 和 R_2 消耗的总功率为 30W，则 R_1 消耗的功率是（　　）。【省对口招生考试试题】

A．5W　　　　　B．10W　　　　　C．15W　　　　　D．20W

8．将"110V/40W"和"110V/100W"的两只白炽灯串联在 220V 电源上使用，则（　　）。
【省对口招生考试试题】

A．两只灯都能安全、正常工作

B．两只灯都不能工作，灯丝都烧断

C．40W 灯泡因电压高于 110V 而灯丝烧断，造成 100W 灯灭

D．100W 灯泡因电压高于 110V 而灯丝烧断，造成 40W 灯灭

2.2　电阻并联电路

知识同步指导

1．电阻并联电路的概念和电路模型

（1）电阻并联电路的概念：**两个或两个以上的电阻接在电路的两点之间，共同承受同一电压的连接方式**。

（2）电阻并联电路的电路模型。

电阻并联电路的电路模型如图 2-2-1 所示。

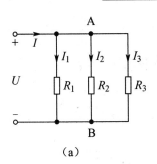 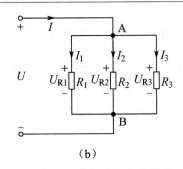 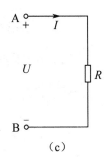

（a）　　　　　　　　　　（b）　　　　　　　　　　（c）

图 2-2-1　电阻并联电路的电路模型

（3）电阻并联电路实例。

家庭各类家用电器的连接方式均采用并联方式。

2．并联电路的特点

（1）加在各并联电阻两端的电压相等。如图 2-2-1（b）所示。

即：$U=U_{R1}=U_{R2}=U_{R3}=\cdots=U_{Rn}$

（2）**电路的总电流等于各并联电阻分电流之和。**如图 2-2-1（b）所示。

即：$I=I_1+I_2+I_3+\cdots+I_n$

（3）**电路的总电阻（等效电阻）R 的倒数等于各电阻的倒数之和或电路的总电导（等效电导）G 等于各电导之和。**

即：$\dfrac{1}{R}=\dfrac{1}{R_1}+\dfrac{1}{R_2}+\dfrac{1}{R_3}+\cdots+\dfrac{1}{R_n}$　　或者　　$G=G_1+G_2+G_3+\cdots+G_n$

上式说明：总电阻比任何一个并联电阻的阻值都小。

（4）电阻并联电路的电流分配和功率分配关系。

$$U=I_1R_1=I_2R_2=I_3R_3=\cdots=I_nR_n\qquad U^2=P_1R_1=P_2R_2=P_3R_3=\cdots=P_nR_n$$

即：**并联电阻电路中各电阻的电流与自身阻值成反比；各支路电阻消耗的功率和电阻成反比。**

① 两电阻并联分流公式。

两电阻并联分流电路如图 2-2-2（a）所示。

$$I_1=I\dfrac{R_2}{R_1+R_2}\qquad I_2=I\dfrac{R_1}{R_1+R_2}$$

② 两电阻并联等效电阻计算公式。

两电阻并联等效电阻电路如图 2-2-2（b）所示。

$$R_{12}=\dfrac{R_1R_2}{R_1+R_2}$$

（a）　　　　　　　　　　（b）

图 2-2-2　两电阻并联分流电路

当有 n 个相同的电阻 R_0 并联时，等效电阻 $R = \dfrac{R_0}{n}$。

③ n 个电阻并联分流公式（**与电阻成反比，则必与电导成正比**），在图 2-2-3 中：

$$I_1 = I\frac{G_1}{G_1 + G_2 + G_3 + \cdots + G_n}$$

$$I_2 = I\frac{G_2}{G_1 + G_2 + G_3 + \cdots + G_n}$$

$$I_3 = I\frac{G_3}{G_1 + G_2 + G_3 + \cdots + G_n}$$

$$\vdots$$

$$I_n = I\frac{G_n}{G_1 + G_2 + G_3 + \cdots + G_n}$$

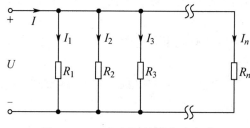

图 2-2-3　n 个电阻并联分流电路

3. 并联电阻典型应用——扩大电流表量程

（1）单量程电流表。

单量程电流表电路如图 2-2-4（a）所示。

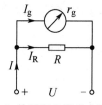

（a）单量程电流表电路

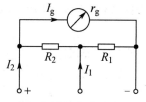

（b）双量程电流表电路

图 2-2-4　电流表电路

$$U_g = I_g r_g \quad \Rightarrow \quad R = \frac{U_g}{I_R} = \frac{I_g r_g}{I - I_g}$$

（2）双量程电流表（环形分流器）。

双量程电流表电路如图 2-2-4（b）所示。

$$R = R_1 + R_2 = \frac{I_g r_g}{I_2 - I_g}$$

使用 I_1 挡时，可利用分流公式，求出 R_1，即：

$$I_g = I_1\frac{R_1}{R_1 + R_2 + r_g} \Rightarrow R_1 = \frac{I_g(R_1 + R_2 + r_g)}{I_1} \Rightarrow R_2 = (R_1 + R_2) - R_1$$

（3）万用表直流电流挡电路实例。

万用表直流电流挡电路如图 2-2-5 所示，已知 r_g=3.5kΩ、I_g=50μA，求 R_1 至 R_5 的数值。

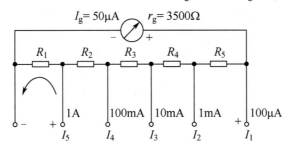

图 2-2-5　万用表直流电流挡电路

【解析】求解环形分流器分流电阻阻值最合理的方法是先求出总电阻 **R**，然后反复利用分流公式，求出其他电阻的阻值。

$$R=R_1+R_2+R_3+R_4+R_5=\frac{I_g\,r_g}{I_1-I_g}=3.5\text{kΩ}$$

$$R_1=\frac{I_g(R+r_g)}{I_5}=0.35\text{Ω}$$

因为 $R_1+R_2=\dfrac{I_g(R+r_g)}{I_4}=3.5\text{Ω}$　　　所以 $R_2=（R_1+R_2）-R_1=3.15\text{Ω}$

因为 $R_1+R_2+R_3=\dfrac{I_g(R+r_g)}{I_3}=35\text{Ω}$　　　所以 $R_3=（R_1+R_2+R_3）-（R_1+R_2）=31.5\text{Ω}$

同理：$R_4=\dfrac{I_g(R+r_g)}{I_2}-（R_1+R_2+R_3）=315\text{Ω}$　　　$R_5=R-（R_1+R_2+R_3+R_4）=3150\text{Ω}$

经典例题解析

【例 1】如图 2-2-6 所示电路中，已知 R_1=10Ω，R_2=20Ω，R_3 最大值为 30Ω，则 AC 间的取值范围从＿＿＿＿Ω 到＿＿＿＿Ω。当 R_3 取 20Ω 时，在 AC 两端加 20V 电压，R_1 两端电压 U_1=＿＿＿＿V，R_2 上的电流 I_2 与 R_1 上的电流 I_1 之比 I_2：I_1=＿＿＿＿，R_3 上所消耗的电功率 P_3=＿＿＿＿W。

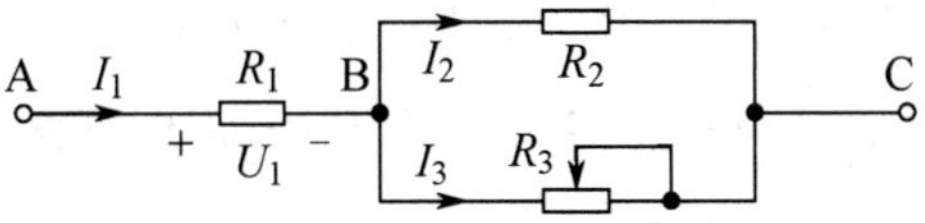

图 2-2-6　例 1 图

【解答】当 R_3 调至最左端，R_3=0，$R_{AC}=R_1=10$Ω；当 R_3 调至最右端，R_3=30Ω，$R_{AC}=R_1+R_2$ // R_3=22Ω。利用并联分流关系和功率分配关系可得答案分别为：10、22、10、1：2、5。

【例 2】如图 2-2-7 所示，$R_2=R_4$，电压表 V₁ 示数为 8V，V₂ 示数为 12V，则 U_{AB} 应是（　　）。

　　A．6V　　　　　　B．20V　　　　　　C．24V　　　　　　D．无法确定

【解析】$U_{AB} = V_1 + V_2 - U_{R2} + U_{R4}$，

因为 $R_2=R_4$，所以 $U_{R2}=U_{R4}$

故 $U_{AB}=V_1+V_2=20V$，故选 B。

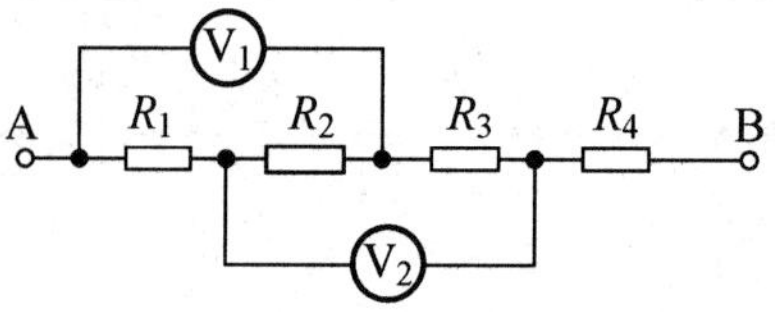

图 2-2-7　例 2 图

【例 3】额定值分别为"36V/15W"和"220V/100W"的两只灯泡 A、B，将它们并联后接到电源上，试问：（1）电源电压不能超过多少伏？（2）若两只灯泡并联接在 36V 的电源上，哪只灯泡会更亮？

【解答】（1）并联电路，负载电压相等。当额定电压不同的元器件组成并联电路时，并联电阻器的额定工作电压 U_N 取它们额定电压中的最小值，故电源电压不能超过 36V。

（2）$R_1 = \dfrac{U_1^2}{P} = \dfrac{36 \times 36}{15} = 86.4\Omega$ 　　　　$R_2 = \dfrac{U_2^2}{P_2} = \dfrac{220 \times 220}{100} = 484\Omega$

由于并联电路，功率与自身阻值成反比，故 A 灯更亮。

同步练习题

一、填空题

1．在并联电路中，电压关系是：_____；电流关系是：_____。

2．串联电阻可以扩大_____量程，并联电阻可以扩大_____量程。

3．在并联电路中某一支路的阻值大，则该支路电流_____，其消耗的功率也_____。

4．一根导线，把它分成五等份再并联，则电阻为原来的_____倍。

5．4 个相同阻值的电阻并联后，其等效电阻为 10kΩ，那么每个电阻的值是_____。

6．已知 $R_1=300\Omega$，$R_2=R_3=600\Omega$，求 R_1、R_2 和 R_3 并联的等效电阻 $R=$_____。

7．电阻并联时，并联电阻两端的电压_____。

8．两根导线并联时的阻值 2.4Ω，串联时的阻值为 10Ω，则两根导线的电阻值分别是_____Ω、_____Ω。

9．两个电阻串联的总阻为 9Ω，并联的总电阻为 2Ω，则两个电阻分别为_____Ω 和_____Ω。

10．两个 8Ω，三个 18Ω，四个 48Ω 的电阻并联后的总电阻为_____Ω。

11. 如图 2-2-8 所示直流电路，R_1 所消耗的功率为 2W，则 R_2 应为_____Ω。

12. 在图 2-2-9 所示电路中，10V 电源的功率 P 为_____W。

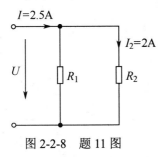

图 2-2-8　题 11 图

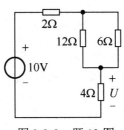

图 2-2-9　题 12 图

二、单项选择题

1. 有两个电阻，当它们串联时，总电阻是 10Ω，当它们并联时，总电阻是 2.5Ω，这两只电阻的阻值分别是（　　）。

　　A．5Ω，5Ω
　　B．2Ω，8Ω
　　C．2.5Ω，2.5Ω
　　D．2.5Ω，10Ω

2. 将一 I_g=50μA，内阻 R_g=10kΩ 的灵敏电流计改装成量程为 500mA 的电流表，需要（　　）。

　　A．串联 1Ω 电阻
　　B．串联 1kΩ 电阻
　　C．并联 1Ω 电阻
　　D．并联 1kΩ 电阻

3. R_1 和 R_2 并联，已知 R_1=2R_2，若 R_2 上消耗的功率为 1W，则 R_1 上消耗的功率为（　　）。

　　A．1W
　　B．2W
　　C．0.5W
　　D．4W

4. 有一个磁电系表头，满偏电流为 500μA，内阻为 200Ω，若需利用该表头测量 100A 的电流，应选（　　）规格的外附分流器。

　　A．150A，100mV
　　B．100A，100mV
　　C．150A，0.001Ω
　　D．100A，0.001Ω

三、计算题

图 2-2-10 所示为程序测量用分压器电路，外加电压 U_{AB}=24V，欲使 U_{CD} 在 S_1、S_2、S_3 相继合上时获得 $\frac{1}{2}$、$\frac{1}{3}$、$\frac{1}{4}$ 的 U_{AB} 电压，若允许电阻中最大电流为 0.02A，求各电阻的值。

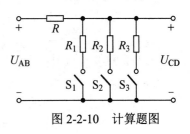

图 2-2-10　计算题图

2.3 电阻混联电路

知识同步指导

1. 电阻混联电路的概念

既有电阻串联又有电阻并联的电阻电路称为电阻混联电路，如图 2-3-1 所示。

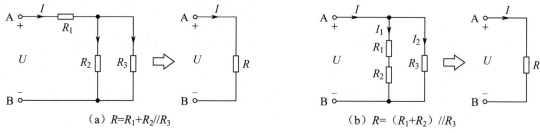

（a）$R=R_1+R_2//R_3$　　　　　　　（b）$R=(R_1+R_2)//R_3$

图 2-3-1　电阻混联电路

2. 电阻混联电路的解题思路和步骤

解题思路：分清电路的结构，将不规范的串、并联电路加以规范（使所画电路的串、并联关系清晰），利用电阻的串、并联公式逐步简化电路，求出最终的等效电阻。

解题步骤：

（1）确定等电位点（导线的电阻和理想电流表的内阻可忽略不计，可以认为导线和电流表连接的两点是等电位点）。

（2）画出串、并联关系清晰的等效电路图。

（3）求解。

经典例题解析

【例1】如图 2-3-2（a）所示，$U=24V$，求 R_{ab} 和总电流 I。

【解答】画出 a、b 间电阻的等效电路，如图 2-3-2（b）所示，由等效电路可知：

$$R_{ab} = \left[(3//6) + 4 \right] //4 = 2.4\Omega \qquad I = \frac{U}{R_{ab}} = \frac{24V}{2.4\Omega} = 10A$$

【例2】如图 2-3-3 所示，已知 $R_1=R_2=R_3=R_4=R=20\Omega$，求 R_{AB}。

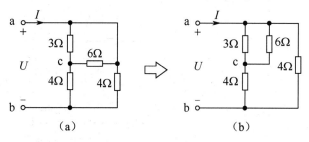

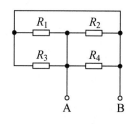

图 2-3-2　例 1 图　　　　　　　　　　图 2-3-3　例 2 图

【解答】由图可知，R_1、R_2、R_3、R_4 均接在 A、B 两点之间。

$$R_{AB}=R_1 \mathbin{/\!/} R_2 \mathbin{/\!/} R_3 \mathbin{/\!/} R_4=\frac{R}{4}=5\Omega$$

【例3】求图 2-3-4（a）中 R_{ab}、R_{bc}、R_{bd} 等于多少？

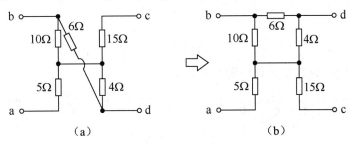

（a）　　　　　　（b）

图 2-3-4　例 3 图

【解答】画出 R_{ab}、R_{bc}、R_{bd} 等效电路如图 2-3-4（b）所示，则：

$R_{ab}=\left[(4+6)\mathbin{/\!/}10\right]+5=10\Omega$

$R_{bc}=\left[10\mathbin{/\!/}(4+6)\right]+15=20\Omega$

$R_{bd}=6\mathbin{/\!/}(10+4)=4.2\Omega$

【例4】如图 2-3-5 所示，已知 $I=10$A、$R_1=3\Omega$、$R_2=1\Omega$、$R_3=4\Omega$、$R_4=R_5=2\Omega$，求 R_{ab}、I_1、I_2、I_3、I_4、I_5。

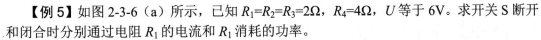

图 2-3-5

【解答】$R_{ab}=\left\{\left[(R_4+R_5)\mathbin{/\!/}R_3\right]+R_2\right\}\mathbin{/\!/}R_1$

$\qquad\ \ =\left\{\left[(2+2)\mathbin{/\!/}4\right]+1\right\}\mathbin{/\!/}3=1.5\Omega$

$U=U_{ab}=I\times R_{ab}=10\times 1.5=15$V

$I_1=\dfrac{U_{ab}}{R_1}=\dfrac{15}{3}=5$A

$I_2=I-I_1=10-5=5$A

$I_3=I_2\dfrac{(R_4+R_5)}{R_4+R_5+R_3}=5\times\dfrac{2+2}{2+2+4}=2.5$A　　　$I_4=I_5=I_2-I_3=5-2.5=2.5$A

【例5】如图 2-3-6（a）所示，已知 $R_1=R_2=R_3=2\Omega$，$R_4=4\Omega$，U 等于 6V。求开关 S 断开和闭合时分别通过电阻 R_1 的电流和 R_1 消耗的功率。

【解析】画出相应等效电路如图 2-3-6（b）、（c）所示。

【解答】（1）开关 S 断开时等效电路如图 2-3-6（b）所示。

$$R_{ab}=\left[R_1\mathbin{/\!/}(R_2+R_3)\right]+R_4=\left[2\mathbin{/\!/}(2+2)\right]+4=\frac{16}{3}\Omega$$

$$I=\frac{U}{R_{ab}}=\frac{6}{\frac{16}{3}}=\frac{9}{8}\text{A}\qquad I_1=I\frac{R_2+R_3}{R_1+R_2+R_3}=\frac{9}{8}\times\frac{4}{6}=\frac{3}{4}\text{A}$$

$$P_{R1}=I_1^2 R_1=\left(\frac{3}{4}\right)^2\times 2=1.125\text{W}$$

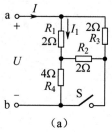
（a）

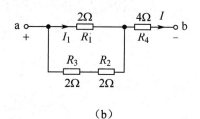
（b）

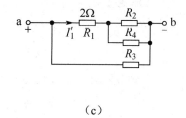
（c）

图 2-3-6　例 5 图

（2）开关 S 闭合时等效电路如图 2-3-6（c）所示。

$$I_1' = \frac{U}{R_1 + R_2 // R_4} = \frac{6}{\dfrac{10}{3}} = 1.8\text{A} \qquad P_1' = (I_1')^2 \times R_1 = 1.8^2 \times 2 = 6.48\text{W}$$

同步练习题

一、填空题

1．把两个阻值都是 3Ω 的电阻进行组合连接（两个电阻全部用上）可以得到不同阻值的等效电阻为_____种，它们的阻值各是_____和_____。

2．阻值相同的三个电阻所组成的串、并、混联三种电路中，最小等效电阻大小为_____Ω。

3．两根材料相同的电阻丝，长度之比为 $1:5$，横截面积之比为 $2:3$。则它们的电阻之比为_____；将它们串联时，它们的电压之比为_____，电流之比为_____；将它们并联时电压之比为_____，电流之比为_____。

4．如图 2-3-7 所示电路，当电路中可变电阻 R 的阻值增大时，电流表的读数将_____。

5．如图 2-3-8 所示电路，已知 3Ω 的电阻消耗的功率为 300W，则 $R=$_____Ω。

6．如图 2-3-9 所示电路 AB 两端的等效电阻 $R_{AB}=$_____Ω。

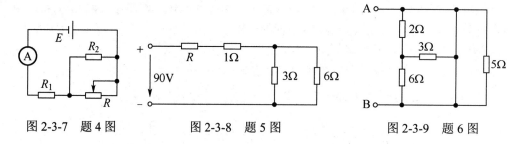

图 2-3-7　题 4 图　　　　图 2-3-8　题 5 图　　　　图 2-3-9　题 6 图

7．如图 2-3-10 所示电路，已知 $R_1=1\Omega$，$R_2=2\Omega$，$R_3=3\Omega$，$R_4=4\Omega$，试就下述几种情形算出它们的总电阻。

① 电流由 A 流进，由 B 流出。

② 电流由 A 流进，由 C 流出。

③ 电流由 A 流进，由 D 流出。

④ 电流由 B 流进，由 C 流出。

⑤ 电流由 B 流进，由 D 流出。

⑥ 电流由 C 流进，由 D 流出。

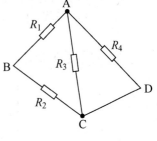

图 2-3-10 题 7 图

8．如图 2-3-11 所示电路，$R_1=30\Omega$，$R_2=20\Omega$，$R_3=60\Omega$，$R_4=10\Omega$，则电路的等效电阻 $R_{ab}=$＿＿＿＿＿＿Ω。

9．如图 2-3-12 所示电路，$R_1=R_2=R_3=R_4=1\Omega$，当开关 S_2、S_3、S_4 断开，S_1、S_5 闭合时 $R_{AB}=$＿＿＿＿＿＿Ω；当开关 S_4、S_5 断开，S_1、S_2、S_3 闭合时，$R_{AB}=$＿＿＿＿＿＿Ω。

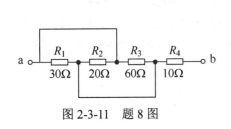

图 2-3-11 题 8 图

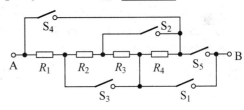

图 2-3-12 题 9 图

二、单项选择题

1．如图 2-3-13 所示电路，根据工程近似的观点，a、b 两点间的电阻值约等于（　　　）。

　A．$1k\Omega$　　　　　　　　　　　B．$101k\Omega$

　C．$200k\Omega$　　　　　　　　　　D．$201k\Omega$

2．如图 2-3-14 所示电路，当开关 S_1、S_2 都闭合时，电压表和电流表的读数分别为（　　　）。

　A．3V，9A　　　　　　　　　　B．1V，3A

　C．3V，1A　　　　　　　　　　D．1V，1A

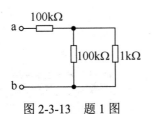

图 2-3-13 题 1 图

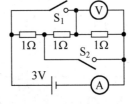

图 2-3-14 题 2 图

3．三个阻值相同的电阻，并联后的等效电阻为 5Ω，现将其串联，则等效电阻为（　　　）。

　A．5Ω　　　　　　　　　　　B．15Ω

　C．45Ω　　　　　　　　　　D．60Ω

4．在如图 2-3-15 所示电路中，电源电压是 12V，四只瓦数相同的白炽灯的工作电压都是 6V，要使白炽灯正常工作，接法正确的是（　　）图。

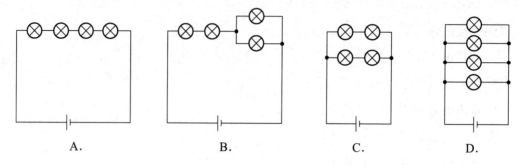

图 2-3-15　题 4 图

5．两个完全相同的表头，分别改装成一个电流表和一个电压表，一个同学误将这两个改装完的电表串联起来接到电路中，则这两个改装表的指针可能出现的情况是（　　）。

　　A．两个改装表的指针都不偏转

　　B．两个改装表的指针偏角相等

　　C．改装成电流表的指针有偏转，改装成电压表的指针几乎不偏转

　　D．改装成电压表的指针有偏转，改装成电流表的指针几乎不偏转

6．如图 2-3-16 所示电路，$R_1=R_2=R_3=R_4=R$，$R_5=2R$，开关 S 断开和闭合时 a、b 之间的等效电阻分别为 $R_{开}$ 和 $R_{合}$，则有（　　）。【省对口招生考试试题】

　　A．$R_{开}>R_{合}$　　　　　　　　　　B．$R_{开}<R_{合}$

　　C．$R_{开}=R_{合}$　　　　　　　　　　D．不能确定

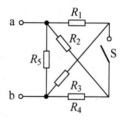

图 2-3-16　题 6 图

三、计算题

1．求如图 2-3-17 所示电路中 A、B 两端间的等效电阻 R_{AB}。

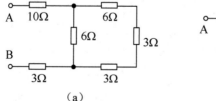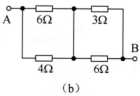

（a）　　　　　　　　　　　（b）

图 2-3-17　题 1 图

2．有一 50μA，内阻为 2.5kΩ 的表头，现需要用这只表头扩展成一个能测量电视机电压的两个挡位的电压表。一挡用来测量电视机高压 25000 V，一挡用来测量聚焦高压 6000V。

【省对口招生考试试题】

（1）请在图 2-3-18 上连接电阻，构成所需电压表；

（2）计算出电阻的大小。

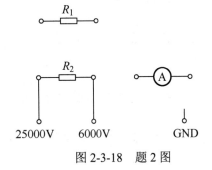

图 2-3-18　题 2 图

2.4　电池的连接

>>>>> **知识同步指导** >>>>>

1．采用电池连接，构成电池组的原因

单个电池不能提供较高的电压或较大的电流，无法满足负载的需求。

2．电池组的连接方式

电池组的连接方式有串联、并联和混联。

（1）电池组串联。

① 电池组串联适用于：单个电池的输出电流足够，但输出电压不足的场合。

② 电池组串联的特点：$E_串=nE$，$r_串=nr$。

③ 电池组串联使用的注意事项：一是电池极性不能接反；二是内阻不同的电池不宜串联。

（2）电池组并联。

① 电池组并联适用于：单个电池的输出电压足够，但输出电流不足的场合。

② 电池组并联的特点：$E_并=E$，$r_并=\dfrac{r}{n}$。

③ 电池组并联使用的注意事项：一是电池的极性不能接反；二是电动势不同的电池绝不允许并联。

（3）电池组混联。

电池组混联适用于：单个电池的输出电压和输出电流均不足的场合。

经典例题解析

【例1】当用电器的额定电压高于单个电池的电动势时，可用_____联电池组供电；当用电器的额定电流比单个电池允许的最大电流大时，可采用_____联电池组供电。

【解答】串；并。

【例2】有5个相同的电池，每个电池的电动势是1.5V，内阻是0.1Ω，若将它们串联起来，则总电动势为_____V，总内阻为_____Ω；若将它们并联起来，则总电动势为_____V，总内阻为_____Ω。

【解答】7.5、0.5、1.5、0.02

【例3】在串联电池组中，如果误将其中一个电池的极性接反，它对总电动势和总内阻有什么影响？

【解答】设有 n 个电池串联，且其中一个电池的极性接反，则总电动势变为 $nE-2E$，总电阻不变。

【例4】电动势不同的电池为什么不允许并联？

【解答】由于内阻极小，电动势不同的电池并联将形成很大的环内电流（$I=\dfrac{E_1-E_2}{r_1+r_2}$），甚至可以在很短的时间内烧毁电池。

同步练习题

一、填空题

如图2-4-1所示电路，每个电池的电动势为1.5V，内阻为1.2Ω，则电池组的等效内阻为_____Ω。

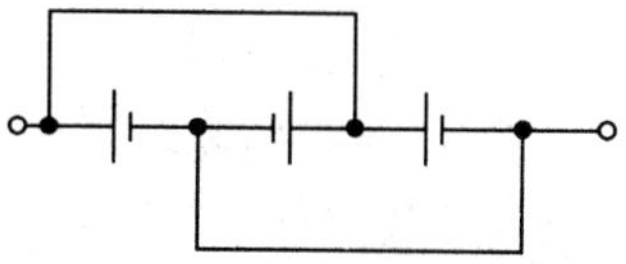

二、选择题

图2-4-1　填空题图

现有蓄电池若干个，每个蓄电池的电动势为2V，允许最大电流为1.5A。若用电器的额定电压为6V，额定电流为2A，则应采用（　　）供电。

A．串联电池组　　　B．单个电池　　　C．并联电池组　　　D．混联电池组

2.5　电路中各点电位的计算

知识同步指导

1．电位分析法的意义

在直流电路中，电路中的每个点的电位是相对固定的，电位的变化反映了电路工作状

态的变化，检测电路中各点的电位是分析电路与维修电器的重要手段。

2. 电位的计算方法和步骤

（1）示例分析。

如图 2-5-1 所示电路，已知 $V_d=0$，电路中 E_1、E_2、R_1、R_2、I_1、I_2、I_3 均为已知量。试求 V_a、V_b、V_c。

解：由于 $V_d=0$、$U_{ad}=E_1$、$U_{ad}=V_a-V_d$，所以：

a 点电位：$V_a = U_{ad} + V_d = E_1$

b 点电位：$V_b = U_{bd} = I_3R_3$

c 点电位：$V_c = U_{cd} = -E_2$

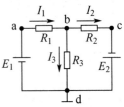

图 2-5-1　示例图

或：$$\begin{cases} V_a = I_1R_1 + I_3R_3 = I_1R_1 + I_2R_2 - E_2 \\ V_b = -I_1R_1 + E_1 = I_2R_2 - E_2 \\ V_c = -I_2R_2 + I_3R_3 = -I_2R_2 - I_1R_1 + E_1 \end{cases}$$

示例分析得出的结论：**某点的电位与选择的路径无关。**

（2）归纳电位的计算方法和步骤。

① 确定电路中的零电位点（参考点），通常规定大地的电位为零。

② 计算电路中某点 a 的电位，就是计算 a 点与参考点 p 之间电压 U_{ap}，在 a 点与 p 点之间选择一条捷径，a 点电位即为**此路径上全部电压降的代数和**。

③ 列出选定路径上全部电压降代数和的方程，确定该点电位。

（3）电位计算法应用时应该注意的问题。

① 当选定的电压参考方向与电阻中电流方向一致时，电阻上电压为正，反之为负。

② 当选定的电压参考方向是从电源正极到负极，电源电压取正值，反之取负值。

（4）确定电压正、负号的 4 种情况。

如图 2-5-2 所示为确定电压正、负号的 4 种情况。

$U_{ab}=IR+E$

$U_{ab}=-IR+E$

$U_{ab}=IR-E$

$U_{ab}=-IR-E$

图 2-5-2　确定电压正、负号的 4 种情况

经典例题解析

【例1】求如图 2-5-3（a）所示电路中 a 点的电位。

【解析】某点的电位就是该点到参考点之间的电压，将电路整理成习惯画法，如图 2-5-3（b）所示。

【解答】$I = \dfrac{12+4}{R_1+R_2} = \dfrac{16}{80} = 0.2A$

则：$V_a = IR_2 - 4 = 0.2 \times 30 - 4 = 2V$

或：$V_a = -IR_1 + 12 = -0.2 \times 50 + 12 = 2\text{V}$

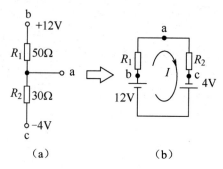

图 2-5-3　例 1 图

【例 2】 在如图 2-5-4 所示电路中，已知电源电动势 $E_1=18\text{V}$，$E_3=5\text{V}$，内电阻 $r_1=1\Omega$，$r_2=1\Omega$，外电阻 $R_1=4\Omega$，$R_2=2\Omega$，$R_3=6\Omega$，$R_4=10\Omega$，电压表的读数是 28V。求电源电动势 E_2 和 a、b、c、d 各点的电位。

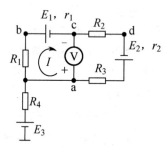

图 2-5-4　例 2 图

【解答】 设流经支路 abc 的电流为 I，沿支路 abc 计算 a、c 两点间的电压为

$$U_{ac} = R_1 I + r_1 I + E_1$$

则

$$I = \frac{U_{ac} - E_1}{R_1 + r_1} = \frac{28 - 18}{4 + 1}\text{A} = 2\text{A}$$

由于电压表的内阻很大，可以认为是无限大，因此电流 I 就是流经回路 abcda 的电流。沿支路 adc 计算 a、c 两点间的电压为

$$U_{ac} = -(R_3 + r_2 + R_2)\, I + E_2$$

则

$$E_2 = U_{ac} + (R_3 + r_2 + R_2)\, I = 28 + (6 + 1 + 2) \times 2 = 46\text{V}$$

接地点为零电位，则 a、b、c、d 各点的电位分别为：

$$V_a = R_4 I_4 + E_3 = 10 \times 0 + 5 = 5\text{V}$$

$$V_b = -R_1 I + V_a = -4 \times 2 + 5 = -3\text{V}$$

$$V_c = -r_1 I + V_b - E_1 = -1 \times 2 - 3 - 18 = -23\text{V}$$

$$V_d = -R_2 I + V_c = -2 \times 2 - 23 = -27\text{V}$$

也可从支路 da 取得

$$V_d = -E_2 + (r_2 + R_3)\, I + V_a = -46 + (1 + 6) \times 2 + 5 = -27\text{V}$$

【例3】已知 I_S=0.5A，试求如图 2-5-5 所示电路中 a、b、c、d 各点的电位及 m、n 两端间的电压。

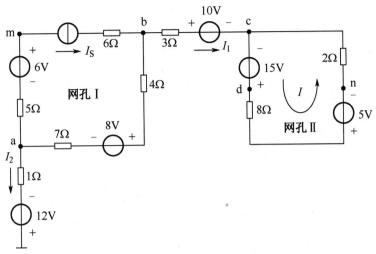

图 2-5-5 例 3 图

【解答】因无电流回路，故 $I_1=I_2=0$，网孔Ⅱ中电流 $I=\dfrac{15-5}{8+2}=1A$，网孔Ⅰ中电流 I_S=0.5A。

则：
$$V_a = 1\times 0 - 12 = -12V$$
$$V_b = (4+7)\,I_S + 8 + V_a = 1.5V$$
$$V_c = -10 - 3\times 0 + V_b = -8.5V$$
$$V_d = 15 + V_c = 6.5V$$
$$V_m = 6 - 5I_S + V_a = -8.5V$$
$$V_n = 2I + V_c = -6.5V$$
$$U_{mn} = V_m - V_n = -2V$$

同步练习题

一、填空题

1．如图 2-5-6 所示电路，电位 $V_a=$＿＿＿＿＿V，$V_b=$＿＿＿＿＿V，$V_c=$＿＿＿＿＿V，$V_d=$＿＿＿＿＿V，$V_e=$＿＿＿＿＿V，$V_f=$＿＿＿＿＿V，$U_{ce}=$＿＿＿＿＿V，$U_{df}=$＿＿＿＿＿V。

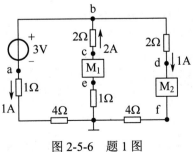

图 2-5-6 题 1 图

2．如图 2-5-7 所示电路，已知 $R=2\Omega$，$I=-4A$，$E=1.5V$，则 B 点的电位为_____V，E 的功率为_____W。

3．如图 2-5-7 所示电路，已知 $R=1\Omega$，$I=4A$，$E=1.5V$，则 B 点的电位为_____V，E 的功率为_____W。

4．如图 2-5-8 所示电路，已知 $R_1=2\Omega$，$R_2=3\Omega$，$E=6V$，$r=1\Omega$，若有电流 $I=0.5A$ 从 A 点流入，$U_{AB}=$_____，$U_{AD}=$_____。

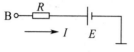

图 2-5-7　题 2 图

图 2-5-8　题 4 图

5．如图 2-5-9 所示电路，已知 $U_{ab}=-10V$，$I=2A$，$R=4\Omega$，则 $E=$_____V。

6．如图 2-5-10 所示电路，$U_{AB}=$_____V。

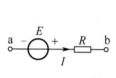

图 2-5-9　题 5 图

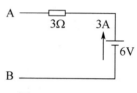

图 2-5-10　题 6 图

7．如图 2-5-11 所示电路，B 点电位为_____。

8．如图 2-5-12 所示电路，当开关 S 闭合时，$V_a=$_____V，U_{ab}_____V；当开关 S 断开时，$U_{ab}=$_____V。

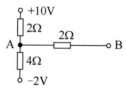

图 2-5-11　题 7 图

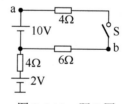

图 2-5-12　题 8 图

9．如图 2-5-13 所示电路，$U_{AB}=$_____V。

10．如图 2-5-14 所示电路，开关 S 断开时，$V_A=$_____，开关 S 闭合时，$V_A=$_____。

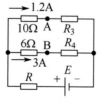

图 2-5-13　题 9 图

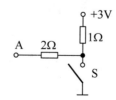

图 2-5-14　题 10 图

二、单项选择题

1. 如图 2-5-15 所示电路，A、B 间电压 U=（　　）。

　　A. −2V　　　　　　　　　　B. −1V

　　C. 2V　　　　　　　　　　　D. 3V

2. 如图 2-5-16 所示电路，10V 电压源发出 20W 的电功率，则 I、U_{ab} 应为（　　）。

　　A. 2A、0V　　　　　　　　　B. 2A、20V

　　C. −2A、0V　　　　　　　　D. −2A、20V

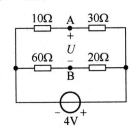

图 2-5-15　题 1 图

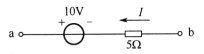

图 2-5-16　题 2 图

3. 如图 2-5-17 所示电路，已知 E、U、R，则 I=（　　）。

　　A. $I=\dfrac{U-E}{R}$　　B. $I=\dfrac{E-U}{R}$　　C. $I=\dfrac{E+U}{R}$　　D. $I=-\dfrac{E+U}{R}$

4. 如图 2-5-18 所示电路，电压 U 为（　　）。

　　A. 12 V　　　B. 14 V　　　C. 8 V　　　D. 6 V

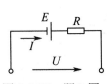

图 2-5-17　题 3 图

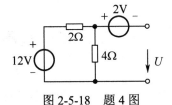

图 2-5-18　题 4 图

5. 如图 2-5-19 所示电路，U_{ab} 为（　　）。

　　A. 10V　　　　　　　　　　B. 2V

　　C. −2V　　　　　　　　　　D. −10V

6. 如图 2-5-20 所示电路，电压 U 为（　　）。

　　A. −50V　　　　　　　　　　B. −10V

　　C. 10V　　　　　　　　　　D. 50V

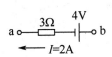

图 2-5-19　题 5 图

图 2-5-20　题 6 图

三、计算题

1. 如图 2-5-21 所示电路，已知 I_S=2A，U_S=12V，R_1=R_2=4Ω，R_3=16Ω。求：

（1）开关 S 断开后 A 点电位 V_A；

（2）开关 S 闭合后 A 点电位 V_A。

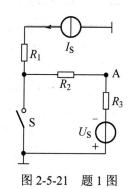

图 2-5-21　题 1 图

2．如图 2-5-22 所示电路，已知 $E_1=12V$，$E_2=E_3=6V$，内阻不计，$R_1=R_2=R_3=3\Omega$，求 U_{ab}、U_{ac}、U_{bc}。

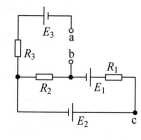

图 2-5-22　题 2 图

2.6　基尔霍夫定律

知识同步指导

1．简单与复杂直流电路的概念

简单直流电路：能用串、并联分析的方法化简成无分支单回路的电路。

复杂直流电路：不能用串、并联分析的方法化简成无分支单回路的电路。

2．复杂直流电路中的几个专业术语

（1）支路（b）：具有两个端钮且流过同一电流的电路的每个分支，分为：

① 有源支路：即支路中含有电源，如图 2-6-1 所示电路中的 acb 支路、adb 支路。

② 无源支路：即支路中不含电源，如图 2-6-1 所示电路中的 aeb 支路。

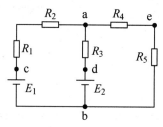

图 2-6-1　复杂直流电路

（2）节点（n）：即三条或三条以上的支路的汇交点，如图 2-6-1 所示电路中的 a 点、b 点。

（3）回路：即电路中任一闭合的路径，如图 2-6-1 所示电路中的 acbda、acbea、adbea。

（4）网孔（m）：即独立回路，如图 2-6-1 所示电路中的 acbda、adbea。

3. 基尔霍夫第一定律——节点电流定律（KCL）

（1）节点电流定律：对任意节点，在任一时刻，流入节点的电流之和等于流出该节点的电流之和。

其根据是电流的连续性原理，也是电荷守恒的逻辑推论。

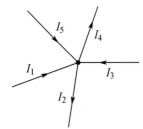

图 2-6-2　节点电流

其数学表达式　　　　　　　　　　$\Sigma I_{入} = \Sigma I_{出}$

或　　　　　　　　　　　　　　　$\Sigma I = 0$

在如图 2-6-2 所示节点上的 KCL 方程为

$$I_1 - I_2 + I_3 - I_4 + I_5 = 0$$

或写成：　　　　　　　　$I_1 + I_3 + I_5 = I_2 + I_4$

（2）KCL 定律在广义节点上的应用举例。

如图 2-6-3 所示为 KCL 定律在广义节点上的应用示意图。

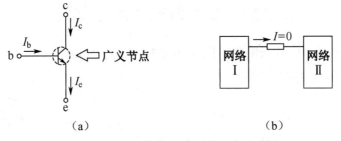

（a）　　　　　　　　　　　　　（b）

图 2-6-3　KCL 定律在广义节点上的应用

图（a）推论：$\begin{cases} I_e = I_b + I_c \\ I_e - I_b - I_c = 0 \end{cases}$；图（b）推论：**两个网络之间只有一根导线相连，这根导线中的电流 I 必然为零**；一个电路中只有一处用导线接地，这根接地导线中是没有电流的。

4. 基尔霍夫第二定律——回路电压定律（KVL）

（1）回路电压定律：对任一闭合电路，沿回路绕行方向上，各段电压降的代数和恒等于零。

其数学表达式为　　　　　　　$\Sigma U = 0$　　或　　$\Sigma E = \Sigma IR$

（2）列出回路电压方程时应注意的问题。

① 任意选定未知电流的参考方向。

② 任意选定回路电压的绕行方向。

③ 确定电阻上电压降的符号（绕行方向与电流参考方向一致，电阻上电降压取正值，反之取负值）。

④ 确定电源电动势的符号（绕行方向与电压方向一致，电动势取正值，反之取负值）。

（3）KVL 定律在不闭合回路中的应用。

在如图 2-6-4 所示电路中，沿 a、b、c、d 绕行方向，可得

$$U_{ab} + I_2R_2 + I_3R_3 + I_1R_1 - E_1 + E_2 = 0$$

或：

$$U_{ab} = -I_2R_2 - I_3R_3 - I_1R_1 + E_1 - E_2$$

$$U_{ab} = -I_1R_1 - E_2 + E_1 - I_3R_3 - I_2R_2$$

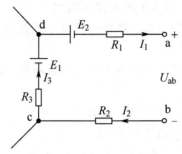

图 2-6-4 不闭合回路

上式表明：电路中某两点 a 与 b 之间的电压等于从 a 到 b 所经路径上全部电压降的代数和。

经典例题解析

【例 1】如图 2-6-5 所示电路，已知 I_1=25mA，I_3=16mA，I_4=12mA，求 I_2、I_5、I_6 的数值。

【解答】

对于节点 a：$I_1=I_2+I_3 \Rightarrow I_2=I_1-I_3=9$mA

对于节点 c：$I_4=I_3+I_6 \Rightarrow I_6=I_4-I_3=-4$mA

$I_6=-4$mA，说明实际电流方向为 c→b

对于节点 d：$I_1=I_4+I_5 \Rightarrow I_5=I_1-I_4=13$mA

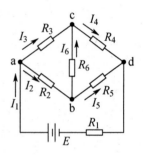

图 2-6-5 例 1 图

【例 2】求如图 2-6-6（a）、（b）所示电路中电流 I_1 和 I_2 的数值。

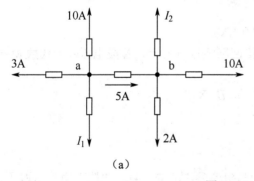

（a）

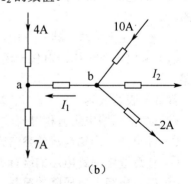

（b）

图 2-6-6 例 2 图

【解答】在图（a）中，对节点 a：$I_1 = -3-10-5 = -18$A

对节点 b：$I_2 = 5-10-2 = -7$A

在图（b）中，对节点 a：$I_1 = 7-4 = 3$A

对节点 b：$I_2 = 10-I_1-(-2) = 10-3-(-2) = 9$A

【例3】根据如图2-6-7所示电路，列出各网孔的回路电压方程。

【解答】

网孔Ⅰ：$I_1R_1-I_2R_2=E_1-E_2$ 或者 $I_1R_1-I_2R_2+E_2-E_1=0$

网孔Ⅱ：$I_2R_2+U_{ab}-I_3R_3+E_3-E_2=0$ 或者 $I_2R_2-I_3R_3=-U_{ab}-E_3+E_2$

网孔Ⅲ：$I_3R_3-I_4R_4+E_4-E_3=0$ 或者 $I_3R_3-I_4R_4=E_3-E_4$

【例4】在图2-6-8所示电路中，已知I=20mA，I_2=12mA，R_1=1kΩ，R_2=2kΩ，R_3=10kΩ，求电流表的读数为多少？

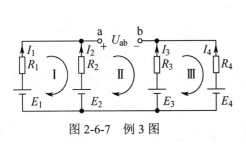

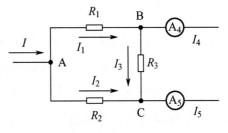

图2-6-7   例3图   图2-6-8   例4图

【解析】列 KCL、KVL 方程组虽然也可以算出结果，但如果运用电压与电位的关系来求解，却可达到事半功倍的效果。

【解答】$I_1=I-I_2=20-12=8$mA ，假设 $V_A=0$，则

$$V_B=V_A-I_1R_1=0-(8\times10^{-3}\times10^3)=-8\text{V}$$

$$V_C=V_A-I_2R_2=0-(12\times10^{-3}\times2\times10^3)=-24\text{V}$$

$$I_3=\frac{U_{BC}}{R_3}=\frac{V_B-V_C}{R_3}=\frac{-8-(-24)}{10\times10^3}=1.6\text{mA}$$

所以

$$I_4=I_1-I_3=8-1.6=6.4\text{mA}$$

$$I_5=I_2+I_3=12+1.6=13.6\text{mA}$$

【例5】如图2-6-9所示电路，已知I_1=-2A，I_2=2A，I_b=-6A，I_c=1A，E_2=6V，E_4=10V，R_1=5Ω，R_2=1Ω，R_4=1Ω，求R_3、U_{ab}、U_{bc}、U_{cd}、U_{da}的数值。

【解答】

$$I_3=I_2+I_b=2+(-6)=-4\text{A}$$

$$I_4=I_c-I_3=1-(-4)=5\text{A}$$

$$U_{ab}=E_2+I_2R_2=6+2\times1=8\text{V}$$

$$U_{cd}=-I_4R_4+E_4=-(5\times1)+10=5\text{V}$$

$$U_{da}=-I_1R_1=-(-2\times5)=10\text{V}$$

$$U_{bc}=U_{R3}=-U_{ab}-U_{da}-U_{cd}$$

$$=-8-10-5=-23\text{V}$$

$$R_3=\frac{U_{bc}}{I_3}=\frac{-23}{-4}=5.75\Omega$$

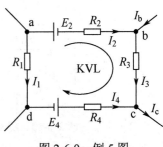

图2-6-9   例5图

同步练习题

一、填空题

1. 基尔霍夫电流定律是用来确定连接在同一节点上的各支路电流间的关系的。由于电流的连续性，电路中任何一点（包括节点在内）均不能堆积电荷。因此，在任一瞬时，流入某一节点的电流之和应该等于由该节点_____的电流之和；可用方程表示为_____或_____。

2. 基尔霍夫电压定律是用来确定回路中各段电压间的关系的。如果从回路中任意一点出发，以顺时针方向或逆时针方向沿回路绕行一周，则在这个方向上的电位升之和应该等于下降之和，回到原来的出发点时，该点的电位是不会发生变化的。此即电路中任意一点的瞬时电位具有单值性的结果，可用方程表示为_____或_____。

3. 在图 2-6-10 所示电路中，有_____条支路，_____个节点，_____个回路，_____个网孔。

4. 如图 2-6-11 所示电路，已知 $I_1=3A$，$I_2=-2A$，则 $I_3=$_____A。

5. 如图 2-6-12 所示电路，电流 $I_1=$_____A。

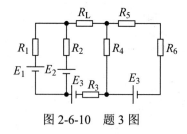

图 2-6-10 题 3 图

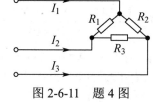

图 2-6-11 题 4 图

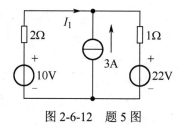

图 2-6-12 题 5 图

6. 如图 2-6-13 所示电路，$I_1=$_____A，$I_2=$_____A。

7. 如图 2-6-14 所示电路，$U_{ab}=$_____，$U_{cd}=$_____，$U_{an}=$_____。

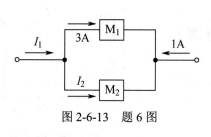

图 2-6-13 题 6 图

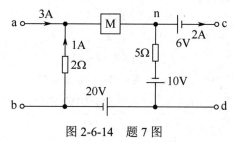

图 2-6-14 题 7 图

二、单项选择题

1. 在复杂直流电路中，下列说法正确的是（　　）。

A. 电路中有几个节点，就可列几个独立的节点电流方程

B．电流总是从电源的正极流出

C．流进某一封闭面的电流等于流出的电流

D．在回路的电压方程中，电阻上的电压总是取正

2．在图 2-6-15 所示电路中电流表 A$_1$、A$_2$ 显示的读数分别为 2.5mA、3.1mA，则 A$_3$ 的读数为（　　）。

  A．5.6mA

  B．−5.6mA

  C．0.6mA

  D．−0.6mA

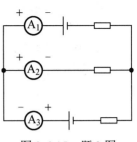

图 2-6-15　题 2 图

三、计算题

1．如图 2-6-16 所示电路为某电路的一部分，已知 $I=100\text{mA}$，$I_1=20\text{mA}$，$R_1=1\text{k}\Omega$，$R_2=2\text{k}\Omega$，$R_3=10\text{k}\Omega$，求电流表 A$_1$ 和 A$_2$ 的读数。

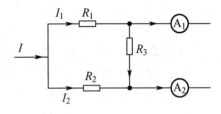

图 2-6-16　题 1 图

2．如图 2-6-17 所示电路是某电路的一部分，试求 I、E 和 R。

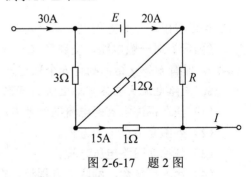

图 2-6-17　题 2 图

2.7　支路电流法

知识同步指导

1．支路电流法的概念

以支路电流为未知量，运用 **KCL**、**KVL** 定律列出各独立节点电流方程和独立回路电压方程，联立解出各支路电流的方法。

2. 支路电流法的应用实例

图 2-7-1 所示电路的特点：

① 支路有 3 条，即 abd、aR_3d、acd；

② 节点有 2 个，即 a、d；

③ 网孔有 2 个，即 adba、adca。

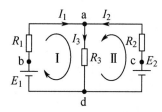

图 2-7-1　支路电流法应用实例电路

（1）根据 KCL 列节点电流方程。

节点 a：$I_1 + I_2 - I_3 = 0$ ①　　　　节点 d：$-I_1 - I_2 + I_3 = 0$ ②

由①式可得②式，故独立 KCL 方程只有 1 个。

【强调】独立节点数比总节点数少一个。

（2）根据 KVL 列独立回路电压方程。

对网孔 I：$I_1R_1 + I_3R_3 = E_1$　　　　对网孔 II：$I_2R_2 + I_3R_3 = E_2$

联立方程组可得：
$$\begin{cases} I_1 + I_2 - I_3 = 0 & ① \\ I_1R_1 + I_3R_3 = E_1 & ② \\ I_2R_2 + I_3R_3 = E_2 & ③ \end{cases}$$

可以看出，三个方程组，三个未知量，运用代入消元法可分别求出 I_1、I_2、I_3。

【强调】对一般电路，支路数（b）网孔数（m）节点数（n）之间的关系式为：$b=m+(n-1)$，即有 b 条支路，则有 b 个独立方程。

3. 支路电流法求各支路电流的步骤

（1）任意标注各支路电流的参考方向和独立回路电压的绕行方向。

（2）列独立节点电流方程。

（3）列独立回路电压方程。

（4）代入已知数，解联立方程组，求出各支路电流。

经典例题解析

【例 1】如图 2-7-2 所示电路，运用支路电流法求各支路电流。

【解答】（1）标出各支路电流的参考方向和网孔电压绕行方向如图 2-7-2 所示。

（2）列独立节点电流方程：$I_1 - I_2 - I_3 = 0$ ①

（3）列独立回路电压方程：$-I_1R_1 - I_3R_3 = E_3 - E_1$ ②

$I_2R_2 - I_3R_3 = E_3 - E_2$ ③

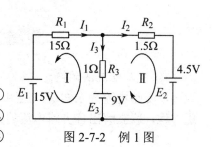

图 2-7-2　例 1 图

（4）代入数值，联立求解。

$$\begin{cases} I_1 - I_2 - I_3 = 0 & ① \\ -I_1R_1 - I_3R_3 = E_3 - E_1 & ② \\ I_2R_2 - I_3R_3 = E_3 - E_2 & ③ \end{cases} \Rightarrow \begin{cases} I_1 - I_2 - I_3 = 0 & ① \\ -15I_1 - I_3 = -6 & ② \\ 1.5I_2 - I_3 = 4.5 & ③ \end{cases}$$

解得：I_1=0.5A；I_2=2A；I_3=–1.5A。

【例2】运用支路电流法求图 2-7-3 所示电路中的 I_1、I_2。

【解析】本电路共有 3 条支路，但未知电流仅有两个，所以只需列两个独立方程（①和②）和一个辅助方程（③）即可。

【解答】

$$\begin{cases} I_1 + I_2 = I_3 & ① \\ -R_1I_1 + R_2I_2 = U_S & ② \\ I_2 = 3 - I_1 & ③ \end{cases}$$

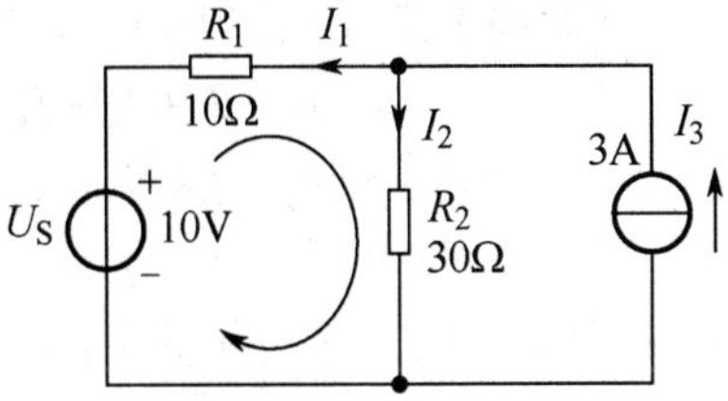

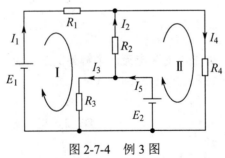

图 2-7-3　例 2 图

代入数值，联立求解

$$\begin{cases} I_1 + I_2 = 3 & ① \\ -10I_1 + 30I_2 = 10 & ② \\ I_2 = 3 - I_1 & ③ \end{cases}$$

解得：I_1=2A；I_2=1A。

【例3】列出图 2-7-4 所示电路中支路电流法求解的方程组。

【解析】本电路支路共有 5 条，但真正需要列方程求解的未知电流只有 I_1、I_2、I_4，列 3 个独立方程和 2 个辅助方程即可求解。

【解答】列方程组如下，联立求解即可。

图 2-7-4　例 3 图

独立方程组 $\begin{cases} I_1 + I_2 = I_4 & ① \\ I_1R_1 - I_2R_2 = E_1 - E_2 & ② \\ I_2R_2 + I_4R_4 = E_2 & ③ \end{cases}$ 　　辅助方程组 $\begin{cases} I_3 = \dfrac{E_2}{R_3} & ① \\ I_5 = I_2 + I_3 & ② \end{cases}$

【例4】如图 2-7-5 所示电路中 E、R 均为已知，各电流参考方向均已标出，列支路电流法所需方程。

【解析】m=3，n=4，b=m+（n-1）=6。

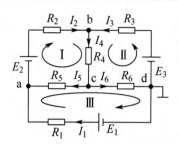

图 2-7-5　例 4 图

【解答】选 d 为参考节点，则独立节点为 a、b、c，列方程组如下：

$$\begin{cases} \text{节点a：} I_1 + I_5 - I_2 = 0 & ① \\ \text{节点b：} I_2 + I_3 - I_4 = 0 & ② \\ \text{节点c：} I_4 - I_5 - I_6 = 0 & ③ \\ \text{网孔 I ：} I_2 R_2 + I_4 R_4 + I_5 R_5 = E_2 & ④ \\ \text{网孔 II ：} I_3 R_3 + I_4 R_4 + I_6 R_6 = E_3 & ⑤ \\ \text{网孔 III：} I_1 R_1 - I_5 R_5 + I_6 R_6 = E_1 & ⑥ \end{cases}$$

同步练习题

一、填空题

1. 节点是指_____，网孔是指_____。

2. 某电路有 5 条支路，3 个节点，则可列出_____个独立的 KCL 方程和_____个独立的 KVL 方程。

二、选择题

如图 2-7-6 所示电路，如采用支路电流法求解各支路电流时，应列出电流方程和电压方程的个数分别是（　　）。

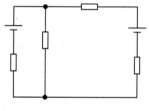

A. 1，3
B. 1，2
C. 2，2
D. 2，1

图 2-7-6　选择题图

三、计算题

1. 如图 2-7-7 所示电路，已知 $I_S = 3A$，$E = 6V$，$R_1 = 2\Omega$，$R_2 = R_3 = 1\Omega$，求 I 和 U_S 及各电源的功率。

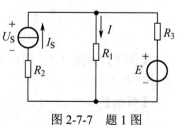

图 2-7-7　题 1 图

2．如图 2-7-8 所示电路，已知 $E_1=21V$，$E_2=42V$，$R_1=3\Omega$，$R_2=12\Omega$，$R_3=6\Omega$，试用支路电流法求各支路的电流。

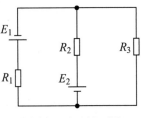

图 2-7-8　题 2 图

3．如图 2-7-9 所示电路，已知 $E_1=20V$，$E_2=40V$，电源内阻不计，$R_1=4\Omega$，$R_2=10\Omega$，$R_3=40\Omega$，试用支路电流法求各支路电流。

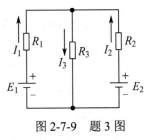

图 2-7-9　题 3 图

4．如图 2-7-10 所示电路，已知 $E_1=18V$，$E_2=9V$，$R_1=R_2=1\Omega$，$R_3=4\Omega$。试用支路电流法求各支路电流。

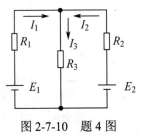

图 2-7-10　题 4 图

5．如图 2-7-11 所示电路，已知 $E_1=12V$，$R_1=6\Omega$，$E_2=15V$，$R_2=3\Omega$，$R_3=2\Omega$。试用支路电流法求各支路电流。

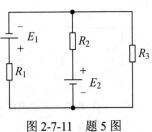

图 2-7-11　题 5 图

2.8　电压源、电流源及其等效变换

电压源与电流源等效变换的意义：任何一个实际电源都可以用电压源或电流源这两种电路模型来模拟，电压源与电流源等效变换是分析计算电路各种参量的基本方法之一。

1. 电压源的定义及分类

（1）定义：以输出电压的形式向负载供电的电源称为电压源。

（2）分类：分为理想电压源和实际电压源两种。

① **理想电压源**：即内阻 $r=0$，其输出电压与输出电流无关，其输出特性如图 2-8-1（a）所示。

② **实际电压源**：即存在内阻 r，其输出电压与输出电流有关，其输出特性如图 2-8-1（b）所示。

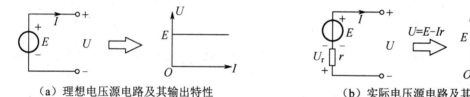

（a）理想电压源电路及其输出特性　　　　　（b）实际电压源电路及其输出特性

图 2-8-1　电压源电路及其输出特性

2. 电流源的定义及分类

（1）定义：以输出电流的形式向负载供电的电源称为电流源。

（2）分类：分为理想电流源和实际电流源两种。

① **理想电流源**：即内阻 $r=\infty$，其输出电流与外电路无关，其输出特性如图 2-8-2（a）所示。

② **实际电流源**：即内阻 $r\neq\infty$，其输出电流与外电路有关，其输出特性如图 2-8-2（b）所示。

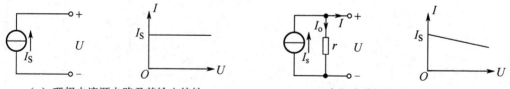

（a）理想电流源电路及其输出特性　　　　　（b）实际电流源电路及其输出外特性

图 2-8-2　电流源电路及其输出特性

在图（b）中，$I=I_{S}-\dfrac{U}{r}$

式中，I_{S}——电流源的定值电流；

$\dfrac{U}{r}$ ——内阻上的电流；

I——电流源的输出电流。

【强调】

① 无论是理想电压源还是实际电压源都不允许短路。

② 无论是理想电流源还是实际电流源都不允许开路。

③ 理想电压源与理想电流源都是理想电源模型，现实生活中并不存在。

3. 理想电源的串联与并联

（1）理想电压源的串联。

在图 2-8-3 所示电路中：

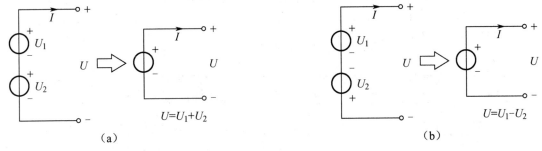

图 2-8-3　理想电压源的串联电路

$U = U_1 \pm U_2$ 或者 $E = E_1 \pm E_2$。（大小为二者代数和，方向与二者中数值较大者的方向一致）

（2）理想电压源的并联。

只有电压值相等，电动势方向一致的理想电压源才允许并联，并联后的等效电压源的电压值等于原一个电压源的电压值。

（3）理想电流源的并联（负载端未画出）。

如图 2-8-4 所示电路为理想电流源的并联电路。

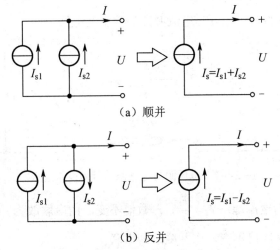

图 2-8-4　理想电流源的并联电路

（4）理想电流源的串联。

只有电流值相等，方向一致的理想电流源才允许串联，串联后的等效电流源的电流值等于原一个电流源的电流值。

（5）任意电路元件（也包括理想电流源）与理想电压源并联。

如图 2-8-5 所示电路为任意电路元件与理想电压源并联电路。

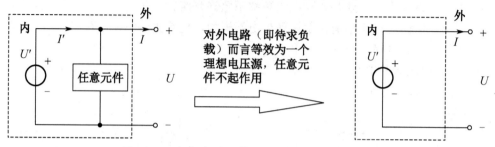

图 2-8-5　任意电路元件与理想电压源并联电路

（6）任意电路元件（也包括理想电压源）与理想电流源串联。

如图 2-8-6 所示电路为任意电路元件与理想电流源串联电路。

图 2-8-6　任意电路元件与理想电流源串联电路

（7）电压源与电流源的等效变换。

如图 2-8-7 所示电路为电压源与电流源的等效变换电路。

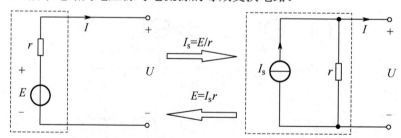

图 2-8-7　电压源与电流源的等效变换电路

电压源等效变换为电流源：$I_S = \dfrac{E}{r}$，r 数值不变，由串联改为并联；电流源等效变换为电压源：$E = I_S r$，r 数值不变，由并联改为串联。

电压源、电流源等效变换时必须注意：

① 电压源与电流源的等效变换只对外电路等效对内电路不等效。

② 理想电压源和理想电流源之间不能进行等效变换。

③ 等效变换时，E 与 I_S 的方向是一致的，即电压源的正极与电流源输出电流的一端相对应。

经典例题解析

【例1】利用电压源、电流源等效变换的方法对图 2-8-8 所示电路进行等效。

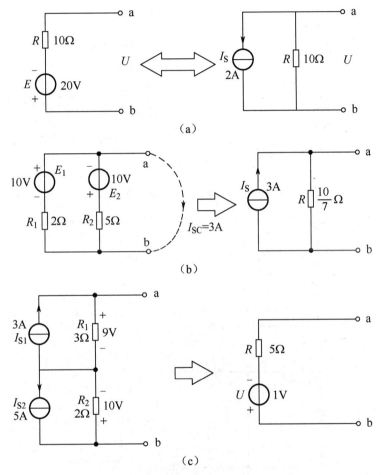

图 2-8-8 例1图

【解析】方法1：依教材所述按部就班可得图 2-8-8（a）所示等效电路。

方法2：开路电压或短路电流法可快速求出相应等效电路。

开路电压法，即在 a、b 端口开路时，从 a 端绕行到 b 端所经（避开电流源）路径上全部电压降的代数和即为等效电压源的电压，端内所有电源置零（电压源短路，电流源开路）时的入端电阻就是等效电压源串联的内阻 r。

短路电流法，即将 a、b 端口短路，短路电流 I_{SC} 即为等效电流源的电流 I_S（方向与形成 I_{SC} 方向一致），端内所有电源置零时的入端电阻即为与等效电流源并联的内阻 r。

【解答】在图 2-8-8（b）所示电路中，$I_{SC} = \dfrac{E_1}{R_1} - \dfrac{E_2}{R_2} = 5 - 2 = 3\text{A}$ ，方向 a→b，故等效电

流源 I_S=3A，方向 b→a，入端电阻 $r=R=R_1 \,/\!/\, R_2 = \dfrac{10}{7}\,\Omega$。

在图 2-8-8（c）所示电路中，I_{S1} 流经 R_1，形成上正下负 9V 压降，I_{S2} 流经 R_2 形成上负下正 10V 压降，故电压源 $U = U_{ab} = 9 - 10 = -1V$，方向 a→b，入端电阻 $r=R=R_1+R_2$=5Ω。

【例2】运用电压源、电流源等效变换的方法求如图 2-8-9 所示电路 a、b 两点间的等效电路。

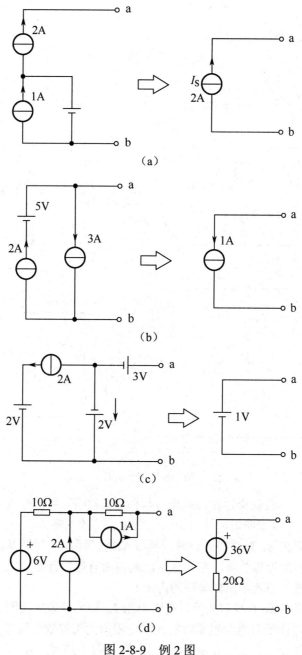

图 2-8-9　例 2 图

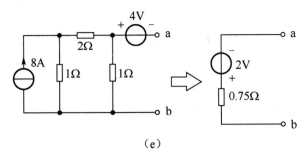

（e）

图 2-8-9　例 2 图（续）

【解答】

方法步骤同例 1，过程略。

【例 3】 如图 2-8-10（a）所示电路，已知 $E_1=12V$、$E_2=24V$、$R_1=R_2=20k\Omega$、$R_3=50k\Omega$，试求流过 R_3 的电流 I_3。

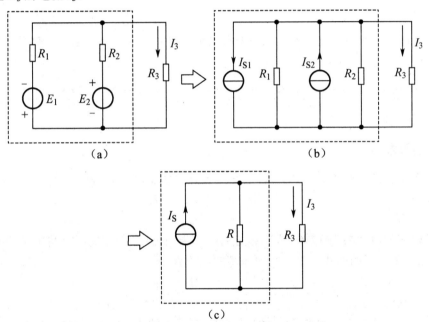

（a）　　　　　　　（b）

（c）

图 2-8-10　例 3 图

【解析】 待求即负载，也就是外电路，其余皆视为参与等效变换的内电路，在变换过程中，切记负载不得参与变换，必须保留至最后。过程如图 2-8-10（b）、图 2-8-10（c）所示。

【解答】 $I_{S1}=\dfrac{E_1}{R_1}=\dfrac{12}{20}=0.6mA$　　$I_{S2}=\dfrac{E_2}{R_2}=\dfrac{24}{20}=1.2mA$

$I_S=I_{S2}-I_{S1}=1.2-0.6=0.6mA$　　$R=R_1//R_2=20//20=10k\Omega$

$I_3=I_S\dfrac{R}{R_3+R}=0.6\times\dfrac{10}{60}=0.1mA$

同步练习题

一、填空题

1. 理想电压源的内阻是_____，理想电流源的内阻是_____。

2. 通过理想电压源的电流的实际方向与其两端电压的实际方向一致时，该理想电压源_____电功率。

3. 电压源与电流源等效变换，只对_____电路等效，对_____电路不等效。

4. 理想电压源两端的电压与流过电压源的电流_____。

5. 流过理想电流源的电流与电流源两端的电压_____。

6. 实际电压源的开路电压为 U_S，当外接负载为 R_L 时，测得端口电流为 I，则其内阻为_____Ω。

7. 一个电源与负载相连，若电源的内阻比负载电阻大得多时，这个电源可近似地看作理想_____。

8. 通常使用的电源多为电压源，为了保证电源的安全使用，电压源不允许_____，而电流源则不允许_____。

二、单项选择题

1. 一个电流源，其参数为 I_S、r，当它处于开路状态时，其端电压为（　　）。
   A. U B. $U-I_S r$
   C. $I_S r$ D. 0

2. 某电源的电动势为 12V，内阻是 0.2Ω，外接 10Ω 负载电阻时，将电源等效为一理想电流源和电阻并联的形式，则理想电流源的电流为（　　）。
   A. 1.2A   B. 1.18A
   C. 60A   D. 61.2A

3. 一有源二端网络，测得开路电压为 6V，短路电流为 2A，则等效电压源 U_S 及 R_S 为（　　）。
   A. 3V，3Ω   B. 6V，3Ω
   C. 6V，2Ω   D. 3V，2Ω

4. 理想电流源的外接电阻逐渐增大，则它的端电压（　　）。
   A. 逐渐升高   B. 逐渐降低
   C. 先升高后降低   D. 恒定不变

5. 已知一电压源的电动势为 12V，内阻为 2Ω，等效为电流源时，其电流源电流和内阻应是（　　）。【省对口招生考试试题】
   A. 6A，3Ω   B. 3A，2Ω
   C. 6A，2Ω   D. 3A，3Ω

6. 如图 2-8-11 所示电路中标示了电压源、电流源的实际方向,当 R_1 增大时,则(　　)。
【省对口招生考试试题】

A. I_2 增大,I_3 减小,I_4 增大

B. I_2 减小,I_3 增大,I_4 不变

C. I_2 不变,I_3 不变,I_4 减小

D. I_2 不变,I_3 不变,I_4 不变

7. 如图 2-8-12 所示电路,通过电压源的电流为(　　)。【省对口招生考试试题】

A. 4A　　　　　　　　　B. 6A

C. 0A　　　　　　　　　D. −2A

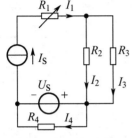

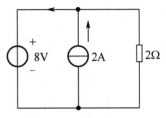

图 2-8-11　题 6 图　　　　　　图 2-8-12　题 7 图

8. 如图 2-8-13 所示电路,已知电压表与电流表的读数为正值,当电阻不变,只将电源 U_S 减小,则(　　)。【省对口招生考试试题】

A. 电压表与电流表的指示均减小　　B. 电压表指示减小,电流表指示不变

C. 电压表指示不变,电流表指示减小　D. 电压表与电流表指示均不变

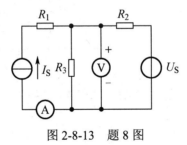

图 2-8-13　题 8 图

三、计算题

1. 如图 2-8-14 所示电路,图(b)是图(a)的等效电路,试用电源等效变换方法求 E 及 R_0。

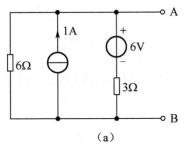

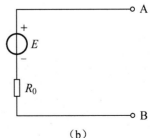

(a)　　　　　　　　　　　　(b)

图 2-8-14　题 1 图

2．将图 2-8-15 所示电路等效变换为一个电流源电路（请画出等效电路并给出参数）。

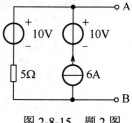

图 2-8-15　题 2 图

3．如图 2-8-16 所示电路，已知电源的电动势 $E_1=10V$，$E_2=4V$，电源内阻不计，电阻 $R_1=R_2=R_6=2\Omega$，$R_3=1\Omega$，$R_4=10\Omega$，$R_5=8\Omega$。求通过 R_3 上的电流。

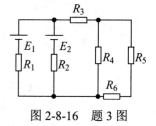

图 2-8-16　题 3 图

4．求如图 2-8-17 所示电路中的电压 U。

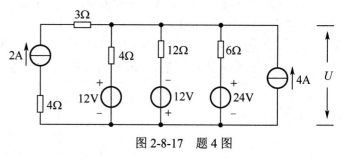

图 2-8-17　题 4 图

5．如图 2-8-18 所示电路，已知 $R=1\Omega$，$I_S=2A$，$U_{S1}=U_{S2}=3V$，求 I。

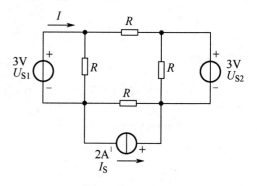

图 2-8-18　题 5 图

6．用电源等效变换法，求图2-8-19所示电路中的电流 I_2。

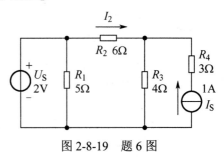

图2-8-19　题6图

2.9　叠加定理

知识同步指导

1．叠加定理的内容

在多个电源的线性电路中，任一支路的电流或电压等于该电路中各个电源单独作用时，（其他电源置零处理：即电压源短路，保留其内阻；电流源开路）在该支路产生的电流或电压的叠加。

2．运用叠加定理解题的步骤

（1）分别作出每一个电源单独作用的分图，而其余电源只保留其内阻。

（2）按电阻串、并联的计算方法，分别计算出分图中每一支路电流的大小和方向。

（3）求出各电源在各个支路中产生的电流或电压的代数和，这就是各电源共同作用时在各支路中产生的电流或电压。

3．应用叠加定理分析电路时要注意的问题

（1）叠加定理只适用于多个电源线性电路的分析，不适用于非线性电路。

（2）在线性电路中，叠加定理只能用来计算电路中的电压和电流，功率计算不能叠加。这是因为功率与电压、电流之间不存在线性关系。

（3）将各个电源单独作用所产生的电流或电压合成时，必须注意参考方向。当分量的参考方向和总量的参考方向一致时，该分量取正值，反之取负值。

（4）叠加定理可以用来计算复杂电路，化繁为简，但当电路中的电源数目较多时，则需要分别计算多个电源单独作用的电路，仍很麻烦。因此，叠加定理一般不直接用作解题方法。叠加定理的意义更在于它表达了线性电路的基本性质。

经典例题解析

【例1】如图2-9-1（a）所示电路，已知 $E_1=12V$，$E_2=6V$，运用叠加定理求图2-9-1（a）中 I_1、I_2、I_3。

【解答】E_1 单独作用时，等效电路如图2-9-1（b）所示。

$$I_1' = \frac{E_1}{R_1 + (R_2 / / R_3)} = \frac{12V}{3\Omega} = 4A \qquad I_2' = I_3' = \frac{1}{2}I_1' = 2A$$

E_2 单独作用时，等效电路如图 2-9-1（c）所示。

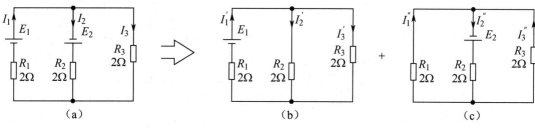

图 2-9-1 例 1 图

$$I_2'' = \frac{E_2}{R_2 + (R_1 / / R_3)} = \frac{6}{3} = 2A \qquad I_1'' = I_3'' = 1A$$

则： $I_1 = I_1' + I_1'' = 4 + 1 = 5A \qquad I_2 = I_2' + I_2'' = 2 + 2 = 4A$

$I_3 = I_3' - I_3'' = 2 - 1 = 1A$

【例2】运用叠加定理求图 2-9-2（a）所示电路中的电流 I。

【解答】I_S 单独作用时，等效电路如图 2-9-2（b）， $I' = I_S \dfrac{4}{4+12} = 0.25A$

　　　　E 单独作用时，等效电路如图 2-9-2（c）， $I'' = 0$

　　　　则： $I = I' + I'' = 0.25 + 0 = 0.25A$

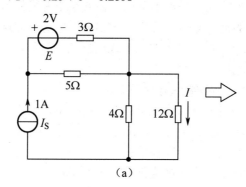

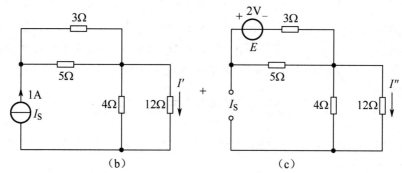

图 2-9-2 例 2 图

【例3】运用叠加定理求图 2-9-3（a）所示电路中 6Ω 电阻的电压 U 和功率 P。

【解答】I_S 单独作用时，等效电路如图 2-9-3（b），$I' = I_S \dfrac{3}{3+6} = 2A$

E 单独作用时，等效电路如图 2-9-3（c），$I'' = \dfrac{E}{6+3} = 1A$

则：$I = I' - I'' = 2 - 1 = 1A$

$U = IR = 1 \times 6 = 6V$

$P = UI = 6 \times 1 = 6W$

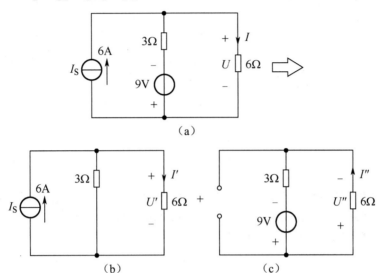

（a）

（b）　　　　　　　　（c）

图 2-9-3　例 3 图

同步练习题

一、填空题

1．用叠加原理分析电路，假定某一个电源单独使用时，应将其余的恒压源作_____处理，将恒流源作_____处理。

2．如图 2-9-4 所示电路，当恒压源 E 单独作用时，$I_1' =$_____；当恒流源 I_S 单独作用时，$I_1'' =$_____，当两电源同时作用时，$I_1 =$_____。

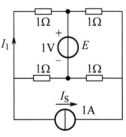

图 2-9-4　题 2 图

二、单项选择题

1．如图 2-9-5 所示电路，则电流 I 为（　　　）。

A．2A　　　　　B．-2A　　　　　C．4A　　　　　D．-4A

2．如图 2-9-6 所示电路，则电流 I 为（　　　）。

A．-1A　　　　B．0 A　　　　　C．1 A　　　　　D．2 A

3．如图 2-9-7 所示电路，已知 $I_S = 2A$，$U_S = 6V$，$R = 6Ω$，则电流 I 为（　　　）。

A．$\dfrac{2}{3}A$　　　　B．-0.5A　　　　C．$\dfrac{4}{3}A$　　　　D．1.5A

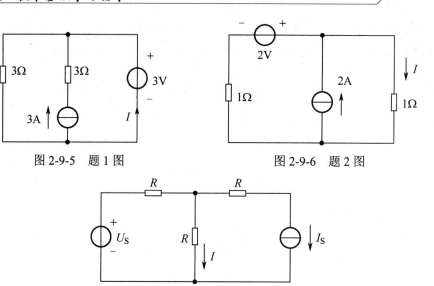

图 2-9-5　题 1 图　　　　　　　图 2-9-6　题 2 图

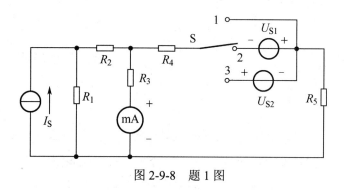

图 2-9-7　题 3 图

三、计算题

1．在图 2-9-8 所示电路中，当开关 S 扳到位置 1 时，毫安表的读数为 I'=40mA，当开关 S 扳到位置 2 时，毫安表的读数为 I''=-60mA，如果把开关 S 扳到位置 3，则毫安表的读数为多少？（已知 U_{S1}=10V，U_{S2}=15V）

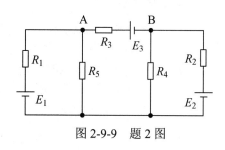

图 2-9-8　题 1 图

2．如图 2-9-9 所示电路，已经 E_1=20V，E_2=10V，E_3=10V，R_1=R_5=100Ω，R_2=R_3=R_4=50Ω，试求：A、B 两点间的电压 U_{AB}。

图 2-9-9　题 2 图

3．用叠加定理求图 2-9-10 所示电路中的电流 I。

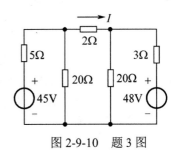

图 2-9-10 题 3 图

4．如图 2-9-11 所示电路，已知 $E=8V$，$I_S=2A$，$R_1=3\Omega$，$R_2=R_3=2\Omega$，试用叠加定理求电压 U_{ab} 和流过 R_2 的电流 I_1。

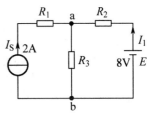

图 2-9-11 题 4 图

5．如图 2-9-12 所示电路，已知 $E=8V$，$I_S=12A$，$R_1=4\Omega$，$R_2=1\Omega$，$R_3=3\Omega$，试用叠加原理求通过 R_1、R_2、R_3 的电流。

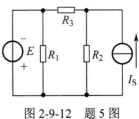

图 2-9-12 题 5 图

6．计算图 2-9-13 所示电路中的电压 U 和电压源产生的功率。

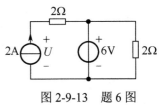

图 2-9-13 题 6 图

2.10 弥尔曼定理

知识同步指导

1．弥尔曼定理的适用场合

弥尔曼定理是节点电压法的特例，特别适用于求解一个独立节点、多电源、多支路线性电路中各支路的电流。

2. 运用弥尔曼定理求独立节点电压的通用公式

$$U_A = \frac{\Sigma GU + \Sigma I_S}{\Sigma G} \quad \text{或} \quad U_A = \frac{\Sigma GE + \Sigma I_S}{\Sigma G}$$

说明：（1）电动势方向指向独立节点 A，则 GU 或 GE 取正值，反之取负值。

（2）电流源电流流向独立节点 A，则 ΣI_S 取正值，反之取负值。

（3）ΣG 是各支路中电源置零后（电压源短路，电流源开路）的各支路电导之和。

（4）所求 U_A 是节点 A 与参考节点之间的电压。

（5）运用部分电路欧姆定律可分别求出各支路的电流或电压。

经典例题解析

【例 1】运用弥尔曼定理求图 2-10-1 所示电路中各支路电流和 c、d 两端电压 U_{cd}。

【解答】设 O 点为参考节点，则 U_A 为

$$U_A = \frac{\dfrac{E_1}{R_1} + \dfrac{E_2}{R_2}}{\dfrac{1}{R_1} + \dfrac{1}{R_2} + \dfrac{1}{R_3}} = \frac{27 + 4.5}{1 + \dfrac{1}{3} + \dfrac{1}{6}} = 21V$$

则 $I_1 = \dfrac{E_1 - U_A}{R_1} = \dfrac{27 - 21}{1} = 6A$ 　　$I_2 = \dfrac{E_2 - U_A}{R_2} = \dfrac{13.5 - 21}{3} = -2.5A$

$I_3 = \dfrac{U_A}{R_3} = \dfrac{21}{6} = 3.5A$ 　　$U_{cd} = I_1 R_1 - I_2 R_2 = 6 - (-2.5 \times 3) = 13.5V$

或 $U_{cd} = E_1 - E_2 = 27 - 13.5 = 13.5V$

【例 2】求图 2-10-2 所示电路中各支路电流。

【解答】

$$U_A = \frac{I_{S1} + \dfrac{E_1}{R_1} - \dfrac{U_S}{R_2} - I_{S2}}{\dfrac{1}{R_1} + \dfrac{1}{R_2} + \dfrac{1}{R_3}}$$

$$= \frac{10 + 5 - 7 - 2}{1} = 6V$$

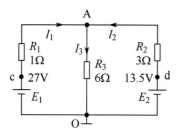

图 2-10-1　例 1 图

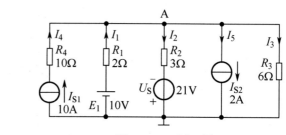

图 2-10-2　例 2 图

则：$I_1 = \dfrac{E_1 - U_A}{R_1} = \dfrac{10 - 6}{2} = 2A$ 　　$I_2 = \dfrac{U_A + U_S}{R_2} = \dfrac{6 + 21}{3} = 9A$

$$I_3 = \frac{U_A}{R_3} = \frac{6}{6} = 1A \qquad I_4 = I_{S1} = 10A \qquad I_5 = I_{S2} = 2A$$

说明：I_{S1}、I_{S2} 支路内阻无穷大，其电导为零。

同步练习题

一、填空题

1．如图 2-10-3 所示电路的 A 点电位 $U_A=$_____V。

2．如图 2-10-4 所示电路，电流 I 为_____A。

3．如图 2-10-5 所示电路，2A 电流源发出的功率 $P=$_____W。

4．如图 2-10-6 所示电路，开关 S 打开时，$V_A=$_____V，开关 S 闭合时，$V_A=$_____V。

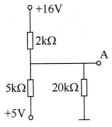

图 2-10-3　题 1 图

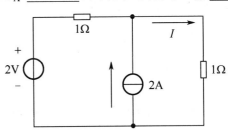

图 2-10-4　题 2 图

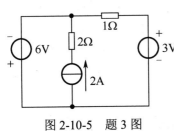

图 2-10-5　题 3 图

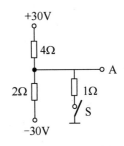

图 2-10-6　题 4 图

二、单项选择题

1．如图 2-10-7 所示电路，正确的关系式是（　　　）。

A．$I_1 = \dfrac{E_1 - E_2}{R_1 + R_2}$　　　　　　　　B．$I_2 = \dfrac{E_2}{R_2}$

C．$I_1 = \dfrac{E_1 - U_{AB}}{R_1 + R_3}$　　　　　　　D．$I_2 = \dfrac{E_2 - U_{AB}}{R_2}$

2．如图 2-10-8 所示电路，B 点电位为（　　　）。

A．$-8V$　　　　　　　　　　　B．8V

C．$-4V$　　　　　　　　　　　D．4V

3．如图 2-10-9 所示电路，10A 电流源的功率为（　　　）。

A．产生 120W　　　　　　　　B．吸收 120W

C．产生 480W　　　　　　　　D．吸收 480W

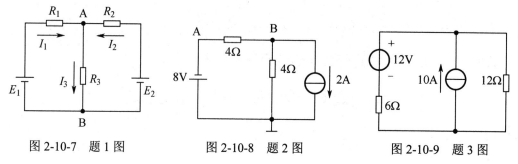

图 2-10-7　题 1 图　　　图 2-10-8　题 2 图　　　图 2-10-9　题 3 图

三、计算题

1. 如图 2-10-10 所示电路，运用弥尔曼定理求 I_1、I_2。

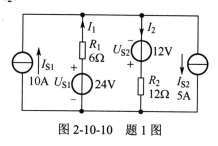

图 2-10-10　题 1 图

2. 运用弥尔曼定理求图 2-10-11 所示电路中的电压 U_{ab}。

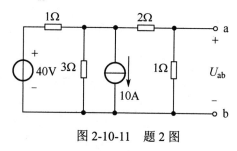

图 2-10-11　题 2 图

2.11　戴维南定理

知识同步指导

1. 二端网络

二端网络的概念：具有两个引出端钮的电路，无论其内部结构如何都称为二端网络（引出端钮或测量用，或接负载用或有其他用途）。

二端网络的分类：分为**有源（或含源）二端网络**和**无源二端网络**。

无源二端网络的定义、等效电路及符号。

（1）定义：指网络内都不含电源的二端网络。

（2）无源二端网络及等效电路和符号，如图 2-11-1。

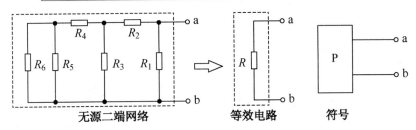

图 2-11-1　无源二端网络及等效电路和符号

有源二端网络定义及符号。

（1）定义：网络内部含有电源（无论是电压源还是电流源，也无论是单个电源还是多个电源）的二端网络。

（2）有源二端网络示意电路及符号，如图 2-11-2。

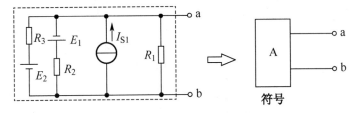

图 2-11-2　有源二端网络示意电路及符号

无源二端网络可以等效为电阻网络，那么有源二端网络又当如何等效呢？戴维南定理做出了回答。

2. 戴维南定理

戴维南定理的内容：任何一个线性含源的二端网络，对外电路来说，都可以转化成一个电压源和电阻相串联的电路模型来代替：其电压源的电压等于二端网络的端口开路电压 U_o；其电阻等于二端网络内所有电源置零（电压源短路，保留其内阻，电流源开路）后的入端等效电阻 R_o。

戴维南定理的本质：将一个复杂直流电路转化成全电路，其中待求负载即为全电路中的外电路，其余器件皆等效为从负载两端看过去的等效电源电动势和等效电源内阻。戴维南定理特别适用于求解复杂直流电路中某一条支路的电流或电压。

3. 运用戴维南定理解题的一般步骤及方法

（1）将待求支路断开，转化成有源二端网络。

（2）求有源二端网络的开路电压 U_o。

（3）将有源二端网络内的电压源短路，电流源开路，求二端网络的等效电阻 R_o。

（4）画出戴维南等效电路，接入待求支路，运用全电路欧姆定律 $I = \dfrac{U_o}{R_o + R_L}$，求出该

电路的电流或电压。

经典例题解析

【例1】如图 2-11-3（a）所示电路，已知 $R=10\Omega$，$R_2=2.5\Omega$，$R_3=5\Omega$，$R_4=20\Omega$，$E=25\text{V}$，求电流表的读数。

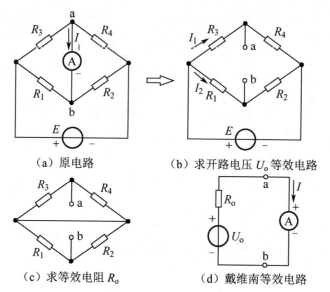

（a）原电路　　　　　　（b）求开路电压 U_o 等效电路

（c）求等效电阻 R_o　　　　　（d）戴维南等效电路

图 2-11-3　例 1 图

【解答】（1）断开待求支路，转化成有源二端网络，求开路电压 U_o；如图 2-11-3（b）。

$$I_1 = \frac{E}{R_3 + R_4} = \frac{25}{25} = 1\text{A} \qquad I_2 = \frac{E}{R_1 + R_2} = \frac{25}{12.5} = 2\text{A}$$

$$U_o = U_{ab} = -I_1 R_3 + I_2 R_1 = -5 + 20 = 15\text{V}$$

（2）求二端网络入端电阻 R_o；如图 2-11-3（c）。

$$R_o = R_{ab} = (R_3 /\!/ R_4) + (R_1 /\!/ R_2) = (5 /\!/ 20) + (10 /\!/ 2.5) = 6\Omega$$

（3）转化成有源二端网络，接入待求支路，如图 2-11-3（d），求出 I。

则：

$$I = \frac{U_o}{R_o} = \frac{15}{6} = 2.5\text{A}$$

【例 2】如图 2-11-4（a）所示电路，已知 $E_1 = 20\text{V}$，$E_2 = 20\text{V}$，$R_1 = 4\Omega$，$R_2 = 6\Omega$，$R_3 = 12.6\Omega$，$R_4 = 10\Omega$，$R_5 = 6\Omega$，$R_6 = 4\Omega$，求 I_3？

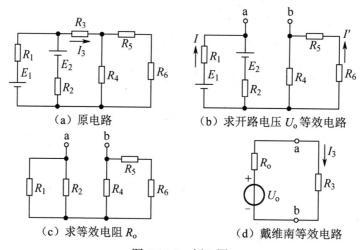

（a）原电路　　　　　　　（b）求开路电压 U_o 等效电路

（c）求等效电阻 R_o　　　　　（d）戴维南等效电路

图 2-11-4　例 2 图

【解答】步骤见例1，不再详细展开。

$$I = \frac{E_1 - E_2}{R_1 + R_2} = \frac{0}{10} = 0A \quad I' = 0A$$

$$U_o = U_{ab} = IR_2 + E_2 - I'R_4 = 0 \times 26 + 20 - 0 \times 4 = 20V$$

$$R_o = R_{ab} = (R_1 // R_2) + R_4 // (R_5 + R_6) = (4 // 6) + 10 // (6 + 4) = 7.4\Omega$$

$$I_3 = \frac{U_o}{R_o + R_3} = \frac{20}{7.4 + 12.6} = 1A$$

【例3】求图2-11-5（a）所示电路中二极管的电流 I。

【解答】先将图2-11-5（a）所示电路整理成习惯画法电路图如图2-11-5（b）所示。

图2-11-5（c）所示电路中开路电压 $U_o = U_{ab} = [\frac{36+18}{12+18} \times 18] - 18 = 14.4V$

图2-11-5（d）所示电路中入端电阻 $R_o = R_{ab} = 12 // 18 = 7.2k\Omega$

由戴维南等效电路图所示电路中（e）可知：二极管反偏，$I = 0A$。

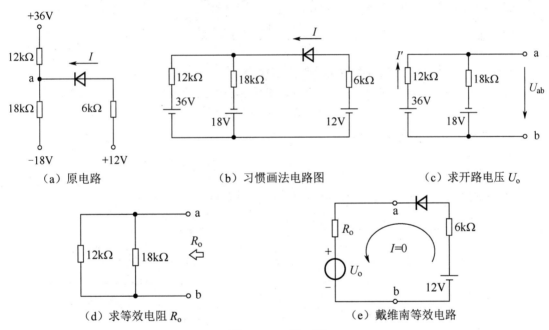

图2-11-5　例3图

【例4】如图2-11-6（a）所示电路，用戴维南定理求：【省对口招生考试试题】

（1）负载电阻 R_L 为多少时，可获得最大功率；

（2）可获得的最大功率为多少？

【解答】（1）断开 R_L，转化成有源二端网络，求开路电压 U_{ab}（见图2-11-6（b））和入端等效电阻 R_{ab}（见图2-11-6（c））。

$$U_{ab} = 0.5(10 + 20) + 75 = 90V$$

$$R_{ab} = 10 + 20 = 30\Omega$$

即负载电阻 R_L 为 30Ω 时可获得最大功率。

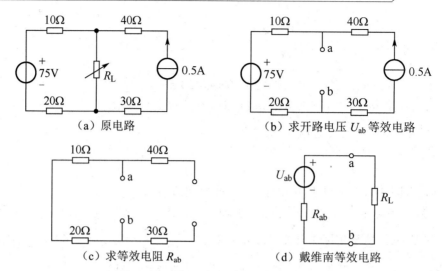

图 2-11-6 例 4 图

（2）画出戴维南等效电路，接入 R_L，

则：

$$P_{max} = \frac{U_{ab}^2}{4R_{ab}} = \frac{90^2}{4 \times 30} = 67.5W$$

▲实验的方法测定戴维南等效电路的方法简介：

1. 负载允许短路的二端网络测定电路，见图 2-11-7。

方法步骤：① 开关 S 断开时，伏特表示值即为开路电压 U_o；

② 开关 S 闭合时短路电流为 I_S；

③ $R_o = \dfrac{U_o}{I_S}$

2. 负载不允许短路的二端网络测定电路，见图 2-11-8。

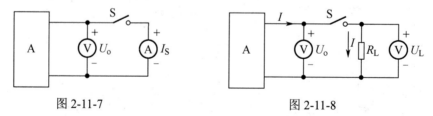

图 2-11-7   图 2-11-8

① 开关 S 断开时，伏特表示值即为开路电压 U_o。

② 开关 S 闭合时，$R_o = (\dfrac{U_o}{U_L} - 1) R_L$

证明：由于串联电路 I 相等，则：

$$\frac{U_o - U_L}{R_o} = \frac{U_L}{R_L} \Rightarrow R_o = \frac{U_o R_L - U_L R_L}{U_L} = \frac{U_o - U_L}{U_L} R_L = R_L(\frac{U_o}{U_L} - 1)$$

同步练习题

一、填空题

1．运用戴维南定理就能把任一个含源二端网络转化成一个等效电源，这个电源的电动势 E 等于网络的_____；这个电源的内阻 R_0 等于网络的_____。

2．某直流有源二端网络，测得开路电压为 30V，短路电流为 5A，现把一个 $R=9\Omega$ 的电阻接到网络的两端，则 R 上的电流为_____，R 两端的电压为_____。

3．将如图 2-11-9 所示电路的含源二端网络等效为一个电压源，$R_{ab}=4\Omega$，$R_{cb}=3\Omega$，则该电压源的电动势 $E_0=$_____，内阻 $R_0=$_____。

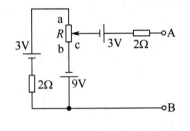
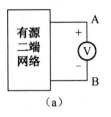
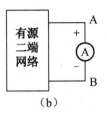
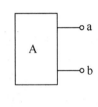

图 2-11-9　题 3 图　　　　图 2-11-10　题 4 图　　　　图 2-11-11　题 5 图

4．如图 2-11-10 所示电路是实验法求有源二端网络戴维南参数的示意图，若电压表读数为 12V，电流表读数为 2A，则有源二端网络 $U_0=$_____，$R_0=$_____。

5．如图 2-11-11 所示的有源二端网络 A，在 a、b 间接入电压表时，测得读数为 50V；在 a、b 间接 5Ω 电阻时，测得电流为 5A。则 a、b 两点间的等效电阻为_____。【省对口招生考试试题】

6．欲使图 2-11-12 所示电路中的电流 $I=0$，U_S 应为_____V。【省对口招生考试试题】

7．如图 2-11-13 所示电路，电阻 R 为_____时获得最大功率。

8．如图 2-11-14 所示电路，当开关 S 断开时，$U_{ab}=$_____，当开关 S 闭合时，$I=$_____。

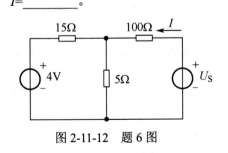
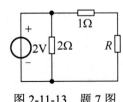
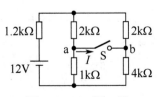

图 2-11-12　题 6 图　　　　图 2-11-13　题 7 图　　　　图 2-11-14　题 8 图

二、单项选择题

1. 戴维南定理只适用于（　　）。
　　A. 外部为非线性电路　　　　　　B. 外部为线性电路
　　C. 内部为线性含源电路　　　　　D. 内部为非线性含源电路

2. 任何一个有源二端线性网络的戴维南等效电路是（　　）。
　　A. 一个理想电流源和一个电阻的并联电路
　　B. 一个理想电流源和一个理想电压源的并联电路
　　C. 一个理想电压源和一个理想电流源的串联电路
　　D. 一个理想电压源和一个电阻的串联电路

3. 测得一个有源二端网络的开路电压为 60V，短路电流为 3A，将一个电阻 $R=100\Omega$ 接到该网络的引出点，R 上的电压为（　　）。
　　A. 60V　　　　　　　　　　　　B. 50V
　　C. 300V　　　　　　　　　　　 D. 0V

4. 已知某电源的额定功率为 200W，额定电压为 50V，内阻为 0.5Ω，当该电源处于开路状态时，开路电压值为（　　）。
　　A. 48V　　　　　　　　　　　　B. 50V
　　C. 52V　　　　　　　　　　　　D. 54V

5. 在图 2-11-15 所示电路中，可调负载能够获得的最大功率为（　　）。
　　A. 40W　　　　　　　　　　　　B. 100W
　　C. 180W　　　　　　　　　　　 D. 400W

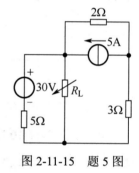

图 2-11-15　题 5 图

三、计算题

1. 如图 2-11-16 所示分压器电路，已知 $U=40V$，$R_1=R_2=400$，用戴维南定理求负载电阻 R_L 分别为 300Ω、200Ω、100Ω、50Ω、0Ω 时，流过负载电阻的电流。

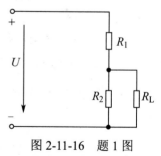

图 2-11-16　题 1 图

2. 如图 2-11-17 所示电路，已知 $R_1=R_2=R_3=2\Omega$，当 $E_3=10V$ 时，$I_3=1A$。【省对口招生考试试题】

（1）求电阻 R_3 两端电压 U_R；
（2）求 A、B 两点之间的电压 U_{AB}；
（3）若要求使 $I_3=0$，问此时 E_3 为多少？

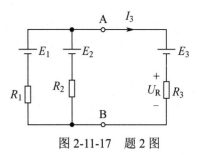

图 2-11-17　题 2 图

3．如图 2-11-18（a）所示电路，已知 $R_1=3\Omega$，$R_2=2\Omega$，$I_S=2A$，$U_S=10V$，A、B 两点之间的有源等效电路如图 2-11-18（b）所示。试求：【省对口招生考试试题】

（1）U_{OC}；

（2）R_{AB}；

（3）当负载 R_L 为多大时获得最大功率，并求此最大功率 P_{omax}。（6 分）

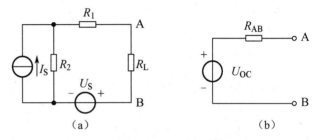

图 2-11-18　题 3 图

4．如图 2-11-19 所示电路，试应用戴维南定理，求图中的电流 I。【省对口招生考试试题】

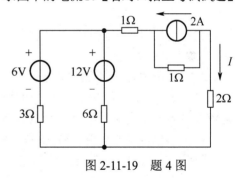

图 2-11-19　题 4 图

2.12　电桥电路

知识同步指导

1．直流电桥的结构及平衡条件

（1）直流电桥的结构、特点。

如图 2-12-1 所示为直流电桥电路。

① 直流电桥也叫惠斯通电桥；

② 电阻 R_1、R_2、R_3、R_4 连成四边闭合回路，组成电桥的四臂，称为桥臂电阻；

③ 对角顶点 a、b 间接入检流计，称为电桥的桥支路，另一桥支路 c、d 间接电源。

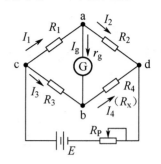

图 2-12-1　直流电桥电路

（2）电桥平衡的概念。

桥支路 a、b 间的电流为零（$I_g=0$）时的状态，称为电桥平衡。

（3）电桥平衡条件。

电桥的邻臂电阻的比值相等，　　即：$\dfrac{R_1}{R_2}=\dfrac{R_3}{R_4}$ 或 $\dfrac{R_1}{R_3}=\dfrac{R_2}{R_4}$

或电桥的对臂电阻的乘积相等，　　即：$R_1R_4=R_2R_3$

2. 电桥的应用

（1）**直流电桥可测量精密电阻。**若将图 2-12-1 中的 R_4 的位置替换为一被测电阻 R_x，将 R_3 替换为可调电阻，调节 R_3 使电桥平衡，则被测电阻为

$$R_x=\frac{R_2R_3}{R_1}$$

（2）**交流电桥可测量电感、电容的参数。**

3. 等电位点

（1）等电位点的概念：在同一个电路中具有相同电位的点称为等电位点。

（2）等电位点的特点：同一电路电位相同的两点之间，无论短路、断路还是接上任意阻值的电阻均不会产生电流，对电路而言，没有任何影响。

（3）等电位点的应用：简化电阻网络结构，巧求等效电阻。

【**例**】求如图 2-12-2（a）所示电路等效电阻 R_{ab}。

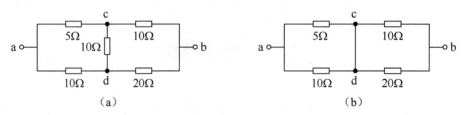

图 2-12-2　例题图

【**分析**】电路为平衡电桥结构。若在 a、b 两端接入一电源，则 c、d 两端必为等电位点即 $U_{cd}=0$。

① 将 c、d 两端短路处理，如图 2-12-2（b）所示，则：$R_{ab}=(5/\!/10)+(10/\!/20)=10\,\Omega$

② 将 c、d 两端开路处理，则：$R_{ab}=15/\!/30=10\,\Omega$

可见，无论 c、d 两端短路、断路还是接上任意阻值的电阻，R_{ab} 均相等。

经典例题解析

【例1】如图 2-12-3 所示电路，A、C 之间是 1m 长，粗细均匀的电阻丝，D 是滑动触头，可沿 A、C 间移动。

（1）当 $R=5\Omega$，$L_{AD}=0.3m$ 时，电桥平衡，则 $R_x=$_____Ω；

（2）若 $R=6\Omega$，$R_x=14\Omega$，要使电桥平衡，则 $L_{AD}=$_____，$L_{DC}=$_____。

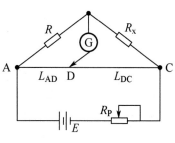

图 2-12-3 例1图

【解答】（1）$R=5\Omega$，$L_{AD}=0.3m$ 时，

$$R_x = \frac{RL_{DC}}{L_{AD}} = \frac{5 \times 0.7}{0.3} = 11.67\Omega$$

（2）$R=6\Omega$，$R_X=14\Omega$ 时，

$$\frac{R}{R+R_x} = \frac{L_{AD}}{L} \Rightarrow L_{AD} = \frac{RL}{R+R_x} = 0.3m \Rightarrow L_{DC} = 0.7m$$

答案：11.67Ω；$0.3m$，$0.7m$。

【例2】求图 2-12-4（a）所示的电阻网络的等效电阻 R_{ab}。

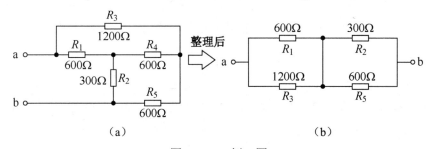

（a）　　　　　　　　　　（b）

图 2-12-4 例2图

【解答】

因为 $\dfrac{R_1}{R_2} = \dfrac{R_3}{R_5}$，所以电路属平衡电桥结构，整理后等效电路如图 2-12-4（b）所示。

$$R_{ab} = (600 // 1200) + (300 // /600) = 600\Omega$$

【例3】求图 2-12-5 所示电路的等效电阻 R_{ab}。

【解析】电路结构关于 a、D、b 轴线对称且均为等值电阻，故 A、B 等电位，C、D、E 等电位，F、G 等电位。

【解答】将等电位点短路处理，简化电路，则：

$$R_{ab} = \frac{R}{2} + \frac{R}{4} + \frac{R}{4} + \frac{R}{2} = 1.5R$$

【例4】如图 2-12-6（a）所示电路，已知电路中的每个电阻的阻值均为 R，求等效电阻 R_{ab}。

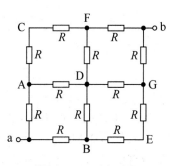

图 2-12-5 例3图

【解答】因为 c、d、e 等电位，f、g、h 等电位，由等效电路可得：

$$R_{ab} = \frac{R}{3} + \frac{R}{6} + \frac{R}{3} = \frac{5}{6}R$$

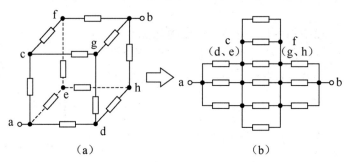

图 2-12-6　例 4 图

同步练习题

一、填空题

1. 在电桥电路中，若桥支路电流为零，则称为_____。

2. 电桥电路不平衡时是_____电路，平衡时是_____电路。

3. 在惠斯通电桥测电阻实验中，常把待测电阻和电阻箱对调重复实验，取两次平均值作为测量结果，这是为了减少_____误差。

4. 直流电桥电路中，电桥平衡的条件是_____。

5. 如图 2-12-7 所示电路中 $R_1=R_2=R_3=R_4=300\Omega$，$R_5=600\Omega$，则开关 S 打开时，$R_{ab}=$_____；开关 S 闭合时，$R_{ab}=$_____。

6. 如图 2-12-8 所示电路中 $R_{ab}=$_____ Ω。

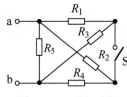

图 2-12-7　题 5 图

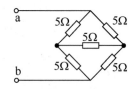

图 2-12-8　题 6 图

二、单项选择题

1. 如图 2-12-9 所示电路中 U_{ab} 与 I_o 的数值为（　　）。
　　A．$U_{ab}=0$，$I_o=0$　　　　　　　　B．$U_{ab}\neq 0$，$I_o\neq 0$
　　C．$U_{ab}=0$，$I_o\neq 0$　　　　　　　　D．$U_{ab}\neq 0$，$I_o=0$

2. 如图 2-12-10 所示的电桥电路处于平衡状态，已知 $E=6.2V$，$R=0.5\Omega$，$R_1=20\Omega$，$R_2=30\Omega$，$R_3=15\Omega$，则 R_4 的电阻和电流分别为（　　）。
　　A．10Ω，$0.36A$　　　　　　　　　B．40Ω，$0.36A$

C. 10Ω，0.24A   D. 40Ω，0.24A

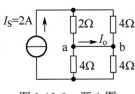

图 2-12-9　题 1 图

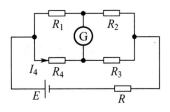

图 2-12-10　题 2 图

第三章 电 容 器

 **学习要求**

（1）理解电容器、电容量的概念，掌握平行板电容器电容量的计算。

（2）理解常见电容器的种类和标称值。

（3）掌握电场能量的计算和电容器的充放电特性。

（4）掌握电容器串、并、混联电路的特点和性质，熟练计算电容器组的各项参量。

（5）掌握利用指针式万用表粗略判别电容器质量的方法。

3.1 电容器的概念、参数和种类

知识同步指导

1. 电容器的概念、作用和电容器的充放电原理

（1）电容器的概念。

被绝缘物质隔开的两个导体组成的器件称为电容器。它是一种能够存储电场能量的器件。其中，组成电容器的两个导体叫极板，中间的绝缘物质称为电容器的介质。

平行板电容器的示意图及电容器符号如图 3-1-1 所示。

（a）平行板电容器的示意图　　　　（b）电容器符号

图 3-1-1　平行板电容器及电容器符号

（2）电容器的作用。

电容器是电子电路的基本器件之一，在电信系统中常用于滤波、移相、选频等。而在电力系统中，常用来提高电路的功率因数。

（3）电容器的充放电过程。

电容器的充电过程如图 3-1-2 所示，电容器的放电过程如图 3-1-3 所示。

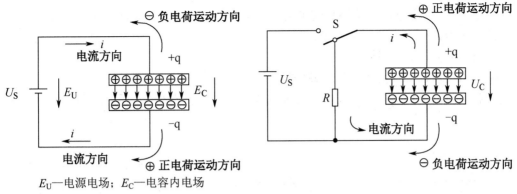

E_U—电源电场；E_C—电容内电场

图 3-1-2　电容器充电过程　　　　　　图 3-1-3　电容器放电过程

① 充电过程：接通电源后，在电源电场力的作用下，金属板内的电荷定向移到电源的正负极，使极板带上等量异性电荷，并在两极板间建立电场 E_C，当 $E_C = E_U$ 时，电荷的定向运动停止，充电过程结束。

② 放电过程：充电结束后，电容两端电压为 U_C，效果上相当于一个电源。将两极板通过一个电阻连接或直接短接时，因电荷不断被中和，两极板上的 q、$-q$ 不断减少，两极板间电压不断降低，直至为零，这个过程称为放电。当电荷完全被中和掉，放电过程结束。

2. 电容量（电容）

电容量是衡量电容器储存电荷本领大小的物理量，是电容器的固有特性，其定义式为

$$C = \frac{Q}{U}$$

式中，Q——单个极板上的电荷量，单位是库仑（C）；

U——两极板间的电压，单位是伏特（V）；

C——电容器的电容量，单位为法拉（F）。

单位换算：$1F = 10^6 \mu F = 10^9 nF = 10^{12} pF$

3. 平行板电容器的简介

平行板电容器电容量的决定式

$$C = \frac{\varepsilon s}{d} = \frac{\varepsilon_o \varepsilon_r s}{d} \text{（与 } \varepsilon \text{、} s \text{ 成正比，与 } d \text{ 成反比）} \quad \varepsilon_r = \frac{\varepsilon}{\varepsilon_o} \text{ 或 } \varepsilon = \varepsilon_r \varepsilon_o$$

式中，ε——电介质的介电常数，单位是法拉每米（F/m）；

s——两极板的正对面积（也称有效面积），单位是平方米（m^2）；

d——两极板间的距离，单位是米（m）；

ε_o——真空介电常数，$\varepsilon_o = 8.85 \times 10^{-12} F/m$；

ε_r——相对介电常数（某物质介电常数与真空介电常数之比）。

4. 电容器的参数和种类

（1）电容器的参数。

① 额定工作电压。

额定工作电压是指能让电容器长时间稳定工作，并且保证电介质性能良好的直流电压数值。电容器上所标注的电压值就是额定工作电压值，俗称耐压。

【强调】如果将电容器接到交流电路中，必须保证电容器的额定工作电压不低于交流电压的最大值，否则电容器会击穿。

② 标称容量和允许误差。

电容器上所标明的电容量的值称为标称容量。

电容器实际电容量与标称电容量之间的差异称为误差，在允许范围之内的误差称为允许误差。

（2）电容器的种类。

① 按容量是否可变，分为固定电容器、可变电容器和半可变（微调）电容器。

② 按电介质类型，分为纸质电容器、云母电容器、陶瓷电容器、电解电容器、涤纶电容器等。

经典例题解析

【例1】有一真空电容器，其容量是 8.2μF，将两极板间的距离增大一倍后，其间充满云母介质，求云母电容器的电容。（云母的相对介电常数为 $\varepsilon_r=7$）

【解答】设真空电容器为 C_1，云母电容器为 C_2，则：

$$① \quad C_1 = \frac{\varepsilon_o s}{d} \qquad\qquad ② \quad C_2 = \frac{\varepsilon_r \varepsilon_o s}{2d}$$

②式除以①式可得

$$\frac{C_2}{C_1} = \frac{\varepsilon_r}{2} \Rightarrow C_2 = \frac{\varepsilon_r C_1}{2} = \frac{7}{2} \times 8.2 = 28.7 \mu F$$

【例2】有一空气介质的可变电容器，由 12 片动片和 11 片定片组成，每片截面积 $7cm^2$，相邻动片与静片的距离为 0.38mm，求此电容器的最大电容。

【解答】多片电容器容量的计算公式为

$$C = \frac{\varepsilon (N-1)\ s}{d}$$

式中，N 为动、静片之和，所以

$$C = \frac{\varepsilon_o (12+11-1)\ s}{d} = \frac{8.85 \times 10^{-12} \times 22 \times 7 \times 10^{-4}}{0.38 \times 10^{-3}} = 358.6 pF$$

同步练习题

一、填空题

1. 电容器是一种储能元件，可将电源提供的能量转化为_____能量储存起来。

2. 标有"250V/0.5μF"的无极性电容器能在电压不大于_____V 的正弦交流电路中正常工作。

3. 当电容器两端的电压是 1V，极板上电荷为 1C 时，电容是_____F。

4. 电容器在充电过程中，电容器的端电压_____，储存的电场能量_____；电容器在放电的过程中，电容器的端电压_____，储存的电场能量_____。

5．平行板电容器的电容为 C，充电到电压为 U 后断开电源，然后把两板间的距离由 d 增大到 $2d$，则电容器的电容为_____，所带的电荷量为_____，两板间的电压为_____。

二、单项选择题

1．若在空气电容器的两极板间插入电介质，则电容器的电容（　　）。

  A．减小   B．不变

  C．增大   D．为零

2．某电容器的两端电压为 10V，所带电荷量是 1C，若将它的电压升为 20V，则（　　）。

  A．电容器的电容量增加一倍

  B．电容量不变

  C．电容量所带电荷减少一半

  D．电荷量不变

3．将一电容器两端接在 220V 交流电压上，该电容器所承受的最高电压值是（　　）。

  A．311V   B．220V

  C．380V   D．110V

4．有两个电容器且 $C_1 > C_2$，如果它们两端的电压相等，则（　　）。

  A．C_1 所带电荷量较多   B．C_2 所带电荷量较多

  C．两电容器所带电荷量相等

5．一平行板电容器，若极板之间距离 d 和选用的介电系数 ε 一定时，如果极板面积增大，则（　　）。

  A．电容量减小   B．电容量增大

  C．电容量不变   D．无法确定

6．将电容器 C_1 "200V/20μF" 和电容器 C_2 "160V/20μF" 串联接到 350V 电压上，则（　　）。

  A．C_1 击穿   B．C_2 击穿

  C．C_1、C_2 均正常工作   D．C_1、C_2 均击穿

三、计算题

1．电容器 C_1 和 C_2 串联后接在 12V 直流电源上，若 $C_1 = 3C_2$，则 C_1 两端的电压是多少？

2. 如图 3-1-4 所示电路，已知 E_1=12V、E_2=20V、R_1=8Ω、R_2=4Ω、R_3=6Ω、R_4=14Ω、C=100μF，求电容器所带的电荷量。

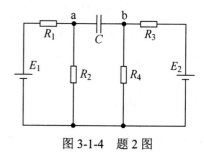

图 3-1-4 题 2 图

3.2 电容器的连接、电容器中的电场能

知识同步指导

采用电容器组连接的原因：当单个电容器的耐压或容量不够时，可采用多个电容器进行连接。

1. 电容器串联

（1）电容器串联的定义：**将两个或两个以上的电容器依次首尾相连，组成无分支的连接方式，称为电容器的串联。**电容器的串联适用于容量足够但耐压不足的场合，如图 3-2-1 所示。

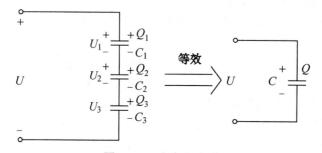

图 3-2-1 电容器串联

需说明的是，中间极板因静电感应才带上电荷的。

（2）电容器串联的特点。

① 串联电容器组中每一个电容器都带有相等的电荷量，即：

$$Q = Q_1 = Q_2 = Q_3 = \cdots = Q_n$$

② 串联电容器组的总电压等于各电容器两端电压之和，即：

$$U = U_1 + U_2 + U_3 + \cdots + U_n$$

③ 串联电容器组的总等效电容的倒数等于各电容的倒数之和，即：

$$\frac{Q}{C} = \frac{Q}{C_1} + \frac{Q}{C_2} + \frac{Q}{C_3} + \cdots + \frac{Q}{C_n} \Rightarrow \frac{1}{C} = \frac{1}{C_1} + \frac{1}{C_2} + \frac{1}{C_3} + \cdots + \frac{1}{C_n}$$

2. 电容器并联

（1）电容器并联的定义：**把两个或两个以上的电容器接到电路的两个节点之间的连接方式，称为电容的并联**。电容器并联适用于耐压足够但容量不足的场合，如图 3-2-2 所示。

（2）电容器并联的特点。

① 并联电容器组的总电荷等于各电容器所带电荷量之和，即：
$$Q = Q_1 + Q_2 + Q_3 + \cdots + Q_n$$

② 并联电容器组的总电压等于各个电容器两端的电压，即：
$$U = U_1 = U_2 = U_3 = \cdots = U_n$$

③ 并联电容器组总的等效电容等于各个电容器的电容之和，即：
$$C = C_1 + C_2 + C_3 + \cdots + C_n$$

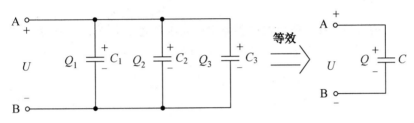

图 3-2-2　电容器并联

3. 电容器的电场能量

充电过程中，电容器将电能转化为电场能；放电过程中，电容器将电场能转化为其他形式的能。

已充电的电容器存储的电场能为
$$W_C = \frac{1}{2}CU^2 = \frac{1}{2}QU \quad （单位为焦耳，符号为 J）$$

经典例题解析

【例1】如图 3-2-3 所示，C_1、C_2、C_3 串联起来后，接到 60V 的电压上，其中，$C_1 = 2\mu F$，$C_2 = 3\mu F$，$C_3 = 6\mu F$，求每个电容器承受的电压分别是多少？

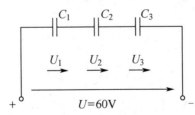

图 3-2-3　例 1 图

【解法一】$\dfrac{1}{C} = \dfrac{1}{C_1} + \dfrac{1}{C_2} + \dfrac{1}{C_3} = \dfrac{1}{2} + \dfrac{1}{3} + \dfrac{1}{6}$

因为 $\dfrac{1}{C} = 1$，所以 $C = 1\mu F$

又因为等效电容的电荷量与各串联电容器的电荷量相等，所以：

$$Q_1 = Q_2 = Q_3 = Q = CU = 1 \times 60 = 60\mu C$$

则：
$$U_1 = \frac{Q_1}{C_1} = \frac{60}{2} = 30V$$

$$U_2 = \frac{Q_2}{C_2} = \frac{60}{3} = 20V \quad U_3 = \frac{Q_3}{C_3} = \frac{60}{6} = 10V$$

【解法二】$Q_1 = Q_2 = Q_3 = Q \Rightarrow C_1U_1 = C_2U_2 = C_3U_3 = CU$，以 U_3 为基准

$$C_1 = \frac{1}{3}C_3 \Rightarrow U_1 = 3U_3 \quad C_2 = \frac{1}{2}C_3 \Rightarrow U_2 = 2U_3$$

因为，$U_1 + U_2 + U_3 = 60V \Rightarrow 3U_3 + 2U_3 + U_3 = 60V$

所以，$6U_3 = 60V \Rightarrow U_3 = 10V$

$$U_1 = 3U_3 = 30V，\quad U_2 = 2U_3 = 20V$$

结论：从上例可以看出，在串联电容器组中，各个电容器的分电压与自身容量成反比。如果两电容器串联，总电压与分电压的关系为

$$U_1 = U\frac{C_2}{C_1 + C_2} \quad U_2 = U\frac{C_1}{C_1 + C_2}$$

【例2】如图 3-2-4 所示电路，有两个电容器串联后接 360V 电压，已知 C_1=0.25μF，耐压 200V；C_2=0.5μF，耐压 300V。问：

（1）电路能否正常工作？

（2）整个串联电容器组的耐压是多少？

【解析】能否正常工作需要看各电容器的分压是否超出了自身的耐压值。均在耐压值范围内，可判定能正常工作，反之则不能正常工作。

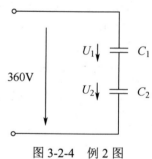

图 3-2-4　例 2 图

【解法一】（1）串联等效电容为：

$$C_{串} = \frac{C_1C_2}{C_1 + C_2} = \frac{0.25 \times 0.5}{0.25 + 0.5} = \frac{1}{6}\mu F$$

每个电容存储的电荷量为：

$$Q_{串} = C_{串} \times U = \frac{1}{6} \times 360 = 60\mu C$$

则：
$$U_1 = \frac{Q_{串}}{C_1} = \frac{60}{0.25} = 240V$$

$$U_2 = \frac{Q_{串}}{C_2} = \frac{60}{0.5} = 120V$$

由于 C_1 承受的电压为 240V，超过了它的耐压（200V），所以 C_1 被击穿，360V 电压将全部转加到 C_2 上，当然也超过了 C_2 的耐压（300V），所以 C_2 也将被击穿，故不安全。

（2）若以 C_1 的耐压为基准：

$$U_{1N} = 200V，\quad C_1 = \frac{1}{2}C_2 \Rightarrow U_2 = \frac{1}{2}U_{1N} = 100V$$

能共同承受的额定电压为 $U_{mN1} = U_{1N} + U_2 = 200 + 100 = 300V$

若以 C_2 的耐压为基准：

$$U_{2N} = 300V，\quad C_2 = 2C_1 \Rightarrow U_1 = 2U_{2N} = 600V$$

能共同承受的额定电压为 $U_{\mathrm{mN2}}=U_1+U_{\mathrm{2N}}=300+600=900\mathrm{V}$

则能共同承受的额定电压 U_{N} 取 U_{mN1} 和 U_{mN2} 中的小值，即 $300\mathrm{V}$。

【解法二】（1）接 360V 电压后，各电容器实际承受的电压为

$$U_1=U\frac{C_2}{C_1+C_2}=360\times\frac{0.5}{0.25+0.5}=240\mathrm{V}$$

$$U_2=U\frac{C_1}{C_1+C_2}=360\times\frac{0.25}{0.25+0.5}=120\mathrm{V}$$

由于 C_1 承受的电压为 240V，超过了它的耐压（200V），所以 C_1 被击穿，360V 电压将全部转加到 C_2 上，当然也超过了 C_2 的耐压（300V），所以 C_2 也将被击穿，故不安全。

（2）$Q_{\mathrm{1m}}=C_1U_{\mathrm{1N}}=0.25\times200=50\mu\mathrm{C}$（$C_1$ 能承载的最大电荷量）

$Q_{\mathrm{2m}}=C_2U_{\mathrm{2N}}=0.5\times300=150\mu\mathrm{C}$（$C_2$ 能承载的最大电荷量）

串联电容器组能承载的最大电荷量取 Q_{1m} 和 Q_{2m} 中的小者，即：$Q_{\mathrm{12m}}=50\mu\mathrm{C}$，则各自分压为

$$U_1=\frac{Q_{\mathrm{m}}}{C_1}=\frac{50}{0.25}=200\mathrm{V}，\quad U_2=\frac{Q_{\mathrm{m}}}{C_2}=\frac{50}{0.5}=100\mathrm{V}$$

可得整个串联电容器组的额定电压为 $U_{\mathrm{N}}=U_1+U_2=300\mathrm{V}$。

【例3】有三个电容器的电容量分别为 $C_1=4\mu\mathrm{F}$、$C_2=6\mu\mathrm{F}$、$C_3=12\mu\mathrm{F}$，将它们并联起来后，接到电源上，已知电容器组带的总电荷量为 $Q=1.2\times10^{-4}\mathrm{C}$，求：

（1）每只电容器所带的电荷量是多少？

（2）并联电容器组两端的电压 U 为多少？

【解析】并联电容器组，由于电压相同，电容器所带的电荷量与自身容量成正比。

【解答】（1）每只电容器所带的电荷量分别为

$$Q_1=Q\frac{C_1}{C_1+C_2+C_3}=1.2\times10^{-4}\times\frac{4}{4+6+12}=\frac{2.4}{11}\times10^{-4}\mathrm{C}$$

$$Q_2=Q\frac{C_2}{C_1+C_2+C_3}=1.2\times10^{-4}\times\frac{6}{4+6+12}=\frac{3.6}{11}\times10^{-4}\mathrm{C}$$

$$Q_3=Q\frac{C_3}{C_1+C_2+C_3}=1.2\times10^{-4}\times\frac{12}{4+6+12}=\frac{7.2}{11}\times10^{-4}\mathrm{C}$$

（2）因为：$U=U_1=U_2=U_3=\dfrac{Q_{\text{总}}}{C_{\text{总}}}=\dfrac{Q_1}{C_1}=\dfrac{Q_2}{C_2}=\dfrac{Q_3}{C_3}$

所以并联电容器组两端的电压

$$U=\frac{Q_1}{C_1}=\frac{2.4\times10^{-4}}{11}\times\frac{1}{4\times10^{-6}}=5.45\mathrm{V}$$

或者，

$$U=\frac{Q_{\text{总}}}{C_{\text{总}}}=\frac{1.2\times10^{-4}}{22\times10^{-6}}=5.45\mathrm{V}$$

【例4】如图 3-2-5 所示电路，三个电容器分别为 C_1：$60\mu\mathrm{F}/100\mathrm{V}$，$C_2$：$40\mu\mathrm{F}/80\mathrm{V}$，$C_3$：$20\mu\mathrm{F}/40\mathrm{V}$，求电容器组的等效电容和耐压。

【解析】混联电容器组的等效电容的求解与混联电阻的等效电阻求解类似，即要明确各元件间的连接方式，但串、并联的计算公式不同，应注意区分；混联电容器组的耐压应

分步由内而外进行计算。本题首先分析并联部分的等效电容和耐压，然后再去分析串联后的耐压。

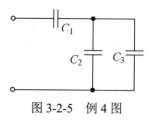

图 3-2-5　例 4 图

【解答】因为 C_2 与 C_3 并联，所以 $C_{23}=C_2+C_3=60\mu F$，C_{23} 并联电容器组的耐压取 C_2 与 C_3 耐压值中的小者，可等效为 $C_{23}=60\mu F$、耐压 40V。

因为 C_{23} 与 C_1 串联，

所以 $C_{123} = \dfrac{C_1 \times C_{23}}{C_1 + C_{23}} = \dfrac{3600}{120} = 30\mu F$

$Q_{1m} = C_1 U_{1N} = 60 \times 10^{-6} \times 100 = 6 \times 10^{-3} C$

$Q_{23m} = C_{23} U_{23N} = 60 \times 10^{-6} \times 40 = 2.4 \times 10^{-3} C$

因为整个混联电容器组所允许带的最大电荷量 Q_{23m} 为 $2.4 \times 10^{-3}C$，

所以整个混联电容器组的耐压 $U_N = \dfrac{Q_{23m}}{C_{123}} = \dfrac{2.4 \times 10^{-3}}{30} = 80V$。

【例 5】两个电容器电容量分别为 $4\mu F$ 和 $6\mu F$，将它们分别充电到 10V 和 15V。问：将它们做两种不同连接后各自的带电荷量是多少？在导线中有多少电荷发生迁移？（1）同极性相并；（2）异极性相并。

【解析】将电压不等的两个电容器相并联时，会发生电荷的迁移，最终使它们的端电压达到相等。如果同极性相并（含一个电容器未充电的情况）电荷发生迁移后，总的电荷量不变，为原来它们带电荷量之和，而异极性相并时，由于发生中和，总带电荷量必然减少，为原来两电容带电荷量之差。另外还要强调的是：发生电荷迁移的过程中，两个电容器的连接关系为串联；电荷迁移过程结束后，两个电容器的连接关系为并联。

【解答】C_1 原来带电荷量为 $Q_1=C_1U_1=4\times10=40\mu C$

C_2 原来带电荷量为 $Q_2=C_2U_2=6\times15=90\mu C$

（1）同极性相并，电荷迁移结束后

等效电容的容量为 $\qquad C = C_1 + C_2 = 4 + 6 = 10\mu F$

等效电容 C 的带电荷量 $\quad Q = Q_1 + Q_2 = 40 + 90 = 130\mu C$

等效电容 C 的端电压 $\qquad U = \dfrac{Q}{C} = \dfrac{130}{10} = 13V$

所以 C_1，C_2 的端电压 $\qquad U_1' = U_2' = U = 13V$

所以 C_1、C_2 的带电荷量变为

$\qquad Q_1' = C_1 U_1' = 4 \times 13 = 52\mu C$，$\quad Q_2' = C_2 U_2' = 6 \times 13 = 78\mu C$

$\qquad$（或 $Q_2' = Q - Q_1' = 130 - 52 = 78\mu C$）

所以导线中迁移的电荷量为

$\qquad \Delta Q = Q_2 - Q_2' = 90 - 78 = 12\mu C$

$\qquad$（或 $\Delta Q = Q_1' - Q_1 = 52 - 40 = 12\mu C$）

（2）异极性相并，电荷迁移结束后

等效电容 $C = C_1 + C_2 = 4 + 6 = 10\mu F$

等效电容 C 的带电荷量 $\quad Q = Q_2 - Q_1 = 90 - 40 = 50\mu C$

等效电容 C 的端电压 $U=\dfrac{Q}{C}=\dfrac{50}{10}=5V$

所以 C_1，C_2 的端电压 $U'_1=U'_2=U=5V$

所以 C_1 的带电荷量变为 $Q'_1=C_1U'_1=4\times5=20\mu C$（此时 C_1 两极板上电荷的极性已发生逆转）

C_2 的带电荷量变为 $Q'_2=C_2U'_2=6\times5=30\mu C$

所以导线中迁移的电荷量为 $\Delta Q=Q_2-Q'_2=90-30=60\mu C$

【例6】一电容器电容量为 $100\mu F$，原来两端的电压 $U_1=100V$，继续充电后两端电压变为 $U_2=400V$，求电场能增加了多少？

【解答】
$$\Delta W_c=W_2-W_1$$
$$=\frac{1}{2}CU_2^2-\frac{1}{2}CU_1^2=\frac{1}{2}C(U_2^2-U_1^2)$$
$$=\frac{1}{2}\times100\times10^{-6}(400^2-100^2)=7.5J$$

同步练习题

一、填空题

1. 串联电容器的总电容比每个电容器的电容_____；每个电容器两端的电压与自身电容成_____。

2. 将"$3\mu F/40V$"和"$6\mu F/50V$"两个电容器并联后的并联电容器组接在额定工作电压下，则"$6\mu F/50V$"电容器的电荷量为_____C。

3. $C_1=0.5\mu F$，耐压 $100V$ 和 $C_2=1\mu F$，耐压 $200V$ 的两个电容器串联后两端能加的最高安全电压为_____V。

4. 将电容器 C_1（$150V/20\mu F$）和电容器 C_2（$150V/30\mu F$）串联到 $250V$ 电压上，则它们的等效电容为_____μF，电容器_____两端承受的电压较小且等于_____V。

5. 两个电容器 $C_1=6\mu F$，$C_2=3\mu F$，若将这两个电容器串联，则总电容为_____μF；若将这两个电容并联则总电容为_____μF。

6. 已知电容器 $C_1=10\mu F$，$C_2=30\mu F$，则两电容器串联后的总电容为_____μF，两电容器并联后的总电容为_____μF。

7. 有两个电容器，电容分别为 $10\mu F$ 和 $20\mu F$，它们的额定工作电压分别为 $25V$ 和 $15V$。现将它们串联后接在 $10V$ 的直流电源上，则它们储存的电荷量分别为_____和_____；此时等效电容为_____μF；允许加的最大电压为_____V。

8. C_1 和 C_2 两个电容器串联后接在 15V 的电源上，已知 $C_2=2C_1$，则两个电容器的端电压分别为 $U_1=$＿＿＿＿＿V，$U_2=$＿＿＿＿＿V。

9. 两个"10V，50μF"的电容器并联后的总电容为＿＿＿＿＿μF，串联后的总电容为＿＿＿＿＿μF。

二、选择题

1. 电容器两端所加直流电压为 U 时，电容器储存的电场能为 W，当电压升高到 $2U$ 时，储存的电场能为（　　）。

A．W　　　　　　B．$2W$　　　　　　C．$\dfrac{1}{2}W$　　　　　　D．$4W$

2. 某电容器 C 和一个 $2μF$ 的电容器串联，串联后的总电容为 C 的 $\dfrac{1}{3}$ 倍，接在电压为 U 的电源两端，那么电容器 C 上的电压是（　　）。

A．$\dfrac{U}{3}$　　　　　B．$\dfrac{2U}{3}$　　　　　C．0　　　　　　D．U

3. 两个电容器 C_1 和 C_2，分别标有"40μF/500V"，"60μF/800V"，串联接在 1000V 的直流电源上，则（　　）。

A．C_1 击穿，C_2 不击穿　　　　　B．C_1 先击穿，C_2 后击穿
C．C_2 先击穿，C_1 后击穿　　　　　D．两个电容器都没有击穿

4. 一个电容为 $CμF$ 的电容器，和一个电容为 $2μF$ 的电容器串联，串联后的总电容为 $CμF$ 电容的 $\dfrac{2}{3}$，那么电容 C 是（　　）。

A．$2μF$　　　　　B．$4μF$　　　　　C．$6μF$　　　　　D．$1μF$

5. 四个电容器串联，$C_1=30μF$，耐压 50V，$C_2=20μF$；耐压 20V；$C_3=20μF$，耐压 40V；$C_4=30μF$；耐压 40V，当外加电压不断升高时，先击穿的是（　　）。

A．C_1　　　　　B．C_2　　　　　C．C_3　　　　　D．C_4

三、计算题

$C_1=40μF$ 的电容器，接在电压为 100V 的直流电源上充电完毕后，撤去电源，将它与 $C_2=60μF$ 的电容器并联，求：

（1）每个电容器所带的电荷量；
（2）并联后电容器组的端电压。

第四章 磁 与 电 磁

（1）掌握磁感应强度、磁通、磁场强度的概念及相关计算。

（2）掌握磁导率、相对磁导率、铁磁物质、磁化曲线、磁滞回线、磁路的概念、特性及相关计算。

（3）掌握安培法则、左手定则、右手定则、楞次定律、电磁感应定律的内容及应用，自感、互感的概念及其应用。

（4）掌握安培力、洛仑兹力、力矩、感应电动势的相关计算。

（5）掌握电感器的种类、参数，以及电感线圈的连接和相关计算。

（6）掌握同名端的概念和判别方法，涡流应用与磁屏蔽原理。

（7）磁场能的计算。

4.1 磁感应强度和磁通

知识同步指导

1. 与磁体与磁力线相关的概念

（1）磁性：具有吸引铁、钴、镍等铁磁性物质的性质。

（2）磁体：具有磁性的物体，分为天然磁石和人造磁铁。

（3）磁极：磁铁磁性最强的两端称之为磁极。其特点有**任何磁铁都有一对磁极，分别叫南极（S）北极（N）；磁极总是成对出现的，且强度相等；磁极之间存在相互作用力，同名磁极互相排斥，异名磁极相互吸引。**

（4）磁场：存在于磁体周围看不见摸不着但又客观存在的一种物质。

（5）磁力线：为形象描述磁场的大小和方向而绘制的一种假想曲线。其特点有以下几点。

① 磁力线的疏密反映了磁场的强弱，磁力线越密，磁场越强，反之越弱。

② 磁力线无起点，亦无终点。即磁力线是闭合曲线：在磁体外部，磁力线从 N 极到 S 极；磁体内部则由 S 极到 N 极。

③ 磁力线不相交，即磁力线上的任何一点只能有一个磁场方向。

④ 磁力线上某一点的磁场方向，即为磁力线在该点的切线方向，也是在该点放置一个小磁针，小磁针静止时，N 极所指的方向。

2. 电流的磁效应

电流的磁效应：**通电导体的周围存在磁场的现象称为电流的磁效应。**

【说明】任何磁场都是由电流产生的。磁场的强弱正比于电流的大小，反比于与通电导体的距离，磁场的方向取决于电流的方向，可运用右手螺旋法则判别。

（1）通电长直导线的磁场方向判别，如图 4-1-1 所示。（2）通电螺线管的磁场方向判别，如图 4-1-2 所示。

如果电流方向或磁场方向与视者垂直，则用⊙或⊗表示。⊙出（垂直纸面向外），
⊗进（垂直纸面向里）

通电长直导线的磁场方向判断：右手螺旋法则

图 4-1-1　通电长直导线的磁场方向判别

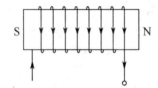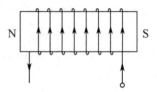

图 4-1-2　通电螺线管的磁场方向判别

3. 磁感应强度和磁通

引入磁感应强度（B）和磁通（Φ）的原因：磁力线只能直观、定性的分析磁场，而不能进行定量、精准的计算和设计。

（1）磁感应强度（B）。

磁感应强度是描述磁场强弱和方向的物理量，用符号 B 表示，其定义式为

$$B=\frac{F}{IL}$$

式中，F——与磁场垂直的通电导体受到的力；（N）

I——导体中的电流强度；（A）

L——通电导体在磁场中的有效长度；（m）

B——导体所处位置的磁感应强度，单位是特斯拉（T），另一个常用的单位是高斯（Gs），其换算关系为：$1T=10^4Gs$

【强调】B 是矢量，是既有大小又有方向的量。其大小由 $B=\dfrac{F}{IL}$ 确定，方向与该点的磁场方向一致。（磁力线的切线方向）**若磁场中各处 B 的大小和方向均相同，这样的磁场称为匀强磁场，**如图4-1-3所示。

匀强磁场也称均匀磁场，其特点是：磁力线平行、等距。

（2）磁通（Φ）。

磁感应强度 B 和与其垂直的某一截面积 S 的乘积，称为通过该面积的磁通，其定义式为

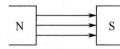

图 4-1-3　均强磁场

$$\Phi=BS$$

式中，B——匀强磁场的磁感应强度（T）；

   S——与 B 垂直的某一截面的面积（m^2）；

   Φ——通过该面积的磁通，单位是韦伯（Wb），另一个常用单位是麦克斯韦（Mx），其换算关系为：$1Wb=10^8Mx$。

在均匀磁场中，$\Phi = BS \Rightarrow B = \dfrac{\Phi}{S}$，故 B 也称磁通密度，简称磁密。

经典例题解析

【例1】 在一个匀强磁场中，垂直磁场方向放置一根直导线，导线长 0.8m，导线中电流为 15A，导线在磁场中受到的力为 20N，求匀强磁场的磁感应强度 B。

【解答】 根据 B 的定义式可得

$$B = \frac{F}{IL} = \frac{20}{15 \times 0.8} = 1.67T$$

【例2】 有一磁感应强度为 0.6T 的匀强磁场，磁场中有一面积为 $500cm^2$ 的平面，如果磁感应强度 B 与平面的切线方向的夹角 α 分别为 0°、30°、90° 时，如图 4-1-4 所示，求通过该平面的磁通各是多少？

【解析】 磁感应强度与平面不垂直时，不能直接应用磁通公式 $\Phi = BS$。磁感应强度是矢量，可应用矢量分解的方法，将其分解成垂直平面分量和平行平面分量；平行平面分量不穿过该平面，磁通为零；垂直平面分量可以应用磁通公式 $\Phi = BS$ 来计算。

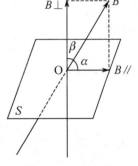

图 4-1-4　例 2 图

【解答】 磁感应强度垂直平面的分量为：$B' = \sin\alpha$

（1）$\alpha = 0°$ $\Phi = B'S = BS\sin 0° = 0$

（2）$\alpha = 30°$ $\Phi = B'S = BS\sin 30° = 0.6 \times 500 \times 10^{-4} \times 0.5 = 0.015Wb$

（3）$\alpha = 90°$ $\Phi = B'S = BS\sin 90° = 0.6 \times 500 \times 10^{-4} = 0.03Wb$

【例3】 用右手螺旋法则判断如图 4-1-5 所示通电线圈的 N 极和 S 极。

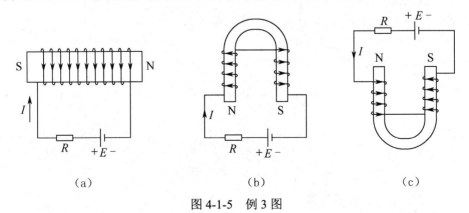

    （a）   （b）   （c）

图 4-1-5　例 3 图

【解答】 根据电源极性标出电流流向，再根据电流流向用右手螺旋法则判定即可，判定结果已在原图中标出。

【例4】标出图4-1-6中小磁针的偏转方向（涂黑的一端为小磁针的N极）。

【解析】图4-1-6（a）所示为通电直导线产生的磁场；图4-1-6（b）所示为通电螺旋线圈电流产生的磁场。

【解答】图4-1-6（a）中，N极垂直纸面向外。

图4-1-6（b）中，A和C的N极平行向右，D和B的N极平行向左。

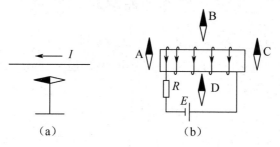

图4-1-6　例4图

同步练习题

一、填空题

1. 磁感应强度越大，磁力线越_____，磁感应强度越小，磁力线越_____。

2. _____是用来表示磁场内某点的磁场强弱和方向的物理量。

3. 匀强磁场中有一段长为0.2m的直导线，它与磁场方向垂直，当通过3A的电流时，受到$6×10^{-1}$N的磁场力，则磁场的磁感强度是_____。

二、单项选择题

1. 下列关于磁力线的说法不正确的是（　　）。
   A．彼此互不相交
   B．磁场强时较疏
   C．任一点的切线方向就是该点的磁场方向
   D．磁场外部从N极指向S极

2. 如图4-1-7所示装置中，线圈内铁心的磁极是（　　）。

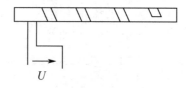

图4-1-7　题2图

   A．左端N极，右端S极
   B．左端S极，右端N极

C．铁心被磁化，但左右两端的磁极无法确定

D．铁心没有被磁化，其磁极不存在

3．下列说法正确的是（　　）。

　　A．一段通电导线在磁场某处受到的力大，该处的磁感应强度就大

　　B．磁感线密处的磁感应强度大

　　C．通电导线在磁场中受力为零，磁感应强度一定为零

　　D．磁感应强度为 B 的匀强磁场中，放入一面积为 S 的线框，通过线框的磁通一定为 BS

4．在运用安培定则时，磁感应线的方向是（　　）。

　　A．在直线电流情况下，拇指所指的方向

　　B．在环形电流情况下，弯曲的四指所指的方向

　　C．在通电螺线管内部，拇指所指的方向

　　D．在上述三种情况下，弯曲的四指所指的方向

4.2　磁场强度

知识同步指导

1．磁导率 μ

磁导率是衡量物质导磁性能好坏的物理量，单位为亨利每米（H/m）。不同的物质有不同的磁导率，在相同的条件下，μ 值越大，B 值也就越大，磁场就越强。

（1）真空磁导率 μ_0。

$$\mu_0 = 4\pi \times 10^{-7} \text{H/m}$$

（2）相对磁导率 μ_r。

相对磁导率某一物质的磁导率与真空磁导率的比值。μ_r 是无纲量，其定义式为

$$\mu_r = \frac{\mu}{\mu_0} \quad 或 \quad \mu = \mu_r \mu_0$$

（3）物质根据导磁性能的优劣进行分类。

① 顺磁性物质：μ_r 略大于 1，如空气、锡等。

② 反磁性物质：也称逆磁性物质，μ_r 略小于 1，如铜、银等。

③ 铁磁性物质：$\mu_r \gg 1$，如铁、钴、镍、硅钢片等。

【提示】① 顺磁性物质和反磁性物质统称为非磁性材料，铁磁性物质称为磁性材料；② 铁磁性物质的 μ 不是常数。

2．磁场强度 H

磁场强度是揭示磁场根本性质的物理量。

由于磁场的强弱与周围介质有关，所以 B 不能反映磁场的本质。而磁场强度的大小只与形成该磁场的电流大小和导体的外形尺寸有关，与磁介质无关，故更能反映磁场的本质。

H 的定义式为

$H = \dfrac{B}{\mu} = \dfrac{B}{\mu_r \mu_0}$，单位是安培每米（A/m）$H$ 也是矢量，方向与该点 B 的方向一致。

3. 几种常见载流导体的磁场强度

（1）载流长直导体的磁场强度，如图 4-2-1 所示。

（2）载流螺线管的磁场强度，如图 4-2-2 所示。

载流长直导体

图 4-2-1　载流长直导体的磁场强度

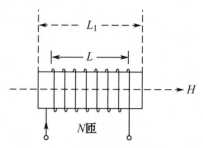

图 4-2-2　载流螺线管的磁场强度

在图 4-2-1 中，$H = \dfrac{I}{2\pi r}$（A/m），H 的方向与 P 点磁力线的切线方向一致。在图 4-2-2 中：若为空心线圈，则 $H = \dfrac{NI}{L}$；若为铁心线圈，则 $H = \dfrac{NI}{L_1}$，H 的方向可用右手螺旋法则判定。

经典例题解析

【例 1】一根通有 2A 电流的长直导线，P 点距导线轴心 5cm，试求介质分别为空气和钴两种情况下 P 点的磁场强度和磁感应强度的大小。

【解答】当介质为空气时，

$$H_0 = \frac{I}{2\pi r} = \frac{2}{2 \times 3.14 \times 0.05} \approx 6.37 \text{A/m}$$

$$B_0 = \mu_0 H_0 = 4\pi \times 10^{-7} \times 6.37 \approx 7.99 \times 10^{-6} \text{T}$$

当介质为钴时，查表可知钴的磁导率 $\mu_r = 174$

$$H = \frac{I}{2\pi r} = \frac{2}{2 \times 3.14 \times 0.05} \approx 6.37 \text{A/m}$$

$$B = \mu_r \mu_0 H = 174 \times 4\pi \times 10^{-7} \times 6.37 \approx 1.39 \times 10^{-3} \text{T}$$

由上例可知，**磁场强度 H 与介质无关，而磁感应强度 B 与介质有关。**

【例 2】通有 2A 电流的螺线管长 20cm，共 5000 匝，求以空气为介质时螺线管内部的磁场强度和磁感应强度，

【解答】介质为空气时的磁场强度：$H_0 = \dfrac{NI}{L} = \dfrac{2 \times 5000}{0.2} = 50000 \text{A/m}$

磁感应强度为：$B_0 = \mu_0 H = 4\pi \times 10^{-7} \times 50000 = 6.28 \times 10^{-2} \text{T}$

同步练习题

一、填空题

1．相对磁导率是_____（填：没有单位，有单位）的量，根据相对磁导率的大小，可将物质分为三类：_____、_____、_____。

2．_____是用来表示磁场中介质导磁性能的物理量。

3．铁磁性材料的磁导率_____非铁磁性材料的磁导率。

二、单项选择题

1．空芯线圈被插入铁心后（　　）。
　　A．磁性将减弱　　　　　　　　　　B．磁性基本不变
　　C．磁性将大大增强　　　　　　　　D．磁性与铁心无关

2．对磁感应强度影响较大的材料是（　　）。
　　A．铁　　　　　　B．铜　　　　　　C．银　　　　　　D．空气

3．如果线圈的匝数和流过它的电流不变，只改变线圈中的介质，则线圈内（　　）。
　　A．磁场强度不变，而磁感应强度变化
　　B．磁场强度变化，而磁感应强度不变
　　C．磁场强度和磁感应强度均不变化
　　D．磁场强度和磁感应强度均变化

4．用来表示磁场内某点的磁场强弱和方向的物理量是（　　）。
　　A．磁导率　　　B．磁场强度　　　C．磁感应强度　　D．磁动势

5．在下列物理量中，与其相应单位不正确的是（　　）。
　　A．磁感应强度 B（Wb/m^2）　　　　B．磁场强度 H（A/m）
　　C．磁导率 μ（H/m）　　　　　　D．介电常数 ε（N/m）

6．尺寸完全相同的两个环形线圈，一个为铁心，另一个为空心。当通以相同直流电时，两线圈磁路中的磁场强度 H 的关系为（　　）。
　　A．$H_{铁} > H_{空}$　　B．$H_{铁} = H_{空}$　　C．$H_{铁} < H_{空}$　　D．无法判断

4.3　铁磁物质的磁化与磁滞回线

知识同步指导

1．铁磁物质的磁化
（1）磁化的是使原本不带磁性的铁磁物质在外磁场的作用下带上磁性的过程。
（2）铁磁物质能被磁化的原因。
内因：铁磁物质内部存在着大量的磁畴（小磁铁）。

外因：外磁场的磁化作用。

【说明】非铁磁性物质内部没有磁畴。

（3）磁化过程示意说明如图 4-3-1 所示。

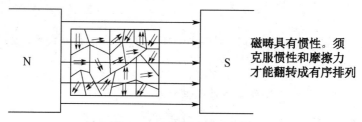

图 4-3-1　磁化过程示意图

2. 磁化曲线及特点

初始磁化 B-H、μ-H 曲线，如图 4-3-2 所示。

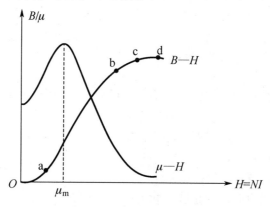

图 4-3-2　磁化曲线

B-H 曲线大致可分为四段：

（1）**缓慢增长 oa 段**；其特点是 B 随 H 的增长而缓慢增长，说明较弱的外磁场不足以克服小磁畴的惯性。

（2）**线性增长 ab 段**；其特点是 B 随 H 增长而近似线性增长。

（3）**临界饱和 bc 段**；（膝部）其特点是 B 随 H 增长而缓慢增长，说明绝大多数磁畴已经完成定向翻转。

（4）**磁饱和 cd 段**；其特点是 H 增长而 B 不再增长，达到磁饱和。

μ-H 曲线也是非线性的

$\mu=B/H$，由于 B-H 曲线的非线性，导致 μ-H 曲线也是非线性的。在 **B-H 线性段的中央有最大的 μ 值，此时的磁性材料导磁性能是最好的**。

μ-H 曲线在实际应用时极具指导意义：

变压器、电动机的铁心是用铁磁材料制成的，其 μ 值越大，损耗越小，效率就越高，故只能让铁心工作在 **B-H 曲线线性段的中央**附近，否则易因损耗过大而使变压器、电动机因过热烧毁。

3. 磁滞回线（反复磁化时的 B-H 曲线）及其特点

如图 4-3-3 所示，其中 B_0 称为剩磁，H_c 称为矫顽磁力。

【强调】（1）磁滞损耗与 **a**、**b**、**c**、**d**、**e**、**f**、**a** 所包围的面积成正比。

（2）磁滞回线面积越大，说明 B_o 和 H_c 越大，小磁畴的惯性越强，外磁场克服小磁畴所做的功就越多。该功是由电能转换而来，表现出来就是损耗，该损耗使铁磁材料发热。由于损耗是因为克服磁畴惯性，反复磁化形成的，故名磁滞损耗。

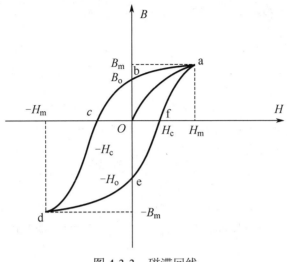

图 4-3-3　磁滞回线

实际应用时，变压器、电动机的工作电流是交流，相当于铁心在反复磁化，为了减小磁滞损耗，只能采用 **a**、**b**、**c**、**d**、**e**、**f**、**a** 所包围的面积很小的软磁材料。

电器中的能量损耗主要包括铜损和铁损。

铜损：由线圈中绕组的直流电阻造成的损耗，是存在于电路中的损耗，其大小取决于电流的大小。

铁损：存在于磁路中的损耗，包括磁滞损耗（其大小取决于电源频率的高低）、涡流损耗（其大小取决于电源频率的高低）、漏磁损耗（其大小取决于铁磁材料 μ 值的高低）。

4. 铁磁材料的分类

依据磁滞回线的面积和形状，可将铁磁材料分为以下几种。

（1）硬磁材料。

硬磁材料的磁滞回线如图 4-3-4 所示。

其特征是：难磁化，难去磁，剩磁和矫顽磁力都很大，磁滞损耗大，适于制作各种永久磁铁和磁带。典型硬磁材料有钴钢、碳钢等。

（2）软磁材料。

软磁材料的磁滞回线如图 4-3-5 所示。

其特征是：磁导率系数大，易磁化，易去磁，磁滞回线狭长，包围的面积小，剩磁、矫顽磁力、磁滞损耗都很小。适合于制作各种电气设备的铁心，（变压器、电动机、磁头等）它又分为低频软磁材料和高频软磁材料两种。

① 典型低频软磁材料有纯铁、硅钢、坡莫合金等。

② 典型高频软磁材料：要求具有很大的电阻率，以减小涡流损耗，常见的有铁氧体（在磁棒、中周变压器中采用）。

（3）矩磁材料。

矩磁材料的磁滞回线如图 4-3-6 所示。

其特征是：磁滞回线呈矩形，极易磁化，一旦磁化即达到磁饱和，却极难去磁。典型应用是制作计算机中存储元件的环形磁心。

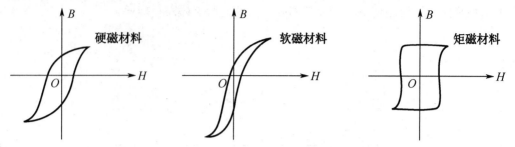

图 4-3-4　硬磁材料的磁滞回线　　图 4-3-5　软磁材料的磁滞回线　　图 4-3-6　矩磁材料的磁滞回线

经典例题解析

【例 1】如图 4-3-7（a）所示为铁磁材料充磁的电路，电源电压 U_S=20V，矩形铁心的平均磁路长度为 20cm，磁化线圈匝数为 500 匝，内阻不计，图 4-3-7（b）所示为铁磁材料的磁化曲线。求：

（1）铁心的剩磁；（2）当 R_P=10Ω 时，铁心中的磁感应强度；（3）当电阻 R_P=5Ω 时，铁心中的磁感应强度。

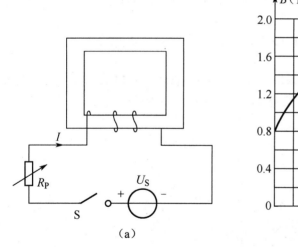

（a）

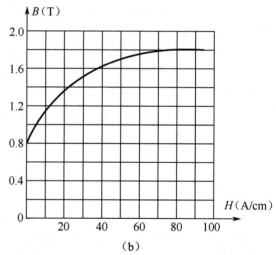

（b）

图 4-3-7　例 1 图

【解答】（1）H=0 时的 B 值即为铁心的剩磁，由磁化曲线可以查知，此时 B_0=0.8T；

（2）R_P=10Ω 时，$I = \dfrac{U_S}{R_P} = \dfrac{20}{10} = 2A$，$H = \dfrac{NI}{L} = \dfrac{500 \times 2}{20 \times 10^{-2}} = 5000A/m = 50A/cm$，查磁化曲线可知，此时 B 约为 1.67T；

（3）R_P=5Ω 时，$I = \dfrac{U_S}{R_P} = \dfrac{20}{5} = 4A$，$H = \dfrac{NI}{L} = \dfrac{500 \times 4}{20 \times 10^{-2}} = 10000A/m = 100A/cm$，查磁化曲线可知，此时 B 约为 1.8T。

同步练习题

一、填空题

1. 铁磁物质被磁化的外部条件是_____，内部条件是_____。

2. 电机和变压器常用的铁心材料为_____。

3. 磁性物质的磁性能有：_____、_____、_____。

二、单项选择题

1. 铁磁物质的磁化曲线一般称（ ）。

    A. H-S 曲线
         B. B-Φ 曲线

    C. H-Φ 曲线
         D. B-H 曲线

2. 在外磁场作用下，（ ）能够被磁化。

    A. 玻璃
         B. 塑料

    C. 硅钢片
         D. 空气

3. 为了消除铁磁材料中的剩磁，应采用（ ）。

    A. 增大磁阻
         B. 缩短材料长度

    C. 改变介质
         D. 外加适当大小的反向磁场

4. 适用于变压器铁心的材料是（ ）。

    A. 软磁材料
         B. 硬磁材料

    C. 矩磁材料
         D. 顺磁材料

4.4 磁路欧姆定律

知识同步指导

1. 磁路的定义及磁路相关的基本概念

（1）磁路的定义。

磁通通过的路径称为磁路。磁路一般由磁导率较高的软磁材料制成。

（2）磁路的一些基本概念。

① 无分支磁路，如图 4-4-1（a）所示。

② 分支磁路，如图 4-4-1（b）所示。

③ 均匀磁路：指由同一种磁性材料制成且磁路各处的横截面积相等的磁路。

④ 不均匀磁路：指由多种磁性材料制成或磁路的横截面积不尽相同，或存在空气隙的磁路。

⑤ 主磁通：即在磁路内部闭合的磁通（亦称工作磁通）。

⑥ 漏磁通：即经磁路周围介质形成闭合回路的磁通（也称损耗磁通）。

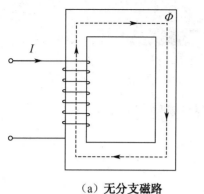
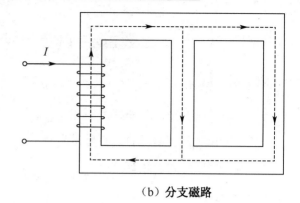

（a）无分支磁路　　　　　　　　　　　　　（b）分支磁路

图 4-4-1　磁路

2. 磁路欧姆定律

如果通电线圈的匝数为 N，磁路的平均长度为 L，线圈中的电流为 I，如图 4-4-2 所示，那么螺线管线圈内的磁场强度为

$$H = \frac{NI}{L}$$

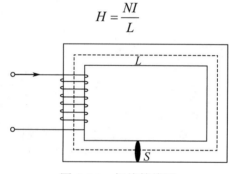

图 4-4-2　螺线管线圈

则磁路内部磁通为

$$\Phi = \mu HS = \mu \frac{NI}{L} S = \frac{NI}{\dfrac{L}{\mu S}}$$

一般将上式写成欧姆定律的形式，即磁路欧姆定律

$$\Phi = \frac{F_{\mathrm{m}}}{R_{\mathrm{m}}}$$

式中，F_{m}——磁动势，单位是安[培]，符号为 A；

R_{m}——磁阻，单位是每亨[利]，符号为 H^{-1}；

Φ——磁通，单位是韦[伯]，符号为 Wb。

3. 磁路和电路的性能比较

电路：断开，电流消失，电动势仍在，有电流就有功率耗损。

磁路：有磁动势必有磁通，即使磁路断开，磁通也不会消失。在恒定磁通条件下，磁路没有功率耗损。

经典例题解析

【例题】一个通以 2A 电流的空心环形螺线管线圈，平均周长 30cm，横截面积为 $10cm^2$，匝数 $N=1000$，求管内的磁通。

【解答】磁动势为

$$F_m = NI = 1000 \times 2 = 2000A$$

磁路的磁阻为

$$R_m = \frac{L}{\mu_0 S} = \frac{0.3}{4\pi \times 10^{-7} \times 10^{-4}} = 2.39 \times 10^8 H^{-1}$$

则

$$\Phi = \frac{F_m}{R_m} = \frac{2 \times 10^3}{2.39 \times 10^8} = 8.4 \times 10^{-6} Wb$$

同步练习题

一、填空题

1. 在电路与磁路的对比中：电流对应于_____；电动势对应于_____；电阻对应于_____。

2. _____经过的路径称为磁路，磁路欧姆定律的表达式为_____。

3. 一电磁铁磁阻为 $2 \times 10^5 H^{-1}$，线圈匝数为 200 匝，要使其磁通达到 0.1Wb，线圈中的电流应为_____A。

二、单项选择题

1. 直流电磁铁励磁电流不变，衔铁刚被吸引时，由于空气隙最大，所以（　　）。
   A. 磁路的磁阻最大，磁通最大　　　　B. 磁路的磁阻最大，磁通最小
   C. 磁路的磁阻最小，磁通最大　　　　D. 磁路的磁阻最小，磁通最小

2. 相同长度，相同截面积的两段磁路 a、b，a 段为气隙，磁阻为 R_{ma}，b 段为硅钢，磁阻为 R_{mb}，则（　　）。
   A. $R_{ma} > R_{mb}$　　　　　　　　B. $R_{ma} < R_{mb}$
   C. $R_{ma} = R_{mb}$　　　　　　　　D. 条件不够，不能比较

3. 用来产生磁通的电流叫（　　）。
   A. 磁流　　　　　　　　　　　　　　B. 磁通流
   C. 励磁电流　　　　　　　　　　　　D. 交流电流

4. 当磁动势一定时，铁心材质的磁导率越高，（　　）。
   A. 磁通越大　　　　　　　　　　　　B. 磁通越小
   C. 磁阻越大　　　　　　　　　　　　D. 磁路越长

5. 一铁心线圈，接在直流电压不变的电源上。当铁心的横截面积变大而磁路的平均长度不变时，则磁路中的磁通将（　　）。
   A. 增大　　　　　　　　　　　　　　B. 减小

C. 保持不变　　　　　　　　D. 不能确定

4.5 磁场对电流的作用

知识同步指导

磁场对电流有力的作用，其本质是磁场与磁场之间的相互作用。

1. **磁场对载流直导体的作用**

（1）力的大小计算。

力的大小分三种情况进行计算：（a）磁场与载流直导体垂直；（b）磁场与载流直导体呈一定夹角 α；（c）磁场与载流直导体平行。如图 4-5-1 所示。

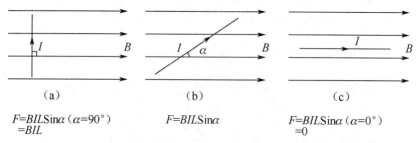

$$F=BILsin\alpha（\alpha=90°）\qquad F=BILsin\alpha \qquad F=BILsin\alpha（\alpha=0°）$$
$$=BIL \qquad\qquad\qquad\qquad =0$$

图 4-5-1　力的大小计算

（2）力的方向可运用左手定则判别。

左手定则：伸出左手，拇指和其余四指在同一平面内，拇指与四指垂直，让磁力线垂直穿过掌心，四指与导体中电流方向一致，则大拇指所指的方向即为导体的受力方向。

2. **磁场对通电矩形线圈的作用**

磁场对通电矩形线圈的作用如图 4-5-2 所示。

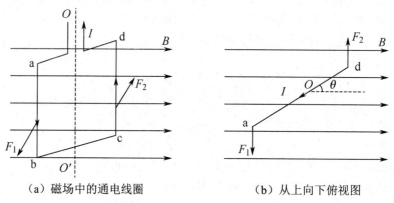

（a）磁场中的通电线圈　　　　　　（b）从上向下俯视图

图 4-5-2　磁场对通电矩形线圈的作用

受力分析：

ab 边所受的力 $F_1 = NBIl_{ab}$，力矩 $M_1 = F_1 l_{oa} \cos\theta$

cd 边所受的力 $F_2 = NBIl_{cd}$，力矩 $M_2 = F_2 l_{od} \cos\theta$

因 $l_{ab}=l_{cd}$，F_1 与 F_2 大小相同，方向相反；力矩 M_1、M_2 大小相同，方向相同。

转矩：　$M = M_1 + M_2 = 2M_1 = 2F_1 l_{oa} \cos\theta = F_1 l_{ad} \cos\theta = NBIl_{ab} l_{ad} \cos\theta = NBIS \cos\theta$，$S = l_{ab} l_{ad}$ 为线圈所围的面积，S 不一定是矩形面积，可以是任意形状的面积。

可见，当 $\theta=0°$ 时，即线圈平面与磁力线平行，**M 最大**；当 $\theta=90°$ 时，即线圈平面与磁力线垂直，**M 最小，为零**。

典型应用：磁电系测量仪器仪表、直流电动机等。

3．磁场对运动电荷的作用（洛仑磁力）

（1）单个自由运动电子在磁场中受到的力为

$$f = Bev$$

式中，f——洛仑磁力，单位为"牛顿"，符号为"N"；

　　　e——单个电子的电荷量，其值为 $1.6×10^{-19}$ C；

　　　v——电子有效运动速度，单位为"米/秒"，符号为"m/s"。

方向用左手定则判定。

（2）电荷量为 q 的带电粒子，在磁场中运动时所受的力为

$$f = Bqv \sin\alpha$$

式中，α——运动方向与磁感应强度方向的夹角，f 的方向用左手定则判定。

典型应用：电磁偏转系统。

经典例题解析

【例1】如何让通电矩形线圈朝一个方向连续转动？

【解答】让通电矩形线圈每转动 180° 后能自动改变电流方向，即可实现通电矩形线圈朝一个方向连续转动。在直流电动机中可通过换向器和电刷实现通电矩形线圈每转动 180° 后自动改变电流方向。所以，**直流电动机本质上是具有换向器和电刷的交流电动机。**

【例2】根据公式 $M=NBIS\cos\theta$ 可知，力矩 M 在转动过程中始终是变化的，应用于直流电机时如何让直流电机在转动过程中始终保持稳定的转动力矩？

【解答】可以采用多线圈形式，比如三组线圈。让三组线圈在空间位置上彼此相隔 120°，且通过的电流相等，就能得到平衡的、稳定的总力矩。如图 4-5-3 所示。

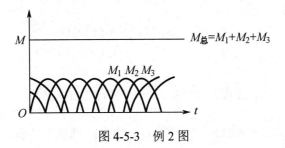

图 4-5-3　例 2 图

同步练习题

一、填空题

1. 在 2T 的匀强磁场中有一根长 0.1m 的直导线，通有 2A 的电流，当导线与磁场磁力线成 30° 夹角时，导线受力为_____。

2. 洛伦磁力的计算公式为_____。

3. 某通电直导体在匀强磁场中受到的磁场力是最大值的一半，则该通电直导体与磁力线的夹角为_____度。【省对口招生考试试题】

4. 当音频电流通过喇叭音圈时，音圈在磁场中受到_____的作用会发生_____，从而带动纸盆振动，发出声音。

二、单项选择题

1. 如图 4-5-4 所示的三根平行导线中通有相同大小和方向的电流，则 A、B、C 线在相互间的安培力作用下，会出现（   ）。

 A. A 线向上弯，B 线向下弯，C 线向上弯
 B. A 线向下弯，B 线向上弯，C 线向下弯
 C. A 线向上弯，B 线静止不动，C 线向下弯
 D. A 线向下弯，B 线静止不动，C 线向上弯

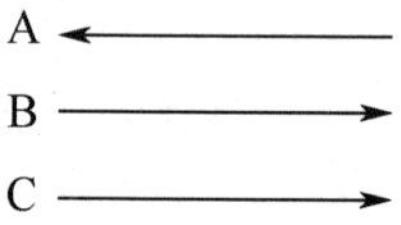

图 4-5-4　题 1 图

2. 两根导线互相垂直，但相隔一定的距离，其中 AB 导线是固定的，CD 导线可以自由活动，如图 4-5-5 所示，当按图中所示方向给两根导线通入电流，则导线 CD 将（   ）。

 A. 顺时针方向转动，同时靠近导线 AB
 B. 逆时针方向转动，同时靠近导线 AB
 C. 顺时针方向转动，同时离开导线 AB
 D. 逆时针方向转动，同时离开导线 AB

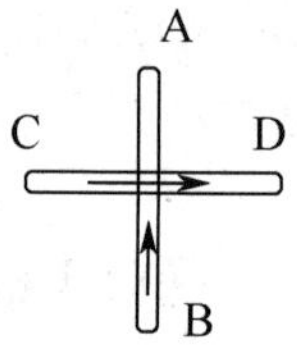

图 4-5-5　题 2 图

4.6　电磁感应现象

知识同步指导

电与磁的辩证关系，可以概括为电生磁，磁生电；动电生动磁，动磁生动电。

1. 电磁感应现象

利用磁场产生电流的现象称为电磁感应现象，它是电流磁效应的逆效应，由电磁感应现象产生的电流称为感应电流（感生电流）。

2. 产生感应电流的两种方式和两种方式之间的内在联系

方式一：磁场不动，闭合回路动。

闭合回路的一部分导体在磁场中作切割磁力线的运动，回路中有感应电流产生。其感应电流的方向用右手定则判定。

右手定则：伸出右手，让拇指和四指在同一平面内并且拇指和其余四指垂直，让磁力线垂直穿过掌心，拇指指向导体运动的方向，则其余四指所指的方向即为感应电流的方向。

方式二：闭合回路不动，磁场动。

闭合回路的磁通发生变化时，回路中有感应电流产生。

产生感应电流的两种方式之间的内在联系：方式不同，本质却是相同的，最终都表现为闭合回路所包围的面积内的磁通发生变化。

经典例题解析

【例题】如图 4-6-1 所示电路是由电源、可变电阻器 R_P 和开关 S 组成的串联电路，与固定的闭合矩形金属框 abcd 在同一平面内。在下列情况中，金属框中产生感应电流的是（ ）。

A．开关闭合的瞬间

B．开关 S 由闭合到断开的瞬间

C．闭合开关 S，滑片 P 向 B 运动

D．整个闭合回路向矩形金属框平移

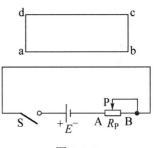

图 4-6-1

【解析】产生电磁感应的本质是回路磁通发生变化，而回路地闭合是产生感应电流的前提。

A 选项：开关闭合的瞬间，串联电路中电流从无到有，电流产生的磁通从无到有，其中必然有一部分磁通穿过闭合的金属框，导致金属框内的磁通从无到有发生变化，故能产生感应电流。

B 选项：开关 S 由闭合到断开的瞬间，串联电路的电流由有到无，产生的磁场也从有到无，必然导致闭合的金属框内的磁通减小，故也能产生感应电流。

C 选项：闭合开关 S，滑片 P 向 B 运动，串联电路电流减小，导致闭合的金属框内的磁通减少，故也能产生感应电流。

D 选项：整个闭合回路向矩形金属框平移，平移过程中闭合的金属框内的磁通不断增大，故同样能产生感应电流。

所以正确的选项是 A、B、C、D。

同步练习题

一、填空题

1. 当导体在磁场中作_____运动或线圈中的磁通_____时，在导体或线圈中会产生感应电动势，把这种现象称为_____。

2. 产生电磁感应的两个条件是：_____和_____。

3．某人竖直拿着一根金属棒，由西向东走，由于存在地磁场，则金属棒的_____端电势高。

4．图 4-6-2 所示为研究电磁感应现象的实验电路。① 首先把单刀双掷开关 S₁ 掷向 A，待指针一摆动便立即断开，目的是_____。② 若测得电流从电流计的哪边接线柱进入，指针就向哪边偏转。当 S₁ 掷向 B，再闭合 S₂ 时，电流计指针将_____；又当断开 S₂ 时，指针将_____。③ 若将条形磁铁的 S 极向线圈 L₁ 中插入时，指针将_____；条形磁铁插入后不动时，指针将_____。

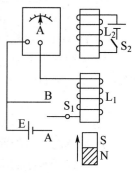

图 4-6-2　题 4 图

二、单项选择题

如图 4-6-3 所示在环形导体的中央取一小的条形磁铁，开始时，磁铁和环在同一平面内，磁铁中心和环的圆心重合，下列方法中能使导体产生感应电流的是（　　）。

  A．环在纸面上绕环顺时针转动 B．磁铁在纸面上上下移动

  C．磁铁绕中心在纸面上顺时针转动 D．磁铁绕竖直轴转动

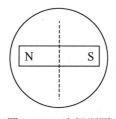

图 4-6-3　选择题图

三、综合分析题

如图 4-6-4 所示在闭合矩形线框 abcd 的中轴线上有一通电直导线 L（二者未碰触），在下述几种情况下，线框中是否有感应电流？如有，方向如何？

（1）将线框向右平移；

（2）将线框向下平移；

（3）将线框以 L 为轴旋转。

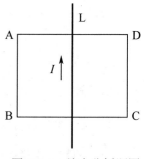

图 4-6-4　综合分析题图

4.7　楞次定律

知识同步指导

右手定则的局限性与楞次定律的普遍适用性

右手定则只能判定闭合回路中的部分导体作切割磁线运动时产生的电流方向，而对其他情况下产生的感应电流方向则无法判别；而楞次定律却能适用于各种情况下的电磁感应现象，以及对感应电流方向的判别。

楞次定律

感应电流产生的磁场总是要阻碍原磁场的变化，其因果关系可以图解为

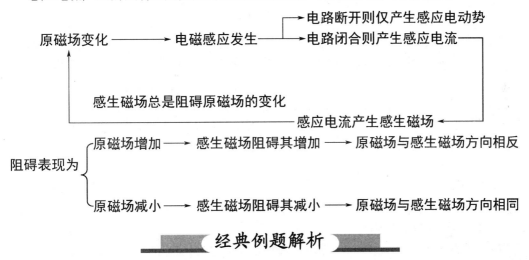

经典例题解析

【例1】如图4-7-1（a）所示为条形磁铁靠近线圈，图4-7-1（b）所示为条形磁铁远离线圈，试判别感应电流的方向和感生磁场的极性，并在图中标注出来。

【解答】图4-7-1（a）中螺线管内磁通的变化趋势是增加的，感生磁场的极性必与之相反，为上"N"下"S"，根据右手螺旋定则，电流由上端流出。

图4-7-1（b）图中螺线管内磁通的变化趋势是减少的，感生磁场的极性必与之相同，为上"S"下"N"，根据右手螺旋定则，电流由上端流入。

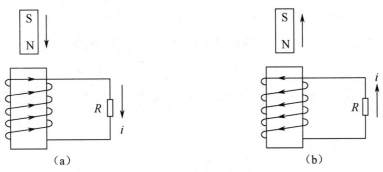

图4-7-1　例1图

【例2】如图 4-7-2（a）所示，矩形线圈垂直放置在匀强磁场中，线圈以匀速切割磁感线，运动过程中线圈不穿出磁场，不发生形变，则下列说法正确的是（　　）。

    A．电流表无读数，ab 间有电势差，电压表无读数

    B．电流表有读数，ab 间有电势差，电压表无读数

    C．电流表无读数，ab 间无电势差，电压表无读数

    D．电流表无读数，ab 间有电势差，电压表有读数

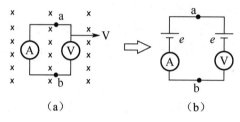

（a）　　　　　　　　（b）

图 4-7-2　例 2 图

【解析】电流表支路与电压表支路均切割了磁力线，产生的感应电动势的极性均为 a "+" b "−"，等效电路如图 4-7-2（b）所示，由于整个回路无电位差，无电流，故选 A。

【例3】如图 4-7-3 所示电路，直导体 ab、cd 放在两根水平放置的光滑导轨 EF 和 GH 上，它们与导轨接触良好，当 ab 向左运动时，则 cd 将（　　）。

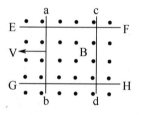

    A．向右运动

    B．向左运动

    C．不动

    D．运动方向无法确定

图 4-7-3　例 3 图

【解析】直导体 ab 向左运动，abcd 与 EFGH 所包围的框内的磁通的变化趋势是增加的，根据楞次定律，直导体 cd 只有向左运动才能阻止磁通的进一步增加，故选 B。

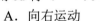

同步练习题

一、填空题

1．_____是判断感应电流方向的普遍规律：即若线圈中磁通增加时，感应电流的磁场方向与原磁场方向_____；若线圈中磁通减少时，感应电流的磁场方向与原磁场方向_____。

2．楞次定律指出：感应电流的方向，总是使感应电流的磁场_____引起感应电流的磁场的变化。

二、选择题

1．如图 4-7-4 所示，要使矩形金属回路产生顺时针的感应电流，就应让这个矩形回路

做（　　）运动。

    A．向上平移   B．向下平移

    C．向左平移   D．向右平移

   2．如图 4-7-5，在匀强磁场中，两根平行的金属导轨上放置二条金属导线 ab、cd，设它们在导轨上的速度分别为 V_1、V_2，现要使回路中产生最大的感应电流，且方向为 a→b，那么 ab、cd 的运动情况为（　　）。

    A．相向运动   B．都向左运动

    C．背向运动   D．都向右运动

   3．如图 4-7-6 所示，A 和 B 是两个用细线悬着的闭合铝圆圈，当合上开关 S 的瞬间（　　）。

    A．A 向右运动，B 向左运动   B．A 向左运动，B 向右运动

    C．A 和 B 都向左运动   D．A 和 B 都向右运动

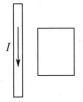   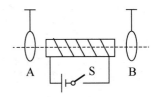

图 4-7-4　题 1 图   图 4-7-5　题 2 图   图 4-7-6　题 3 图

   4．如图 4-7-7 所示的闭合电导线管中放有条形磁铁，将条形磁铁取出时，电流计 a 有自下而上的电流通过，则下列情况中（　　）。

   （1）磁铁上端为 N 极，向上运动   （2）磁铁下端为 N 极，向上运动

   （3）磁铁上端为 N 极，向下运动   （4）磁铁下端为 N 极，向下运动

    A．只有（1）、（2）正确   B．只有（1）、（3）正确

    C．只有（2）、（4）正确   D．只有（2）、（3）正确

   5．如图 4-7-8 所示电路，直线电流与通电矩形线圈同在纸面内，线框所受磁场力的合力方向为（　　）。

    A．向左   B．向右

    C．向下   D．向上

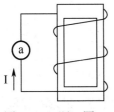   

图 4-7-7　题 4 图   图 4-7-8　题 5 图

   6．用两块同样的条形磁铁以相同的速度，分别插入尺寸和形状相同的铜环和木环中，且 N 极垂直于圆环平面，则同一时刻（　　）。【省对口招生考试试题】

    A．铜环磁通量大   B．木环磁通量大

    C．两环磁通量一样大   D．两环磁通量不能比较

三、综合题

金属框 abcd 在束集的磁场中摆动，磁场方向垂直纸面向外，如图 4-7-9 所示。（1）判别金属框从右向左摆动过程中分别在位置 Ⅰ、Ⅱ、Ⅲ时是否产生感应电流？如有则标出感应电流的方向？（2）金属框在摆动过程中振幅将怎样变化？为什么？

图 4-7-9　综合题图

4.8　电磁感应定律

知识同步指导

1. 感应电动势

（1）感应电动势：**因电磁感应产生的电动势。感应电动势反映了电磁感应的本质**，主要是因为：

① 有电流必有电动势，而有电动势却未必有电流；

② 感应电动势的大小与外电路无关，而电流的大小与外电路有关。

（2）应该注意的问题。

感应电动势具有电动势的所有特点，所以也叫电动势；**导致电磁感应现象发生的那一部分电路就是一个电源，其电动势的方向由电源的负极指向电源的正极，即电流的流出端为电源的高电位端（正极），电流的流入端为电源的低电位端（负极）。**

2. 电磁感应定律

（1）导体切割磁力线感应电动势的计算

$$e = BLv\sin a$$

式中，B——磁场的磁感应强度（T）；

　　　L——导体的长度（m）；

　　　v——导体的切割速度（m/s）；

　　　a——导体运动的方向与磁场方向的夹角。

【强调】若 v 为平均值则 e 为平均值；若 v 为瞬时值则 e 也为瞬时值。公式 $e = BLv\sin a$ 常用来计算感应电动势的瞬时值。

（2）穿过电路的磁通变化时感应电动势的计算

$$e = N\frac{\Delta\Phi}{\Delta t} = \frac{\Delta\psi}{\Delta t}$$

式中，N——线圈的匝数；

$\dfrac{\Delta \Phi}{\Delta t}$——磁通量变化率（Wb/s）；

$\dfrac{\Delta \psi}{\Delta t}$——磁通链变化率（Wb/s）。

【强调】公式 $e = N \dfrac{\Delta \Phi}{\Delta t} = \dfrac{\Delta \psi}{\Delta t}$ 只适用于计算电动势的平均值。公式的物理意义是感应电动势的大小是由磁通量的变化率（$\dfrac{\Delta \Phi}{\Delta t}$）决定的，而不是由磁通量（$\Phi$）决定的，也不是由磁通量的变化（$\Delta \Phi$）来决定的。

通常在解题时，会遇到磁通量由大到小或由小到大的变化，所以磁通量变化率 $\dfrac{\Delta \Phi}{\Delta t}$ 可以小于零，也可以大于零。根据楞次定律，感应电流的磁场总是阻碍引起它的磁通的变化，方向与 $\dfrac{\Delta \Phi}{\Delta t}$ 相反，因而感应电动势的方向也与 $\dfrac{\Delta \Phi}{\Delta t}$ 相反，感应电动势也有正负。为了学习的方便，公式中不引入+、－号，也就是要求 $\dfrac{\Delta \Phi}{\Delta t}$ 不论是增大还是减小，一律取正号，所以计算所得的为感应电动势的大小，其极性可用楞次定律判定。

经典例题解析

【例1】如图 4-8-1（a）所示电路，导体 ab 可以在金属框上无摩擦滑动，导体长 20cm，以 2m/s 的速度向右运动，$B=2\text{T}$，$R_1=2\Omega$，$R_2=4\Omega$，导体 ab 及金属框的电阻不计，求：（1）R_1、R_2 中电流的大小和方向；（2）磁场对导体 ab 的磁场力；（3）R_1、R_2 的功率；（4）外力对导体 ab 做功的功率。

【解析】直导体 ab 在切割磁力线时，产生感应电动势，可用右手定则判断感应电动势的方向为 a 指向 b；感应电动势的大小可根据公式 $e=BLv\sin\alpha$ 计算；把导体 ab 等效成一个电压源并与 R_1 和 R_2 构成闭合电路，等效电路如图 4-8-1（b）所示。

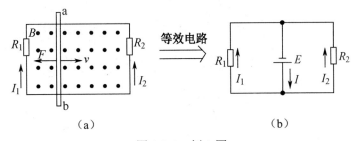

图 4-8-1　例 1 图

【解答】（1）因为导体 ab 匀速垂直切割磁力线，所以，$E=BLv=2\times 0.2\times 2=0.8\text{V}$，则：$I_1=\dfrac{E}{R_1}=\dfrac{0.8}{2}=0.4\text{A}$，方向如图 4-8-1 所示；$I_2=\dfrac{E}{R_2}=\dfrac{0.8}{4}=0.2\text{A}$，方向如图 4-8-1 所示；

$$I=I_1+I_2=0.4+0.2=0.6\text{A}$$

（2）$F=BIL=2\times 0.6\times 0.2=0.24\text{N}$

（3）R_1 的功率为 $P_1 = \dfrac{E^2}{R_1} = \dfrac{0.64}{2} = 0.32\text{W}$，$R_2$ 的功率为 $P_2 = \dfrac{E^2}{R_2} = \dfrac{0.64}{4} = 0.16\text{W}$；

（4）根据能量守恒定律，电阻 R_1、R_2 消耗的功率等于外力对导体所做的功率，所以外力的功率为 $P = P_1 + P_2 = 0.32 + 0.16 = 0.48\text{W}$。

【例2】如图 4-8-2 所示电路，在匀强磁场 B 中放置一个金属框，导体 ab 可以在导轨上无摩擦的滑动。已知电池 $E_o=2\text{V}$，内阻 $r_o=0.1\Omega$，导体 ab 长 10cm，质量为 40g，电阻 $R=0.5\Omega$，导轨电阻不计，$B=0.3\text{T}$。求：（1）导体下滑时的最大加速度；（2）导体下滑的最大速度。（$g=10\text{m/s}^2$）

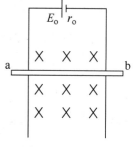

图 4-8-2　例 2 图

【解析】导体 ab 静止时，内部电流由电池提供，此时其受到了磁场力和重力的共同作用，因重力大于磁场力而加速下滑。导体 ab 加速下滑后产生感应电动势 e，使得导体 ab 中的电流增大，磁场力也增大，则导体 ab 下滑后产生的加速度减小，但速度仍然在增大。当磁场力增大到和重力相等时，受力平衡，加速度为零，且匀速，此时速度达到最大。

【解答】（1）导体 ab 静止时

$$I = \frac{E_o}{R + R_o} = \frac{2}{0.5 + 0.1} = \frac{10}{3}\text{A}$$

$$F = BIL = 0.3 \times \frac{10}{3} \times 10 \times 10^{-2} = 0.1\text{N}$$

所以加速度　　$a = \dfrac{G - F}{m} = \dfrac{40 \times 10^{-3} \times 10 - 0.1}{40 \times 10^{-3}} = 7.5\text{m/s}^2$

（2）当 $F=G$ 时，此时加速度为零，速度却是最大的

因为　　　　　$I = \dfrac{F}{BL} = \dfrac{G}{BL} = \dfrac{40 \times 10^{-3} \times 10}{0.3 \times 10 \times 10^{-2}} = \dfrac{40}{3}\text{A}$

又因为　　　　　　　$I = \dfrac{E_o + e}{R + R_o}$

所以　　　　$e = I(R + r_o) - E_o = \dfrac{40}{3}(0.5 + 0.1) - 2 = 6\text{V}$

所以　　　　　　$v = \dfrac{e}{BL} = \dfrac{6}{0.3 \times 10 \times 10^{-2}} = 200\text{m/s}$

【例3】如图 4-8-3 所示，矩形线圈长 20cm、宽 10cm，共有 500 匝，以 1200r/min 的转速在 0.5T 的匀强磁场中绕中轴线转动，求：（1）从图示位置转过 90° 时感应电动势平均值的大小；（2）感应电动势的瞬时最大值。

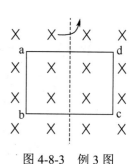

图 4-8-3　例 3 图

【解析】求感应电动势的平均值时通常用公式 $e = N\dfrac{\Delta\Phi}{\Delta t}$，此题关键是计算时间变量 Δt；求感应电动势的瞬时值必须由公式 $e=BLV$ 来求解。

【解答】（1）由图示位置转过 90° 时磁通量的变化量为

$$\Delta\Phi = B\Delta S = 0.5 \times 20 \times 10 \times 10^{-4} = 0.01\text{Wb}$$

所需的时间为

$$\Delta t = \frac{1}{4}T = \frac{1}{4} \times \frac{60}{1200} = 12.5\text{ms}$$

所以，感应电动势的平均值为

$$e = N\frac{\Delta\Phi}{\Delta t} = 500 \times \frac{0.01}{12.5} = 400\text{V}$$

（2）矩形线圈的角频率为 $\omega = 2\pi f = 2\pi \times \frac{1200}{60} = 40\pi\text{rad/s}$

因为

$$v = \omega r = 40\pi \times \frac{L_{\text{bc}}}{2} = 40\pi \times 0.05 = 2\pi\text{m/s}$$

所以

$$e_{\text{m}} = 2NBLv = 2 \times 500 \times 0.5 \times 0.2 \times 2\pi = 628\text{V}$$

或者因为 $\qquad e_{\text{平}} = 0.637e_{\text{m}}$ **（正弦交流电平均值与振幅值的关系）**

所以

$$e_{\text{m}} = \frac{e_{\text{平}}}{0.637} = \frac{400}{0.637} = 628\text{V}$$

同步练习题

一、填空题

1．法拉第电磁感应定律：电路中感应电动势的大小，与穿过这个回路的_____成正比。

2．如图 4-8-4 所示，L_1 为水平放置的环形导体，L_2 为沿垂直方向通过 L_1 的圆心的通电长直导线，当通过 L_2 中的电流增大时，L_1 中的感应电流的大小为_____。

3．如图 4-8-5 所示，导线 ab 在匀强磁场中，以 a 端为圆心逆时针方向匀速转动。已知导线 ab 长 20cm，转动角速度 $\omega=10\text{rad/s}$，匀强磁场的磁感应强度 $B=2\text{T}$，方向垂直纸面向里，则 ab 间的电位差为_____，a、b 两端哪端电位高？_____。若导线 ab 在匀强磁场中绕 ab 中点匀速转动，a、b 两端哪端电位高？_____。

4．如果在 1s 内，通过 1 匝线的磁通变化量是 1Wb，则单匝回路中的感应电动势为_____V，线圈共 20 匝，1s 内磁链变化_____Wb，线圈的感应电动势为_____V。

5．如图 4-8-6 所示，矩形线圈 abcd 绕对称轴 OO′在 $B=0.5\text{T}$ 的匀强磁场中以 $100\pi\text{rad/s}$ 的转速匀速转动。ab 段长为 0.2m，bc 段长为 0.2m，线圈匝数 100 匝。当线圈平面通过图示位置（线圈平面与磁力线垂直）时开始计时，那么时刻 $t=0$，T/8，T/4 时的瞬时电动势分别是_____V，_____V，_____V；时刻由 0 到 T/4 的转动过程中电动势的平均值是_____V；这个线圈在转动过程中产生的电动势的最大值为_____V。

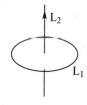

图 4-8-4 题 2 图

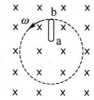

图 4-8-5 题 3 图

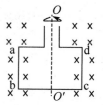

图 4-8-6 题 5 图

二、单项选择题

1. 感应电动势大小正比于（   ）。

    A．磁通量   B．磁通变化量

    C．磁通变化率   D．磁感应强度

2. 运动导体在切割磁力线而产生最大感应电动势时，导体与磁力线的夹角 α 为（   ）。

    A．0°   B．45°

    C．90°   D．无法确定

3. 如图 4-8-7 所示，有一匀强磁场，其方向垂直纸面向内，一条金属棒 ab 向左匀速地在轨道 CDEF 上无摩擦地滑动，则（   ）。【省对口招生考试试题】

    A．b 端电势高，a 端电势低

    B．a 端电势高，b 端电势低

    C．a 端电势和 b 端电势相等

    D．不能判断 a、b 两端电势高低

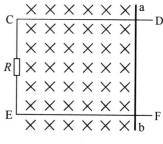

图 4-8-7 题 3 图

三、计算题

1. 如图 4-8-8 所示，条形磁铁从线圈内匀速抽出的过程中，线圈中的磁通由 0.5Wb 减少到 0.01Wb，所用时间为 0.5s，线圈匝数为 50 匝。

（1）求该线圈产生的感应电动势的大小；

（2）指出线圈 a、b 两端感应电动势的极性。

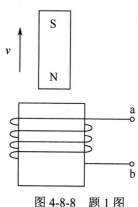

图 4-8-8 题 1 图

2．如图 4-8-9 所示，磁铁从线圈中匀速抽出过程中，线圈的磁通由 0.05Wb 减小到 0.01Wb，所用时间为 0.1s，线圈匝数 50 匝。

（1）求该线圈产生感应电动势的大小；

（2）指出线圈 a、b 两端感应电动势的极性。

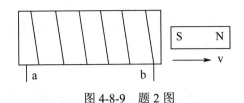

图 4-8-9　题 2 图

3．如图 4-8-10 所示电路，已知电阻 $R=0.1\Omega$，运动导线的长度都为 $L=0.05m$，做匀速运动的速度都为 $v=10m/s$。除电阻 R 外，其余各部分电阻均不计，匀强磁场的磁感强度 $B=0.3T$，试计算各种情况下通过每个电阻 R 的电流大小和方向。

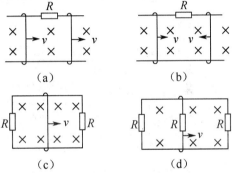

图 4-8-10　题 3 图

4．如图 4-8-11 所示电路，已知 $R_1=6\Omega$，$R_2=3\Omega$，$B=6T$，长为 1m 的导体 AB（$r=2\Omega$）以 4m/s 的速度向右做无摩擦滑动，求：

（1）电阻 R_1 和 R_2 中的电流并标出电流的方向；

（2）导体 AB 所受的力。

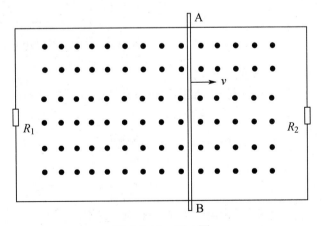

图 4-8-11　题 4 图

4.9　电感器

1. 电感器

（1）电感器的定义：**用漆包线、丝包线或纱包线在骨架上绕制而成的线圈。**

（2）电感器的分类：分为空心电感线圈和铁心电感线圈两种。

2. 空心电感线圈

绕在非铁磁材料骨架上的线圈，称为空心电感线圈（也称为线性电感线圈）。

若一空心电感线圈电流为 I，磁通为 Φ，磁链 $\psi = N\Phi$，则其电感的定义式为

$$L = \frac{\psi}{I}$$

式中 L——线圈的自感系数，（自感或电感）单位为亨利，符号为"H"。

单位换算：$1H = 10^3 mH$　　　　$1mH = 10^3 \mu H$

空心电感线圈的 $\Psi\text{-}I$ 曲线如图 4-9-1 所示，其特点是：空心电感线圈的附近只要不存在铁磁性材料，其电感是一个常量，与电流的大小无关，只由线圈本身的性质决定，即只取决于线圈截面积的大小，几何形状和匝数的多少，这种电感称为线性电感。其 $\Psi\text{-}I$ 曲线是过原点的一条直线，对于环形螺旋线圈，其电感的计算公式为 $L = \frac{\mu N^2 S}{l}$。

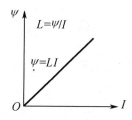

图 4-9-1　空心电感线圈的 $\Psi\text{-}I$ 曲线

3. 铁心电感线圈

在空心电感线圈的内部放置铁磁材料制成的铁心，称为铁心电感线圈，其 $\Psi\text{-}I$ 曲线如图 4-9-2 所示，由图可知：

当电流为 I_1 时，对应的磁链为 Ψ_1，此时 $L_1 = \frac{\psi_1}{I_1}$；

当电流为 I_2 时，对应的磁链为 Ψ_2，此时 $L_2 = \frac{\psi_2}{I_2}$。

由于 a、b 两点的斜率不同，**斜率越大对应的电感量越大**，所以 $L_1 > L_2$；

由于 $\Psi = N\phi = NBS$，故 $\Psi\text{-}I$ 曲线与 $B\text{-}H$ 曲线相似。

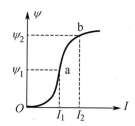

图 4-9-2　铁心电感线圈的 $\Psi\text{-}I$ 曲线

4. 电感线圈的电路符号

　　电感线圈有电感（也称电感量）和额定电流两个重要参数。 由于电感线圈在直流和交流以及低频和高频状态下表现出来的物理特性各不相同，因而具有不同的电路"模型"。因为电感线圈是由存在电阻的导线绕制而成，故实际电感线圈在低频状态下可用 RL 串联的电路模型来等效，当电感线圈的直流电阻可忽略不计时，可等效为理想的空心电感线圈或铁心电感线圈。其电路符号如图 4-9-3 所示。

图 4-9-3　电感线圈的电路符号

经典例题解析

　　【例 1】 一个平均长度为 15cm、截面积为 $2cm^2$ 的铁氧体环形磁心上均匀分布 500 匝线圈，测出其电感为 0.6H，试求：（1）磁心的相对磁导率；（2）如果其他条件不变而匝数增加为 2000 匝，试求此时线圈的电感。

　　【解答】 可根据电感的计算式求解。

　　（1）因为

$$L = \frac{\mu N^2 S}{l} = \frac{\mu_o \mu_r N^2 S}{l}$$

　　所以

$$\mu_r = \frac{Ll}{N^2 S \mu_0} = \frac{0.6 \times 0.15}{2.5 \times 10^5 \times 2 \times 10^{-4} \times 4\pi \times 10^{-7}} = 1433$$

　　（2）因为

$$\frac{N'}{N} = \frac{2000}{500} = 4 \quad \text{匝数增加到原来的 4 倍}$$

　　所以电感量变为

$$L' = \left(\frac{N'}{N}\right)^2 L = 16 \times 0.6 = 9.6H$$

　　【例 2】 某环形线圈的铁心由硅钢片叠成，其横截面积是 $10cm^2$，磁路的平均长度为 31.4cm，线圈的匝数为 300 匝，线圈通有 1A 的电流，硅钢片的相对磁导率为 5000。求：（1）铁心的磁阻；（2）通过铁心的磁通；（3）铁心中的磁感应强度和磁场强度；（4）线圈的自感系数。

　　【解答】（1）$R_m = \dfrac{L}{\mu s} = \dfrac{L}{\mu_r \mu_0 s} = \dfrac{0.1\pi}{5 \times 10^3 \times 4\pi \times 10^{-7} \times 10^{-3}} = 5 \times 10^4 H^{-1}$

　　（2）$\phi = \dfrac{F_m}{R_m} = \dfrac{NI}{R_m} = \dfrac{300 \times 1}{5 \times 10^4} = 6 \times 10^{-3} Wb$

　　（3）$B = \dfrac{\phi}{S} = \dfrac{6 \times 10^{-3}}{10^{-3}} = 6T$，$\quad H = \dfrac{B}{\mu} = \dfrac{6}{4\pi \times 10^{-7} \times 5 \times 10^3} = 955A/m$

　　（4）$L = \dfrac{\psi}{I} = \dfrac{N\phi}{I} = \dfrac{300 \times 6 \times 10^{-3}}{1} = 1.8H$

　　或 $L = \dfrac{\mu N^2 S}{l} = \dfrac{4\pi \times 10^{-7} \times 5 \times 10^3 \times 9 \times 10^4 \times 10^{-3}}{0.1\pi} = 1.8H$

同步练习题

一、填空题

1. 线圈的电感是由线圈本身的特性决定的, 它与线圈的_____、_____、_____及介质的_____有关。

2. 一个 2000 匝的圆环形线圈, 通以 1.8A 的电流, 测出其中的磁感应强度为 0.9T, 圆环的截面积为 2cm², 则线圈中的磁通为_____Wb, 线圈的自感系数为_____H。

3. 当电感中的电流不随时间变化时, 电感两端的电压为_____。

4. 圆环形线圈 1000 匝, 线圈截面积为 5cm², 通以 2A 的电流, 线圈的磁通为 3×10⁻⁴Wb, 线圈的磁感应强度为_____, 线圈的自感系数为_____。

4.10 自感与互感

知识同步指导

1. 自感现象

（1）自感现象的概念。

因通过线圈的电流发生变化而在线圈自身引起电磁感应的现象称为自感现象。由自感现象产生的感应电动势称为自感电动势。

（2）自感现象的特点。

① 因线圈自身电流的变化引起;

② 有阻碍电路中电流发生变化的作用。

（3）自感电动势的大小计算。

$$e_{\mathrm{L}} = -\frac{\Delta \psi}{\Delta t} = -L\frac{\Delta i}{\Delta t}$$

式中, e_{L}——自感电动势, 单位是伏特, 符号为 V;

$\dfrac{\Delta i}{\Delta t}$——电流的变化率, 单位是安培/秒, 符号 A/S。

上式表明, **自感电动势的大小正比于电流的变化率**。负号体现了楞次定律, 具体的正负值由参考方向决定。

（4）自感电动势的方向: **由楞次定律判别**。

（5）自感现象的利与弊。

① 利: 可用于**选频、滤波、降压、阻流**等;

② 弊: **易产生过电压现象**, 危及电路的安全。

2. 互感现象

（1）互感现象概念。

在两个存在磁交链的线圈中，当其中一个线圈电流产生变化时，在另一个线圈中产生电磁感应的现象称为互感现象。

（2）互感系数。

在两个有磁耦合的线圈中，互感磁链与产生此磁链的对方线圈电流的比值，称为这两个线圈的互感系数（简称互感），事实证明：

$$M = M_{12} = M_{21} = \frac{\Psi_{21}}{I_1} = \frac{\Psi_{12}}{I_2}$$

式中，M_{12}——线圈 2 对线圈 1 的互感，单位为亨利，符号为 H；

$\quad M_{21}$——线圈 1 对线圈 2 的互感；单位为亨利，符号为 H；

$\quad \Psi_{12}$——线圈 2 的电流在线圈 1 中产生的磁链，单位为韦伯，符号为 Wb；

$\quad \Psi_{21}$——线圈 1 的电流在线圈 2 中产生的磁链，单位为韦伯，符号为 Wb；

$\quad M$——两个磁耦合的线圈互感系数，单位为亨利，符号为 H。

互感系数只和这两个线圈的结构、相互位置和媒质的磁导率有关，而与线圈中是否有电流或电流的大小无关。当用磁性材料作耦合磁路时，M 将不是常数。两线圈的互感系数和它们的自感系数之间有如下的关系

$$M = K\sqrt{L_1 L_2}$$

式中 K——耦合系数。

当 $K=0$ 时，说明两线圈不存在互感；当 $K=1$ 时，两线圈产生的互感最大，称为全耦合。

（3）互感电动势的大小。

互感耦合线圈中互感电动势的大小正比于另一个线圈中电流的变化率，即

$$e_{M1} = M\frac{\Delta i_2}{\Delta t} \qquad e_{M2} = M\frac{\Delta i_1}{\Delta t}$$

（4）互感电动势的方向：互感电动势的方向可用楞次定律判定。

（5）互感现象的利与弊。

① 利：利用互感现象可以很方便地把能量或信号由一个线圈传递到另一个线圈，实现能量的传递或信号的耦合。如电力变压器、中周变压器、钳形电流表都是利用互感原理工作的。

② 弊：易造成两个存在互感的电路互相干扰。

经典例题解析

【例 1】如图 4-10-1 所示电路，电灯 L_1 和 L_2 相同，L 为一大电感，其内阻可以忽略不计，R 的阻值与电灯阻值相同，试问下列情况下两只电灯如何变化？（1）开关 S 闭合；（2）开关 S 断开。

【解答】（1）S 闭合瞬间，因为自感应，电感 L 相当于断开，流过 L_1 的电流大于流过 L_2 的电流；接着电感 L 的阻碍作用越来越小，最后相当于短路。所以开关 S 闭合，L_1 是先最亮，然后变暗，最后熄灭；L_2 则是先不太亮，逐渐变亮，最后保持亮度不变。

（2）S 断开瞬间，L 产生的自感应电流经 L_1 形成回路，L_2 无电流，所以 S 断开瞬间，

L_1立即变得很亮，然后熄灭，L_2立即熄灭。

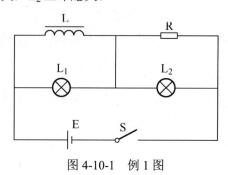

图 4-10-1　例 1 图

【例 2】如图 4-10-2（a）所示电感线圈的电感为 $L=0.5$mH，通以变化规律如图 4-10-2（b）所示的电流，求（0—1）ms，（1—3）ms，（3—5）ms 内线圈中自感电动势的大小和方向以及 a、b 间电压的平均值 U_{ab}。

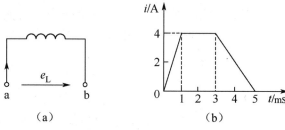

（a）　　　　　　　　（b）

图 4-10-2　例 2 图

【解析】自感电动势的大小与线圈中自身电流的变化率成正比，其方向总是要阻碍原电流的变化。自感电动势的方向判定方法有两种：一是先判断原电流的方向及其变化趋势，若原电流增大，则自感电动势的方向和电流方向相反，若原电流减小，则自感电动势的方向和电流方向相同；二是根据 $e_L = -L\dfrac{\Delta i}{\Delta t}$ 的计算公式中的负号表示的参考方向与原电流的参考方向的一致性来分析。先选择 e_L 的参考方向，若 $e_L>0$，则 e_L 实际方向与参考方向相同；若 $e_L<0$，则 e_L 的实际方向与参考方向相反。端电压 U_{ab} 的求解只需要明确电源电动势和电源电压的关系即可。

【解答】首先选择 e_L 的参考方向和原电流方向一致，即由 a→b，则 $e_L = -L\dfrac{\Delta i}{\Delta t}$，

因为（0—1）ms 内，$e_L = -L\dfrac{\Delta i}{\Delta t} = -0.5 \times \dfrac{4-0}{1} = -2$V

$e_L<0$，表明 e_L 的实际方向与参考方向相反，即 b→a
所以　　　$U_{ab} = -e_L = 2$V

（1—3）ms 内，$\Delta i=0$，无自感应现象，所以 $e_L=0$，$U_{ab}=0$

（3—5）ms 内，$e_L = -L\dfrac{\Delta i}{\Delta t} = -0.5 \times \dfrac{0-4}{2} = 1$V

$e_L>0$，表明 e_L 的实际方向与参考方向相同，即 a→b
所以　　　$U_{ab} = -e_L = -1$V。

【例3】两个相互靠近的线圈，已知甲线圈中电流的变化率为100A/s，在乙线圈中引起0.5V 的互感电动势，问：

（1）两线圈间的互感系数为多少？

（2）又若甲线圈中的电流是10A，那么甲线圈产生而与乙线圈交链的磁链是多少？

【解析】可直接运用互感电动势计算公式求解。

【解答】（1）$e_{M2} = M \dfrac{\Delta i_1}{\Delta t}$　$\Rightarrow$　$M = \dfrac{e_{M2}}{\dfrac{\Delta i_1}{\Delta t}} = \dfrac{0.5}{100} = 5\text{mH}$

（2）$\psi = MI = 5 \times 10^{-3} \times 10 = 5 \times 10^{-2}\,\text{Wb}$

同步练习题

一、填空题

1. 电感为 100mH 的线圈，通入变化规律如图 4-10-3 所示的电流。①在从第 0 到第 2s 的时间内，线圈中自感电动势大小为_____，方向为_____；②在第 2s 到第 4s 的时间内，线圈中的自感电动势大小为_____；③在第 4s 到第 5s 的时间内，线圈中的自感电动势大小为_____，方向为_____。

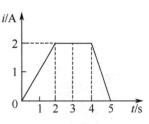

图 4-10-3　题 1 图

2. 两个线圈，电感分别是 0.8H 和 0.2H，它们之间的耦合系数为 0.5，当它们顺串时等效电感为_____；当它们反串时，等效电感为_____。

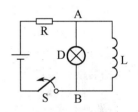

图 4-10-4　题 3 图

3. 如图 4-10-4 所示电路，开关 S 断开瞬时，灯泡 D 突然闪亮后熄灭，这是由于在线圈 L 中产生了一个方向由_____（填"A→B"或"B→A"）的自感电动势。

二、选择题

1. 线圈中产生的自感电动势总是（　　）。

A．与线圈内的原电流方向相同　　　　B．与线圈内的原电流方向相反

C．阻碍线圈内原电流的变化　　　　　D．以上说法均不正确

2. 变压器的工作原理基于两耦合的线圈（　　）。

A．发生互感　　　B．发生自感　　　C．发生短路　　　D．发生断路

三、计算题

1. 某环行线圈的铁心由硅钢片叠成，其横截面积是 10cm^2，磁路的平均长度为 62.8cm，线圈的匝数为 1000 匝，线圈通有 1A 的电流。（$\mu_r = 5000$）求：

（1）铁心的磁通；

（2）铁心中的磁感应强度和磁场强度；

（3）线圈的自感系数。

2．一个长 30cm，直径 6cm 的空心线圈，其匝数 $N=1000$ 匝，设通过线圈的电流以 500A/s 的速率减小，求：（1）线圈的电感；（2）线圈的自感电动势。

4.11　互感线圈的同名端

知识同步指导

1．互感线圈的同名端

（1）同名端的概念。

在互感耦合线圈中，由电流变化所引起的自感和互感电动势的极性始终保持一致的端子叫同名端；极性始终相反的端子叫异名端。

（2）同名端判别的意义。

同名端反映了线圈的极性，也反映了线圈的绕向，实际应用中，必须考虑线圈的同名端（极性）不能出错，否则电路（电器）将无法工作。

2．互感线圈同名端的判定方法

（1）直流法：仅适用于开关闭合或断开瞬间判定。

如图 4-11-1 所示互感线圈中，S 闭合瞬间，AB 线圈中的感应电动势极性为 A（＋）、B（－），若此时电压表正偏，说明 A 和 C、B 和 D 为同名端，反之则 A 和 D、B 和 C 为同名端。

（2）交流法：利用互感线圈的顺串和反串特性来判别。

如图 4-11-2 所示互感线圈中，将 b 和 c 用导线相连接，a、b 间接交流电源，再用万用表的交流电压挡分别测量 U_{ab}、U_{cd}、U_{ad}。根据测量结果：若 $U_{ad}=U_{ab}+U_{cd}$，说明两绕组为顺向串联，则 b 和 c 为异名端，即 a 和 c 及 b 和 d 为同名端；若 $U_{ad}=|U_{ab}-U_{cd}|$，说明两绕组为反向串联，则 b 和 c 为同名端，a 和 d 为同名端。

3．互感线圈的连接

（1）互感线圈的串联。

将两个有互感的线圈串联起来有两种不同的接法，异名端相接称为顺串，同名端相接称为反串，这时的等效电感分别为

$$L_{顺串} = L_1 + L_2 + 2M \qquad\qquad L_{反串} = L_1 + L_2 - 2M$$

可得互感系数的另一计算公式 $\quad M = \dfrac{L_{顺} - L_{反}}{4}$

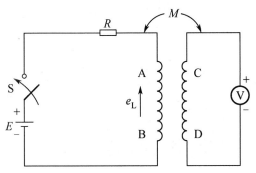

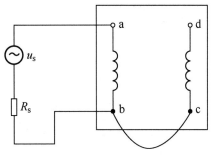

图 4-11-1　直流法判定同名端　　　　图 4-11-2　交流法判定同名端

（2）互感线圈的并联。

将两个互感线圈并联起来有两种不同的接法，同名端相连的并联称为顺并，异名端相连的并联称为反并，这时的等效电感分别为

$$L_{顺并} = \dfrac{L_1 L_2 - M^2}{L_1 + L_2 - 2M} \qquad\qquad L_{反并} = \dfrac{L_1 L_2 - M^2}{L_1 + L_2 + 2M}$$

4．几种常见的磁路同名端的判定方法

如图 4-11-3 所示的四种磁路中的同名端的判定。

图 4-11-3（a）所示为两个互感线圈在一条直线上的情况。

可任意假设一条磁力线方向，如图所示，利用右手螺旋法则判定：电流 A 为流入端，B 为流出端；D 为流入端，C 为流出端。那么 A 和 D、B 和 C 为同名端，A 和 C、B 和 D 为异名端。

图 4-11-3（b）所示为无分支磁路的情况。

可任意假设磁力线方向，如图顺时针方向，利用右手螺旋定则判定：A 为流入端，B 为流出端；D 为流入端，C 为流出端。则 A 和 D、B 和 C 为同名端，A 和 C、B 和 D 为异名端。

图 4-11-3（c）所示为分支磁路的情况。

由于一根磁力线无法同时穿过 L_1、L_2、L_3 三个线圈，所以只能以其中一个为励磁绕组，逐次分别判定它们的同名端关系。

以 L_1 为励磁绕组：A 和 D、A 和 F、B 和 C、B 和 E 为同名端；
　　　　　　　　A 和 C、A 和 E、B 和 D、B 和 F 为异名端。

以 L_2 为励磁绕组：A 和 D、D 和 E、B 和 C、C 和 F 为同名端；
　　　　　　　　A 和 C、C 和 E、B 和 D、D 和 F 为异名端。

以 L_3 为励磁绕组：B 和 E、D 和 E、A 和 F、C 和 F 为同名端；
　　　　　　　　B 和 F、D 和 F、A 和 E、C 和 E 为异名端。

图 4-11-3（d）所示为两个互感线圈不在同一直线上的情况。

可任意假设一条磁力线方向，如图所示，磁力线终将拐弯回来形成回路，只是互感很弱而已。利用右手螺旋定则判定：电流 A 为流入端，B 为流出端；D 为流入端，C 为流出端。即 A 和 D、B 和 C 为同名端。A 和 C、B 和 D 为异名端。

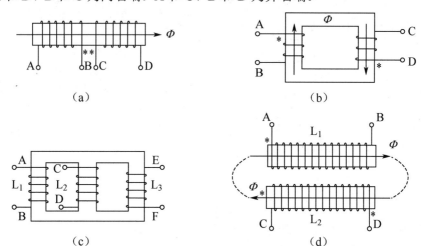

（a） （b）

（c） （d）

图 4-11-3　常见磁路同名端的判定

经典例题解析

【例 1】如图 4-11-4 所示电路，两线圈的电感分别为 L_1 和 L_2，其中 $L_1=0.5\text{H}$，它们之间的互感 $M=0.1\text{H}$，直流电源 $E=10\text{V}$，求：

（1）当开关 S 闭合瞬间，回路电流为 0，电压表读数为多少？电压表正偏还是反偏？

（2）当开关 S 闭合足够长时间后，电压表读数为多少？

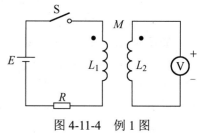

图 4-11-4　例 1 图

【解析】本题中电压表的偏转方向取决于 L_2 的互感电动势的极性，而两个互感线圈的同名端已标出，只要确定 L_1 的自感电动势的极性即可确定电压表偏转方向；电压表测的是 L_2 两端的电动势的大小，可根据 $e_{M2}=M\dfrac{\Delta i_1}{\Delta t}$ 来计算。

【解答】（1）当开关 S 闭合瞬间，L_1 自感电动势极性为上"+"下"−"，L_2 的互感电动势极性也为上"+"下"−"，故电压表正偏。

由于开关 S 接通瞬间，没有电流，电阻 R 上没有电压，所以 L_1 上自感电动势的大小为 $e_{L1}=L_1\dfrac{\Delta i_1}{\Delta t}=10\text{V}$，互感电动势为 $e_{M2}=M\dfrac{\Delta i_1}{\Delta t}$，二者拥有相同的电流变化率，故 $e_M=\dfrac{M}{L_1}E=\dfrac{0.1}{0.5}\times10=2\text{V}$。即电压表读数为 2V。

（2）由于长时间通电，电流没有变化，磁通不变，没有互感电动势，因而电压表读数为零。

【例 2】标出如图 4-11-5 所示电路中线圈的同名端及开关 S 闭合，线圈 N_2 和 N_3 电动势的实际极性。

【解析】引起电磁感应的原因是 S 闭合，其结果是 N_1 中产生自感，N_2 和 N_3 中产生互感。

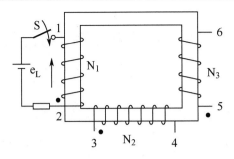

图 4-11-5　例 2 图

【解答】利用前述同名端的判别方法，可以判知 2、3、5 为同名端，并已标注在图中；N_2 的极性为 4 "+" 3 "−"，N_3 的极性为 6 "+" 5 "−"。

【例 3】如图 4-11-6 所示电路，试问下列情况中小磁针和检流计如何偏转？

（1）R_P 的滑动触头 P 匀速向上滑动时；

（2）R_P 的滑动触头 P 加速向下滑动时。

【解析】解此题的关键是分清 5 个线圈之间的磁交链情况，分清彼此之间电磁感应的因果关系：总因是 R_P 的调节，它导致 L_5 电流变化产生自感；L_4 与 L_5 之间存在互感，所以 L_5 自感为因，L_4 互感为果；L_3 只可能会产生自感，它与 L_5 无互感且 L_4 自感产生的电流要流经 L_3；L_1、L_2 只会产生互感，它们与 L_3 存在磁交链关系，而与 L_4、L_5 无磁交链关系。

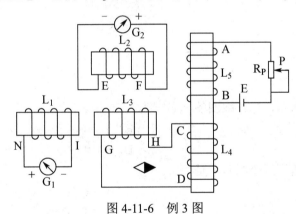

图 4-11-6　例 3 图

【解答】判定 L_4、L_5 之间 A、D 为同名端，L_1、L_3、L_3 之间 N、G、F 为同名端。

（1）R_P 匀速上滑 $\rightarrow I_{L5}\uparrow \rightarrow e_{L5}$（A → B）$\rightarrow e_{M4}$（D→C）

　　　→ 电流方向 G、D、C、H、G ——小磁针 N 极向外偏转

　　　→ $e_{L3}=0$ —— G_1、G_2 不偏转

（2）R_P 加速下滑 $\rightarrow I_{L5}\downarrow \rightarrow e_{L5}$（B → A）$\rightarrow e_{M4}$（C→D）

　　　→ 电流方向 G、H、C、D、G —— 小磁针 N 极向里偏转

　　　→ e_{L3}（H → G）—— e_{M1}（I → N）—— G_1 正偏

　　　　　　　　　　　　—— e_{M2}（E → F）—— G_2 正偏

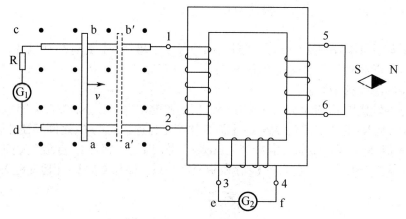

同步练习题

一、填空题

如图 4-11-7 所示两根平行金属导轨放置于匀强磁场中，当导体 ab 沿金属导轨向右做匀加速运动时，检流计 G_1 中的感应电流方向是_____（d→c、c→d），检流计 G_2 中的感应电流方向是_____（e→f、f→e），小磁针 N 极将指向_____（纸内、纸外），三个线圈的同名端是_____（并在图上标出）。

图 4-11-7　填空题图

二、单项选择题

1. 如图 4-11-8 所示，电路线圈的同名端为（　　　）。

  A. 1、3　　　　　　　　　　　　B. 1、4

  C. 1、2　　　　　　　　　　　　D. 3、4

2. 如图 4-11-9 所示三个同名端是（　　　）。

  A. 1、4、5　　　　　　　　　　　B. 1、4、6

  C. 1、3、5　　　　　　　　　　　D. 1、3、6

3. 如图 4-11-10 所示直导体 MN 向右加速运动时，A、B 线圈中感生电动势方向为（　　　）。

  A. 1→2　3→4　　　　　　　　　B. 1→2　4→3

  C. 2→1　4→3　　　　　　　　　D. 2→1　3→4

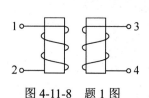

图 4-11-8　题 1 图

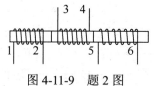

图 4-11-9　题 2 图

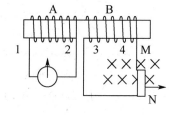

图 4-11-10　题 3 图

4. 图 4-11-11 所示为用实验方法测定互感线圈同名端的电路，已知表的极性为上"＋"下"－"若开关闭合瞬间，直流电流表的指针向正刻度方向偏转，则（　　）为同名端。

　　A. 1 与 3　　　　　　　　　　B. 1 与 4

　　C. 2 与 3　　　　　　　　　　D. 2 与 1

5. 如图 4-11-12 所示，两线圈有四个端子，其中（　　）。

　　A. 1 与 3 是同名端　　　　　B. 2 与 4 是同名端

　　C. 2 与 3 是同名端　　　　　D. 无同名端

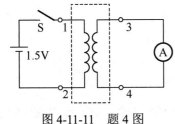

图 4-11-11　题 4 图

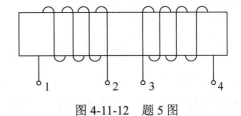

图 4-11-12　题 5 图

三、综合题

在图 4-11-13 所示电路中，设导体 MN 在均匀磁场中按 V 的方向做匀速直线运动，试说明：

（1）A、B 两个线圈中有无感应电流，若有，则在图中标出其方向；

（2）导线 ab 是否受到导线 cd 中电流产生的磁场的作用，若受到作用，则电磁力的方向又如何？

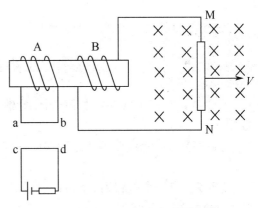

图 4-11-13　综合题图

4.12　涡流和磁屏蔽、线圈中的磁场能

知识同步指导

1. 涡流

（1）涡流是**电磁感应**现象的一种表现形式。当铁心电感中通以交变电流时，穿过铁心

（块状金属）的交变磁通会在铁心中产生闭合的涡旋状的感应电流，即涡流。

（2）涡流的用途主要有电磁阻尼、电磁驱动、去磁和热效应。

（3）涡流的热效应是指涡流通过金属块时将电能转化为热能的现象。利用涡流的热效应可进行无接触冶炼（高频感应炉），但也会使变压器、电动机铁心因涡流的热效应而白白损耗了电能（涡流损耗）。

（4）减小铁心涡流损耗的办法。

低频铁心由涂有绝缘漆的硅钢片叠合而成，并使硅钢片平面与磁力线平行；高频铁心采用绝缘的磁性材料颗粒压制而成。

2．磁屏蔽

（1）减小互感的方法。

① 将互感线圈互相垂直放置可基本消除互感；

② 采取磁屏蔽措施。

对于低频磁场干扰，常用铁磁材料做屏蔽罩，让磁力线旁路；对于高频磁场的干扰，则应采用电阻率小的导体（如铜、铝等）作屏蔽罩，以增大涡流，利用涡流的去磁作用来达到磁屏蔽的目的。

（2）静电屏蔽与磁屏蔽的区别。

静电屏蔽是屏蔽罩将电力线中断；磁屏蔽是屏蔽罩将磁力线旁路。

3．线圈中的磁场能

电感线圈和电容一样，都是储能元件，储存的磁场能量的计算式为

$$W_L = \frac{1}{2}LI^2 = \frac{1}{2}\psi I$$

磁场能的单位为焦耳，符号为 J。

经典例题解析

【例 1】有三个线圈，相隔的距离都不太远，如何放置可使它们两两之间的互感系数为零。

【解答】让三个线圈两两之间彼此垂直放置即可。

【例 2】有一个电感为 6.6mH 的线圈，当电流从 100A 增加到 200A 时，试求线圈储存的磁场能增加了多少。

【解答】通过线圈的电流为 100A 时，线圈中的磁场能为

$$W'_L = \frac{1}{2}LI^2$$

通过线圈的电流为 200A 时，线圈中的磁场能为

$$W''_L = \frac{1}{2}LI_2^2$$

线圈中的磁场能增加量为

$$\Delta W_L = W''_L - W'_L = \frac{1}{2}LI_2^2 - \frac{1}{2}LI_1^2 = \frac{1}{2} \times 6.6 \times 10^{-3} \times (200^2 - 100^2) = 99J$$

同步练习题

填空题

1．一个空心线圈通入 20A 电流时，产生的自感磁链为 0.1Wb，则其自感系数为_____，储存的磁场能为_____。

2．一电感线圈电阻不计，电感为 4mH，当电流从 1A 增加到 2A，磁场能增加了_____J。

3．如图 4-12-1 所示电路，求线圈中的电流 I_L=_____A，其两端电压 U_L=_____V；磁场能 W_L=_____J。

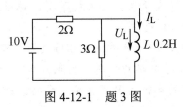

图 4-12-1　题 3 图

第五章　正弦交流电路

 学习要求

（1）了解正弦交流电的产生。

（2）掌握正弦交流电的三要素及相位关系的判定。

（3）掌握正弦交流电的解析式和波形图。

（4）掌握正弦交流电的相量表示法，会画相量图，熟练运用相量图分析同频率正弦交流电路和进行同频率正弦量的加减运算。

（5）掌握 RLC 串、并联电路的数量关系和相位关系，熟悉各自的相量图。

（6）掌握 RLC 串、并联谐振电路的性质、特点、应用和相关计算。

（7）掌握正弦交流电路中的各种功率（有功、无功、视在功率和功率因数）的概念和它们之间的关系，并能进行正确的计算。

（8）掌握提高功率因数的意义、方法和相关计算。

课程导入部分

1. 电流的分类

电流 ⎰ 直流 ⎰ 恒定直流：大小和方向均不随时间变化的电压、电流、电动势。

脉动直流：大小改变，但方向始终保持不变的电压、电流、电动势。

交流 ⎰ 正弦交流：按正弦规律周期性变化的电压、电流、电动势。

非正弦交流：不按正弦规律周期性变化的电压、电流、电动势（如矩形波、锯齿波、方波、阶梯波等）。

2. 相比于直流电，交流电的优越性

（1）可利用变压器进行升压或降低，便于远距离输电。

（2）交流发电机比同功率的直流发电机结构更简单，造价更低。

（3）通过整流装置，可方便地将交流电变换成所需的直流电。

3. 关于交流电符号的说明

（1）瞬时值：指某一时刻交流电的数值，用小写字母表示（如 e、u、i、p）。

（2）最大值：指最大的瞬时值，用大写字母加小写下标表示。（如 E_m、U_m、I_m、P_m）。

（3）有效值或平均值：用大写字母表示（如 E、U、I、P）。

5.1　正弦交流电的基本概念

知识同步指导

1. 正弦交流电的周期、频率和角频率的概念

（1）周期（T）指正弦交流电完成一次周期性变化所需的时间，单位是秒（s）。

（2）频率（f）指正弦交流电压单位时间内完成周期性变化的次数，单位是赫兹（Hz）。

周期与频率互为倒数关系，即：$f = \dfrac{1}{T}$　$T = \dfrac{1}{f}$

（3）角频率（ω）指正弦交流电压单位时间内变化的电角度，单位是弧度每秒（rad/s）。

周期、频率和角频率的关系为：$\omega = 2\pi f = \dfrac{2\pi}{T}$

2. 正弦交流电的相位和相位差

（1）相位（角）。

设 $i = I_m \sin(\omega t + \varphi_0)$ A，式中：$(\omega t + \varphi_0)$ 称为相位（角）；I_m 称为振幅值（也叫最大值）；φ_0 是 $t=0$ 时刻的相位角，称为初相（角）。

对初相的规定：**初相角的绝对值不允许超过 180°（π 弧度）。** 凡大于 π 弧度的正角就改用负角表示，绝对值大于 π 弧度的负角，则化为正角表示，如 $\dfrac{3\pi}{2}$ 化为 $-\dfrac{\pi}{2}$，$-\dfrac{5\pi}{4}$ 化为 $\dfrac{3\pi}{4}$。

（2）相位差（只有同频率的正弦量才有相位差的概念）。

设：$i_1 = I_{1m} \sin(\omega t + \varphi_1)$ A，$i_2 = I_{2m} \sin(\omega t + \varphi_2)$ A，则相位差

$\Delta \varphi = \varphi_{12} = (\omega t + \varphi_1) - (\omega t + \varphi_2) = \varphi_1 - \varphi_2$（即相位差等于初相之差）

规定：相位差的绝对值不能大于 π，即 $|\Delta \varphi| \leqslant \pi$。

（3）两个同频率正弦交流电的四种相位关系。

设：$i_1 = I_{1m} \sin(\omega t + \varphi_1)$ A，$i_2 = I_{2m} \sin(\omega t + \varphi_2)$ A

① **超前或滞后。**

$\Delta \varphi = \varphi_1 - \varphi_2$，且满足 $0° < |\Delta \varphi| \leqslant \pi$ 条件：如果 $\Delta \varphi > 0$，称 i_1 超前 i_2 或 i_2 滞后于 i_1；如果 $\Delta \varphi < 0$，称 i_2 超前 i_1 或 i_1 滞后于 i_2。

② **同相。**

$\Delta \varphi = \varphi_1 - \varphi_2 = 0°$，即 i_1、i_2 同时到达零值或振幅值，称 i_1、i_2 同相。

③ **反相。**

$\Delta \varphi = \varphi_1 - \varphi_2 = \pm \pi$，即 i_1、i_2 一个到达正的振幅值时，另一个到达负的振幅值，称 i_1、i_2 反相。

④ **正交。**

$\Delta \varphi = \varphi_1 - \varphi_2 = \pm \dfrac{\pi}{2}$，即 i_1、i_2 一个到达零值时，另一个到达振幅值，称 i_1、i_2 正交。

（4）时间差（t_{12}）。

一个正弦量到达零值或振幅值的时间与另外一个正弦量到达零值或振幅值的时间之差

称为时间差。其计算式为

$$t_{12} = \frac{\varphi_{12}}{\omega} = \frac{\varphi_{12}T}{2\pi}$$

规定时间差的绝对值不能超过一个周期

3. 正弦交流电的有效值和平均值

（1）有效值。

有效值是根据电流的热效应来定义的。如果一个直流电和一个交流电分别通过阻值相同的电阻，在相同的时间内（交流电周期的整数倍）产生的热量相同，那么直流电的数值就称为交流电的有效值。

有效值和最大值的关系为

$$E = \frac{E_m}{\sqrt{2}} = 0.707E_m \qquad U = \frac{U_m}{\sqrt{2}} = 0.707U_m \qquad I = \frac{I_m}{\sqrt{2}} = 0.707I_m$$

通常所说的交流电的数值，如果不作特殊说明都是指有效值。一般交流电流表和交流电压表测量的数值，也都是指交流电的有效值，所以在选择电器或元器件的耐压值时，必须考虑电压的最大值。

（2）平均值（指半个周期交流电的平均数值）。

平均值（average）是振幅值的 $\frac{2}{\pi}$ 倍，即

$$I_{av} = \frac{2}{\pi}I_m = 0.637I_m \qquad U_{av} = \frac{2}{\pi}U_m = 0.637U_m \qquad E_{av} = \frac{2}{\pi}E_m = 0.637E_m$$

4. 正弦交流电的表示方法

正弦交流电有以下几种表示方法，且其特点如下。

（1）**解析式表示法**（不便于进行数值计算，不直观）。

（2）**波形图表示法**（直观，但不便于进行数值计算）。

（3）**相量图表示法**（可以方便地进行同频率正弦量的加减运算）。

（4）**符号法**（符号法因学生掌握难度大，本书不作详细介绍）。

5. 正弦交流电的三要素

振幅、角频率（频率或周期）、初相位称为正弦交流电的三要素。

经典例题解析

【例1】示波器上显示的两个正弦信号的波形如图 5-1-1 所示，已知时基因数"t/div"开关置于 10ms/div 挡，水平扩展倍率 K=10，Y 轴偏转因数"V/div"开关置于 10mV/div 挡，则信号的周期及两者的相位差分别是（　　）。

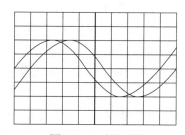

图 5-1-1　例 1 图

    A．9ms，4°

    B．9ms，40°

    C．90ms，4°

    D．90ms，40°

【解答】由波形图可以看出两个正弦信号周期相同，均为 9 格，相位上相差 1 格，则周

期 $T = \dfrac{9 \times t}{K} = \dfrac{9 \times 10}{10} = 9\text{ms}$，相位差为一个周期的 $\dfrac{1}{9}$，即 $\dfrac{360°}{9} = 40°$，故选 B。

【例2】如图 5-1-2 所示为两个同频率的正弦交流电压 u_1、u_2 的波形，写出 u_1、u_2 的解析式。

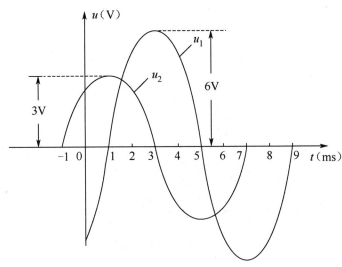

图 5-1-2　例 2 图

【解答】由波形图可知 $U_{1m}=6\text{V}$，$U_{2m}=3\text{V}$，$T_1=T_2=8\text{ms}$

$$\omega_1 = \omega_2 = \frac{2\pi}{T} = \frac{2\pi}{8 \times 10^{-3}} = 250\pi\,\text{rad/s}$$

$$\varphi_1 = \frac{-2\pi}{8} = -45° \qquad \varphi_2 = \frac{2\pi}{8} = 45°$$

则解析式：$u_1 = U_{1m}\sin(\omega t + \varphi_1) = 6\sin(250\pi t - 45°)\ \text{V}$

$\qquad\qquad u_2 = U_{2m}\sin(\omega t + \varphi_2) = 3\sin(250\pi t + 45°)\ \text{V}$

【例3】写出下列各组交流电压的相位差，并指出哪个超前，哪个滞后。

（a）$u_1 = 380\sqrt{2}\sin 314t\,\text{V}$ 　　　　　　　　$u_2 = 380\sqrt{2}\sin\left(314t - \dfrac{2}{3}\pi\right)\ \text{V}$

（b）$u_1 = 220\sqrt{2}\sin\left(100\pi t - \dfrac{2}{3}\pi\right)\ \text{V}$ 　　　　$u_2 = 100\sin\left(100\pi t + \dfrac{2}{3}\pi\right)\ \text{V}$

（c）$u_1 = 12\sin\left(10t + \dfrac{\pi}{2}\right)\ \text{V}$ 　　　　　　$u_2 = 12\sin\left(10t - \dfrac{\pi}{3}\right)\ \text{V}$

（d）$u_1 = -220\sqrt{2}\sin 100\pi t\,\text{V}$ 　　　　　　$u_2 = 220\sqrt{2}\sin 100\pi t\,\text{V}$

【解答】（a）组：$\varphi_1 = 0°$，$\varphi_2 = -\dfrac{2\pi}{3}$，$\varphi_{12} = \varphi_1 - \varphi_2 = \dfrac{2\pi}{3}$，故 u_1 超前 u_2 $\dfrac{2\pi}{3}$。

（b）组：$\varphi_1 = -\dfrac{2\pi}{3}$，$\varphi_2 = \dfrac{2\pi}{3}$，$\varphi_{12} = \varphi_1 - \varphi_2 = -\dfrac{4\pi}{3}$，

转化为正角 $\varphi_{12} = \dfrac{2\pi}{3}$，故 u_1 超前 u_2 $\dfrac{2\pi}{3}$。

（c）组：$\varphi_1 = \dfrac{\pi}{2}$，$\varphi_2 = -\dfrac{\pi}{3}$，$\varphi_{12} = \varphi_1 - \varphi_2 = \dfrac{5\pi}{6}$，故 u_1 超前 $u_2\,\dfrac{5\pi}{6}$。

（d）组：u_1 前面的负号表示反相，去掉后，其初相位在原来的基础上加上 π（180°），则 $u_1 = 220\sqrt{2}\sin(100\pi t + \pi)$ V

$\varphi_1 = \pi$，$\varphi_2 = 0°$，$\varphi_{12} = \varphi_1 - \varphi_2 = \pi$，即 u_1、u_2 反相。

【例4】两个正弦交流电流 i_A 和 i_B 的波形如图 5-1-3 所示，求：
（1）相位差；（2）有效值；（3）瞬时值。

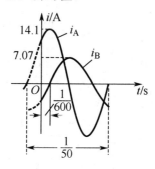

图 5-1-3　例 4 图

【解答】（1）从 i_A 和 i_B 的波形可直接看出 i_A 比 i_B 超前 $\dfrac{\pi}{2}$。

（2）它们的有效值分别是

$$I_A = \frac{I_{Am}}{\sqrt{2}} = \frac{14.1}{\sqrt{2}} = 10\text{A} \qquad I_B = \frac{I_{Bm}}{\sqrt{2}} = \frac{7.07}{\sqrt{2}} = 5\text{A}$$

（3）$\omega = \dfrac{2\pi}{T} = \dfrac{2\pi}{1/50} = 100\pi\,\text{rad/s}$

对应于 $T = \dfrac{1}{50}$s 的相位为 2π，对应于 $\dfrac{1}{600}$s 的是 i_B 的初相 $-\varphi_{BO}$，可用比例关系求得

$$\frac{-\varphi_{BO}}{2\pi} = -\frac{1/600}{1/50}$$

解得：

$$\varphi_{BO} = -\frac{\pi}{6}$$

所以它们的瞬间值分别是

$$i_B = 7.07\sin\left(100\pi t - \frac{\pi}{6}\right)\,\text{A}$$

$$i_A = 14.1\sin\left(100\pi t - \frac{\pi}{6} + \frac{\pi}{2}\right)\,\text{A} = 14.1\sin\left(100\pi t + \frac{\pi}{3}\right)\,\text{A}$$

同步练习题

一、填空题

1. 已知交流电压为 $u = 100\sin\left(314t - \dfrac{\pi}{4}\right)$ V，则该交流电压的最大值 $U_m = $_____，

有效值 $U=$ _____，频率 $f=$ _____，角频率 $\omega=$ _____，周期 $T=$ _____，初相位 =_____。

2．某正弦交流电的瞬时值表达式为 $i=10\sin\left(314t-\dfrac{\pi}{3}\right)$ A，则它的有效值 $I=$ _____A，周期 $T=$ _____s，初相角是 _____，$t=0.01$s 时的瞬时值是 _____A。

3．一正弦电流 $i=I_{\mathrm{m}}\sin\left(\omega t+\dfrac{2\pi}{3}\right)$ A，在 $t=0$ 时电流瞬时值 $i=0.866$A，则在该电路中的电流表的读数为_____A。

4．一个电热器接在 10V 的直流电源上，产生一定的热功率，把它接到正弦交流电源上，若产生的热功率与直流时产生的热功率相等，则交流电压的最大值是_____V。（保留两位小数）【省对口招生考试试题】

5．如图 5-1-4 所示为两个电压波形，u_1 的初相 $\varphi_1=$ _____，有效值 $U_1=$ _____V，u_2 的初相 $\varphi_2=$ _____，有效值 $U_2=$ _____。u_1 与 u_2 的相位差 $\varphi=$ _____，u_1 与 u_2 的相位关系是 u_1 _____ u_2 _____。

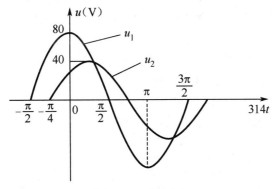

图 5-1-4　题 5 图

二、单项选择题

1．正弦交流电的三要素是指（　　）。

　　A．电阻、电感和电容　　　　　　B．有效值、频率和初相

　　C．周期、频率和角频率　　　　　D．瞬时值、最大值和有效值

2．一个电阻先后通过 1A 直流电流和 1A 交流电流，可以发现（　　）。

　　A．通过交流电流时发热快　　　　B．通过直流电流时发热快

　　C．发热一样快　　　　　　　　　D．无法比较发热快慢。

3．若照明用交流电 $u=311\sin100\pi t$ V，以下说法正确的是（　　）。

　　A．交流电压最大值是 220V

　　B．1s 内交流电压变化 50 次

　　C．1s 内交流电压有 100 次达到最大值

　　D．1s 内交流电压有 50 次过零值

4．一个电热器，接在 10V 的直流电源上，产生的功率为 P，把它改接在正弦交流电源上，使其产生的功率为 $\dfrac{P}{2}$。则正弦交流电源电压的最大值为（　　　）。

  A．5V   B．$5\sqrt{2}$ V

  C．14V   D．10V

5．一个电阻接在 10V 的直流电源上，产生的功率为 P，把它接在 $u=20\sin\omega t$V 的电源上，其功率为（　　　）。

  A．0.25P B．0.5P

  C．P D．2P

6．3A 直流电通过电阻 R 时，t 秒内产生的热量为 Q，现让一交变电流通过电阻 R，若 $2t$ 内产生的热量为 Q，则交变电流的最大值为（　　　）。

  A．3A   B．$3\sqrt{2}$ A

  C．$\sqrt{3}$ A   D．$3\sqrt{3}$ A

7．已知负载上交流电流 $u=311\sin314t$V，$i=14.1\sin314t$A。根据这两式判断，下述结论中正确的是（　　　）。

  A．电压的有效值为 311V   B．负载电阻的大小为 22Ω

  C．交流电流的频率为 55Hz   D．交流电流的周期是 0.01s

8．指针式万用表部分测量原理图如图 5-1-5 所示，下列说法正确的是（　　　）。【省对口招生考试试题】

  A．1 为交流电压测量挡，3 为直流电流测量挡

  B．2 为交流电压测量挡，4 为电阻测量挡

  C．1 为电阻测量挡，4 为直流电压测量挡

  D．3 为直流电压测量挡，2 为直流电流测量挡

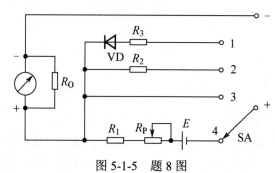

图 5-1-5　题 8 图

9．已知正弦电流 $i_1 = 14.14\sin\left(\omega t + \dfrac{\pi}{6}\right)$ A，$i_2 = 7.07\sin\left(\omega t + \dfrac{\pi}{4}\right)$ A，i_1 和 i_2 的有效值分别为（　　　）。

  A．10A，10A   B．10A，5A

  C．5A，10A   D．5A，5A

三、计算题

某正弦交流电压 $u = 100\sin\left(314t + 75°\right)$ V，则：

（1）其频率、周期、角频率、初相角、最大值、有效值各是多少？

（2）$\omega t + \varphi = 0°$、$30°$、$90°$、$150°$时的瞬时值各为多少？

（3）$t=0$s、0.005s、0.01s、0.015s、0.02s 时的相位各为多少？

5.2 旋转相量与相量

知识同步指导

1. 旋转相量表示法

用旋转的有向线段表示正弦量的方法称为旋转相量表示法。

2. 旋转相量与正弦量的对应关系

旋转相量与正弦量的对应关系如图 5-2-1 所示。

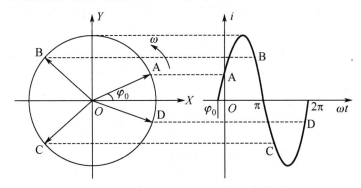

图 5-2-1 旋转相量与正弦量的对应关系图

（1）振幅值对应关系：旋转相量的长度等于正弦量的振幅值。

（2）角频率对应关系：旋转相量沿逆时针方向旋转一周，对应正弦量波形循环变化一次，角频率相等。

（3）初相角对应关系：旋转相量起始位置与 X 轴正方向的夹角 φ_0 等于正弦量 $t=0$ 时的初相 φ_0。

（4）瞬时值对应关系：旋转相量在 Y 轴上的投影对应相应时刻正弦量的瞬时值。

3. 两种旋转相量的区别与联系

（1）最大值相量：$\dot{E}_m$、$\dot{U}_m$、$\dot{I}_m$，即相量的模长等于振幅值。

（2）有效值相量：$\dot{E}$、$\dot{U}$、$\dot{I}$，即相量的模长等于有效值。

4. 同频率正弦量的相对静止关系

在同一坐标系中，几个同频率正弦量的旋转相量以相同的角速度逆时针旋转，各旋转相量间的夹角（相位差）不变，相对位置不变，各个旋转相量彼此之间是相对静止的。因此，可将它们当作静止情况处理，并不影响分析和计算的结果，这样旋转相量就简化为相量了。

5. 同频率正弦量的加减运算的方法

进行同频率正弦量加、减运算，先作出与正弦量相对应的相量，再按平行四边形法则（也称三角形法则）求和，和的长度表示正弦量的和的最大值（有效值相量表示有效值），和与 X 轴正方向的夹角为正弦量和的初相，角频率保持不变。

经典例题解析

【例1】画出下列电流、电压、电动势的相量图。

$$e = 220\sqrt{2}\sin\left(100\pi t + \frac{\pi}{6}\right) \text{ V}$$

$$u = 110\sqrt{2}\sin\left(100\pi t + 135°\right) \text{ V}$$

$$i = 10\sqrt{2}\sin\left(100\pi t - \frac{2\pi}{3}\right) \text{ A}$$

【解析】画相量图的步骤如下。

（1）作 X 轴 0°基准线（熟练后可以不画）。

（2）确定比例尺寸。对于同一单位的相量，如电压、电动势，其比例尺必须一致，对不同单位的相量，如电压、电流，其比例尺可以不一致。

（3）从 O 点作有向线段，与0°基准线的夹角等于初相角。

（4）确保有向线段的长度符合比例，画有效值相量还是振幅值相量可以视情况而定。

【解答】

$$E = \frac{E_\text{m}}{\sqrt{2}} = \frac{220\sqrt{2}}{\sqrt{2}} = 220\text{V}$$

$$U = \frac{U_\text{m}}{\sqrt{2}} = \frac{110\sqrt{2}}{\sqrt{2}} = 110\text{V}$$

$$I = \frac{I_\text{m}}{\sqrt{2}} = \frac{10\sqrt{2}}{\sqrt{2}} = 10\text{A}$$

画出有效值相量如图 5-2-2 所示。

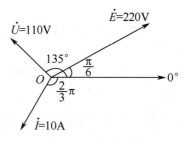

图 5-2-2　例 1 图

【例2】已知 $i_1 = 4\sqrt{2}\sin\left(\omega t + \dfrac{\pi}{3}\right)$ A，$i_2 = 4\sqrt{2}\sin\left(\omega t - \dfrac{\pi}{3}\right)$ A，求 $i_1 + i_2$、$i_1 - i_2$、$i_2 - i_1$。

【解析】先画出正确的相量图，利用矢量可以平移的原理，进行平行四边形法则或三角形法则求和，求和的结果与 X 轴正方向的夹角为正弦量和的初相角。如果两个相量相减，可以转化为与被减相量的反相量相加，转化为相量求和问题。

【解答】画相量图并运用相量法进行加减运算。

$$I_1 = \frac{I_{1m}}{\sqrt{2}} = \frac{4\sqrt{2}}{\sqrt{2}} = 4\text{A} \qquad I_2 = \frac{I_{2m}}{\sqrt{2}} = \frac{4\sqrt{2}}{\sqrt{2}} = 4\text{A}$$

由相量图 5-2-3 和三角函数的关系可知：

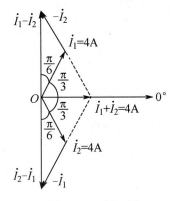

图 5-2-3　例 2 图

$i_1 + i_2$ 的有效值为 4A，初相角为 $0°$

$i_1 - i_2$ 的有效值为 $4\sqrt{3}$A，初相角为 $\dfrac{\pi}{2}$

$i_2 - i_1 = -(i_1 - i_2)$ 有效值为 $4\sqrt{3}$A，初相角为 $-\dfrac{\pi}{2}$

则：$i_1 + i_2 = 4\sqrt{2}\sin\omega t$A

$\qquad i_1 - i_2 = 4\sqrt{6}\sin\left(\omega t + \dfrac{\pi}{2}\right)$ A

$\qquad i_2 - i_1 = 4\sqrt{6}\sin\left(\omega t - \dfrac{\pi}{2}\right)$ A

【例3】已知 $u_1 = 220\sqrt{2}\sin\omega t$ V，$u_2 = 220\sqrt{2}\sin\left(\omega t - \dfrac{2\pi}{3}\right)$ V，

$u_3 = 220\sqrt{2}\sin\left(\omega t + \dfrac{2\pi}{3}\right)$ V，求：$u_a = u_1 - u_2$；$u_b = u_2 - u_3$；$u_c = u_3 - u_1$。

【解答】画出 u_1、u_2、u_3 的相量图，仍然采用有效值相量进行运算。

$$U_1 = \frac{U_{1m}}{\sqrt{2}} = \frac{220\sqrt{2}}{\sqrt{2}} = 220\text{V}$$

$$U_2 = \frac{U_{2m}}{\sqrt{2}} = \frac{220\sqrt{2}}{\sqrt{2}} = 220\text{V}$$

$$U_3 = \frac{U_{3m}}{\sqrt{2}} = \frac{220\sqrt{2}}{\sqrt{2}} = 220\text{V}$$

$$U_a = U_b = U_c = 2U_1\cos 30° = 220\sqrt{3}\text{V}$$

由相量图 5-2-4 可知，U_a 与 X 轴正方向的夹角为 30°，U_b 与 X 轴正方向的夹角为 $-\dfrac{\pi}{2}$，U_c 与 X 轴正方向的夹角为 $\dfrac{5\pi}{6}$，则瞬间值表达式为

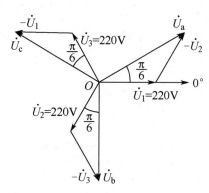

图 5-2-4　例 3 图

$$u_a = 220\sqrt{6}\sin\left(\omega t + \frac{\pi}{6}\right)\text{ V}$$

$$u_b = 220\sqrt{6}\sin\left(\omega t - \frac{\pi}{2}\right)\text{ V}$$

$$u_c = 220\sqrt{6}\sin\left(\omega t + \frac{5\pi}{6}\right)\text{ V}$$

同步练习题

一、填空题

1. 用初始位置的矢量来表示一个正弦量，矢量的_____与正弦量的最大值或有效值成正比，矢量与横轴正方向的夹角等于正弦量的_____，称为正弦量的相量图表示法。

2. 已知 $i_1 = 3\sqrt{2}\sin(314t + 90°)$ A，$i_2 = 4\sqrt{2}\sin 314t$ A，则 $i = i_1 + i_2$ 的表达式为_____。

二、判断题

1. 平行四边形法则可以进行几个正弦电流的加减运算。　　　　　　　（　　）

2. 旋转矢量法只适用于同频率正弦交流电的代数运算。　　　　　　　（　　）

三、单项选择题

下列物理量中，通常采用相量法进行分析的是（　　）。

　　A．随时间变化的同频率正弦量　　　　　B．随时间变化的不同频率正弦量

　　C．不随时间变化的直流量　　　　　　　D．随时间变化不同周期的方波变量

四、计算题

用相量图求下列各组正弦交流电电压，以及电流的和与差。

（a） $u_1 = 100\sin\left(10t + \dfrac{\pi}{3}\right)$ V $u_2 = 100\sin\left(10t - \dfrac{\pi}{3}\right)$ V

（b） $i_1 = 12\sin\left(\omega t - \dfrac{5\pi}{6}\right)$ A $i_2 = 7\sin\left(\omega t + \dfrac{\pi}{6}\right)$ A

（c） $u_1 = 30\sin\left(\omega t - \dfrac{\pi}{6}\right)$ V $u_2 = 40\sqrt{2}\sin\left(\omega t + \dfrac{\pi}{3}\right)$ V

5.3　纯电阻交流电路

知识同步指导

1. 纯电阻交流电路

由纯电阻和正弦交流电源组成的交流电路模型称为纯电阻交流电路。其电路模型、波形图、相量图如图 5-3-1 所示。

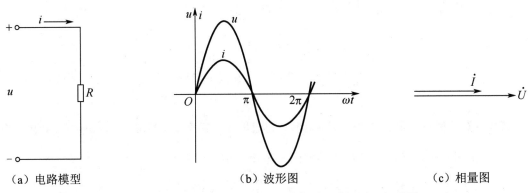

（a）电路模型　　　　　　（b）波形图　　　　　　（c）相量图

图 5-3-1　纯电阻交流电路的电路模型、波形图、相量图

2. 纯电阻交流电路的特点

（1）电压、电流间的数量关系。

① 有效值数量关系：
$$I_R = \frac{U_R}{R} \Leftrightarrow U_R = RI_R$$

② 最大值（振幅值）数量关系：
$$I_{Rm} = \frac{U_{Rm}}{R} \Leftrightarrow U_{Rm} = RI_{Rm}$$

即振幅值、有效值均服从欧姆定律。

（2）电压、电流间相位关系如图 5-3-1（b）、图 5-3-1（c）所示。

$\Delta\varphi_{ui} = \varphi_u - \varphi_i = 0°$，即 u、i 同相位。

设　$i_R = I_{Rm}\sin\omega t\,A$，

则　$u_R = U_{Rm}\sin\omega t\,V = I_{Rm}R\sin\omega t\,V$

所以 $i = \dfrac{u_R}{R}$，即瞬时值也服从欧姆定律。

（3）纯电阻交流电路的功率。

① 瞬时功率（瞬时电压与电流之乘积）。
$$p = u_R i_R = U_{Rm}\sin\omega t\,I_{Rm}\sin\omega t = UI - UI\cos 2\omega t \geqslant 0$$

$p \geqslant 0$，说明电阻永远是一个耗能元件。

② 平均功率（瞬时功率在一个周期内的平均值）。
$$P = U_R I_R = I_R{}^2 R = \frac{U_R{}^2}{R}\,W$$

经典例题解析

【例1】已知 10Ω 的电阻上通过的电流 $i = 5\sin\left(256t + \dfrac{\pi}{6}\right)$ A，试求电压有效值、电压解析式和该电阻消耗的功率。

【解析】利用欧姆定律和功率计算式即可求解。

【解答】电流有效值为
$$I_R = \frac{I_m}{\sqrt{2}} = \frac{5}{\sqrt{2}} = 2.5\sqrt{2}\,A$$

电压有效值为
$$U_R = I_R R = 2.5\sqrt{2} \times 10 = 25\sqrt{2}\,V$$

因为纯电阻 u、i 同相，所以：
$$\varphi_u = \varphi_i = \frac{\pi}{6}$$

$$u_R = i_R R = 50\sin\left(256t + \frac{\pi}{6}\right)\,V$$

$$P_R = U_R I_R = 25\sqrt{2} \times 2.5\sqrt{2} = 125\,W$$

【例2】一根额定值为"220V/1000W"的电炉丝，接在 $u = 220\sqrt{2}\sin\left(\omega t - \dfrac{2\pi}{3}\right)$ V 的电源上，求流过电炉丝的电流解析式，并画出电压、电流相量图。

【解答】电压有效值
$$U = \frac{U_m}{\sqrt{2}} = \frac{220\sqrt{2}}{\sqrt{2}} = 220\,V$$

电流有效值 $I = \dfrac{P}{U} = \dfrac{1000}{220} \approx 4.55\text{A}$

因为纯电阻交流电路的 u、i 同相，所以 $\varphi_i = -\dfrac{2\pi}{3}$

电流解析式 $i = 4.55\sqrt{2}\sin\left(\omega t - \dfrac{2\pi}{3}\right)\text{A}$

画出相量图如图 5-3-2 所示。

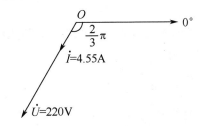

图 5-3-2　例 2 图

同步练习题

一、填空题

1. 某电阻阻值为 8Ω，接在 $u = 220\sqrt{2}\sin314t$ V 的交流电源上。如用电流表测量该电路中的电流，其读数为_____A。【省对口招生考试试题】

2. 在纯电阻电路中，电压与电流_____，电压与电流的最大值、有效值和瞬时值之间都遵从_____。

3. 在 $R=1Ω$ 的纯电阻电路两端加上 $u = 2\sqrt{2}\sin\left(\omega t + 150°\right)$ V 的电压，电流的解析式 $i=$_____A，电阻消耗的功率为_____W。

4. 一电阻接在 10V 的直流电源上，消耗的功率为 10W，当它接到电压 $u = 10\sin\omega t$ V 的交流电源上时，消耗的功率为_____W。

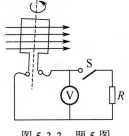

图 5-3-3　题 5 图

5. 图 5-3-3 所示为交流发电机的示意图，线圈在匀强磁场中以一定的角速度匀速转动。线圈电阻 $r=5Ω$，负载电阻 $R=15Ω$，当开关 S 断开时，交流电压表的示数为 20V；当开关 S 合上时，负载电阻 R 上电压的最大值为_____。

二、单项选择题

若电路中某元件两端电压 $u = 40\sin\left(314t + 180°\right)$ V，电流 $i = 4\sin\left(314t - 180°\right)$ A，则该元件的性质属于（　　）。

A．电阻性　　　　B．电感性　　　　C．电容性　　　　D．无法判断

5.4 纯电感交流电路

知识同步指导

1. 纯电感交流电路的定义

由理想电感线圈和正弦交流电源组成的交流电路模型称为纯电感交流电路。其电路模型、波形图、相量图如图 5-4-1 所示。

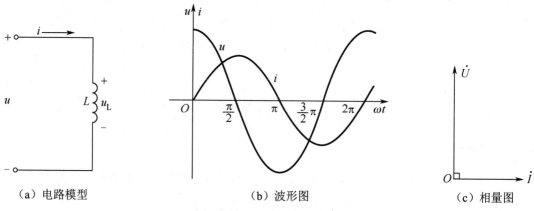

（a）电路模型　　　　　　　　（b）波形图　　　　　　　（c）相量图

图 5-4-1　纯电感交流电路的电路模型、波形图、相量图

2. 纯电感交流电路的特点

（1）电压、电流间的数量关系。

① 有效值数量关系：$I_L = \dfrac{U_L}{X_L} \Leftrightarrow U_L = I_L X_L$

② 最大值（振幅值）数量关系：$I_{Lm} = \dfrac{U_{Lm}}{X_L} \Leftrightarrow U_{Lm} = I_{Lm} X_L$

即振幅值、有效值均服从欧姆定律，式中

$$X_L = \omega L = 2\pi f L$$

X_L——感抗，是衡量电感对交流电流阻碍作用的物理量，单位为欧姆（Ω）。

（2）电感的电抗特性（频率与感抗的关系曲线）。

从如图 5-4-2 所示电感的电抗特性图可以看出：

$f \to 0 \Rightarrow X_L \to 0$；$f \uparrow \Rightarrow X_L \uparrow$；$f \to \infty \Rightarrow X_L \to \infty$。

电感的电抗特性可表述为：**隔交流，通直流；阻高频，通低频。**

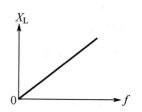

图 5-4-2　电感的电抗特性图

（3）电压、电流间的相位关系，如图 5-4-1（b）、图 5-4-1（c）所示。

$\varphi_{ui} = \varphi_u - \varphi_i = \dfrac{\pi}{2}$　　　　即 u_L 超前 i_L $\dfrac{\pi}{2}$

设 $i_L = I_{Lm} \sin \omega t \, \text{A}$　　　　$\varphi_i = 0°$

则 $u_{\mathrm{L}} = U_{\mathrm{Lm}} \sin\left(\omega t + \dfrac{\pi}{2}\right)$ V $= I_{\mathrm{m}} X_{\mathrm{L}} \sin\left(\omega t + \dfrac{\pi}{2}\right)$ V

所以，$i_{\mathrm{L}} \neq \dfrac{u_{\mathrm{L}}}{R}$　（即在纯电感交流电路中，瞬时值不服从欧姆定律）

（4）纯电感交流电路的功率。

① 瞬时功率

$$p = u_{\mathrm{L}} i_{\mathrm{L}} = U_{\mathrm{Lm}} \sin\left(\omega t + \dfrac{\pi}{2}\right) I_{\mathrm{Lm}} \sin \omega t = UI \sin 2\omega t$$

由计算式可知，纯电感交流电路的瞬时功率 p 是随时间按正弦规律变化的，其频率为电源频率的 2 倍。

在第一个和第三个 $\dfrac{T}{4}$ 期间，$p > 0$，电感从电源吸收功率并转化为磁场能；在第二个和第四个 $\dfrac{T}{4}$ 期间，$p < 0$，电感将磁场能回送给电源。

② 平均功率 $P = 0$（说明纯电感交流电路只有能量的转换，没有能量的消耗）。

③ 无功功率（Q_{L}）指单位时间内电感元件进行能量转换的最大值。其定义式为

$$Q_{\mathrm{L}} = U_{\mathrm{L}} I_{\mathrm{L}} = I_{\mathrm{L}}^{2} X_{\mathrm{L}} = \dfrac{U_{\mathrm{L}}^{2}}{X_{\mathrm{L}}}$$

式中，Q_{L}——电感的无功功率，单位为乏尔，符号为 var。

经典例题解析

【例 1】有 A、B 两个电感器，其电感量之比是 1∶2，分别接到频率之比为 3∶2 的交流电路中，则两电感器的感抗之比为_____；若分别测得两电感器上的电压之比为 1∶2，则它们所通过的电流之比为_____。

【解答】感抗 $X_{\mathrm{L}} = 2\pi f L$，与电感量和频率成正比，所以 $X_{\mathrm{L}1} : X_{\mathrm{L}2} = 1 \times 3 : 2 \times 2 = 3 : 4$。

因为电流 $I = \dfrac{U_{\mathrm{L}}}{X_{\mathrm{L}}}$，所以 $I_1 : I_2 = \dfrac{1}{3} : \dfrac{2}{4} = 2 : 3$。故答案为 3∶4 和 2∶3。

【例 2】某电感器，当其端电压达到振幅值 10V 时，此刻通过的电流为_____A；当其电流达到最大值 1A 时，此刻电感器两端的电压为_____V，该电感器的感抗为_____Ω。

【解答】纯电感 $\varphi_{ui} = \dfrac{\pi}{2}$，是正交的相位关系，即一个量为最大值时，另一个量恰好过零值；感抗 $X_{\mathrm{L}} = \dfrac{U_{\mathrm{Lm}}}{I_{\mathrm{Lm}}} = \dfrac{10}{1} = 10\Omega$。故答案为 0、0、10。

【例 3】将一个电阻可以忽略的线圈，接到 $u = 220\sqrt{2} \sin\left(100\pi t + \dfrac{\pi}{3}\right)$ V 的电源上，线圈的电感是 0.35H，试求：（1）线圈的感抗；（2）电流的有效值；（3）电流的瞬时值表达式；（4）电路的无功功率；（5）画出电流和电压的相量图。

【解答】$u = 220\sqrt{2}\sin\left(100\pi t + \dfrac{\pi}{3}\right)$ V

$U_m = 220\sqrt{2}$ V　　　$\omega = 100\pi$ rad/s　　　$\varphi_u = \dfrac{\pi}{3}$

（1）$X_L = \omega L = 100 \times 3.14 \times 0.35 \approx 110 \,\Omega$

（2）$U = \dfrac{U_m}{\sqrt{2}} = \dfrac{220\sqrt{2}}{\sqrt{2}} = 220$ V

$I = \dfrac{U}{X_L} = \dfrac{220}{110} = 2$ A

（3）纯电感电路中，电压超前电流 $\dfrac{\pi}{2}$，即

$\varphi_i = \varphi_u - \dfrac{\pi}{2} = \dfrac{\pi}{3} - \dfrac{\pi}{2} = -\dfrac{\pi}{6}$

$I_m = \sqrt{2}I = 2\sqrt{2}$ A

则电流瞬时值表达式为　$i = 2\sqrt{2}\sin\left(100\pi t - \dfrac{\pi}{6}\right)$ A

（4）无功功率　$Q_L = U_L I_L = 220 \times 2 = 440$ var

（5）画出电压、电流相量图如图 5-4-3 所示。

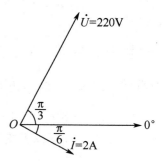

图 5-4-3　电压、电流相量图

同步练习题

一、填空题

1. 感抗表示线圈对_____所呈现的阻碍作用，其感抗 X_L=_____。

2. 在纯电感电路中：电流较电压_____（"超前 $\dfrac{\pi}{2}$"、"同相"、"滞后 $\dfrac{\pi}{2}$"）。电压与电流的最大值、有效值之间_____（"服从"、"不服从"）欧姆定律，电压与电流的瞬时值之间_____（"服从"、"不服从"）欧姆定律。电感是_____（"耗能"、"储能"）元件，其有功功率为_____，无功功率等于_____。

3. 当电感中的电流不随时间变化时，电感两端的电压为_____。

二、判断题

1. 无功功率即无用功率，对电路没有作用。　　　　　　　　　　（　　）

2. 交流电路中，负载的功率因数由电路的参数和电源频率决定。　（　　）

三、单项选择题

1. 在纯电感正弦交流电路中，若电源频率提高一倍，其他条件不变，则电路中的电流将（　　）。【省对口招生考试试题】

　　A. 变大　　　　　　　　　　　　　B. 变小

　　C. 不变　　　　　　　　　　　　　D. 不能确定

2．在正弦交流电路中，当流过电感线圈的电流瞬时值为最大值时，线圈两端的瞬时电压值为（　　）。【省对口招生考试试题】

　　A．零　　　　　　　　　　　　　B．最大值

　　C．有效值　　　　　　　　　　　D．不一定

3．将一个 0.1H 的电感元件接到频率为 50Hz、电压为 10V 的正弦交流电源上，则电流为（　　）。

　　A．$0.318 \times \dfrac{1}{\sqrt{3}}$ A　　　　　　　B．$0.318 \times \dfrac{1}{\sqrt{2}}$ A

　　C．0.318A　　　　　　　　　　D．10A

4．在 10mH 的电感两端加上正弦交流电压 $u = 10\sqrt{2}\sin\,(100\pi t + 30°)$ V，则电感上的电流表达式正确的是（　　）。

　　A．$i = \sin \dfrac{100}{\pi}\sqrt{2}\,(100\pi t + 60°)$ A　　B．$i = 10\sin\,(100\pi t - 60°)$ A

　　C．$i = \dfrac{10}{\pi}\sin\,(100\pi t - 60°)$ A　　D．$i = \dfrac{10}{\pi}\sqrt{2}\sin\,(100\pi t - 60°)$ A

5．在电感为 X_L=50Ω 的纯电感电路两端加上正弦交流电 $u = 20\sin\,(100\pi t + \dfrac{\pi}{3})$ V，通过它的瞬时电流值表达式为（　　）。

　　A．$i = 20\sin\,(100\pi t - \dfrac{\pi}{6})$ A　　　B．$i = 0.4\sin\,(100\pi t - \dfrac{\pi}{6})$ A

　　C．$i = 0.4\sin\,(100\pi t + \dfrac{\pi}{3})$ A　　　D．$i = -0.4\sin\,(100\pi t - \dfrac{\pi}{6})$ A

6．正弦交流电路中，某元件的电压 $u = 220\sin\,(314t + \dfrac{\pi}{3})$ V，电流 $i = 44\sin\,(314t - \dfrac{\pi}{6})$ A，则该电路（　　）。

　　A．电压超前电流 $\dfrac{\pi}{2}$，X_L=5Ω　　　B．电流超前电压 $\dfrac{\pi}{2}$，X_C=5Ω

　　C．元件为电感，X_L =10Ω　　　D．元件为电感，P=9680W

5.5　纯电容交流电路

知识同步指导

1．纯电容交流电路的定义

由理想电容元件和正弦交流电源组成的交流电路模型，称为纯电容交流电路。其电路模型、波形图、相量图如图 5-5-1 所示。

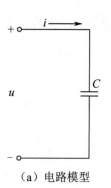
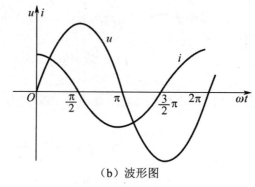
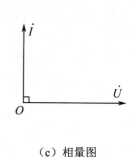

（a）电路模型　　　　　　　　　　（b）波形图　　　　　　　　　　（c）相量图

图 5-5-1　纯电容交流电路的电路模型、波形图、相量图

2. 纯电容交流电路的特点

（1）电压、电流间的数量关系。

① 有效值数量关系：$I_C = \dfrac{U_C}{X_C} \Leftrightarrow U_C = I_C X_C$

② 最大值（振幅值）数量关系：$I_{Cm} = \dfrac{U_{Cm}}{X_C} \Leftrightarrow U_{Cm} = I_{Cm} X_C$

即振幅值、有效值均服从欧姆定律，式中

$$X_C = \frac{1}{\omega C} = \frac{1}{2\pi f C}$$

X_C——**容抗，是衡量电容对交流电流阻碍作用的物理量，单位为欧姆（Ω）。**

（2）电容的电抗特性（频率与容抗的关系曲线）。

从如图 5-5-2 所示电容的电抗特性图可以看出：

$f \to 0 \Rightarrow X_C \to \infty$；　$f \uparrow \Rightarrow X_C \downarrow$；

$f \to \infty \Rightarrow X_C \to 0$。

电容的电抗特性可表述为：隔直流，通交流；阻低频，通高频。

（3）电压、电流间的相位关系，如图 5-5-1（b）、
图 5-5-1（c）所示。

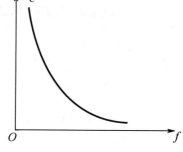

图 5-5-2　电容的电抗特性图

$$\varphi_{ui} = \varphi_u - \varphi_i = -\frac{\pi}{2} \quad （即电流超前电压 \frac{\pi}{2}）$$

设 $u_C = U_{Cm} \sin \omega t$ V

则 $i_C = I_{Cm} \sin\left(\omega t + \dfrac{\pi}{2}\right) = \dfrac{U_{Cm}}{X_C} \sin\left(\omega t + \dfrac{\pi}{2}\right)$ A

所以，$i_C \neq \dfrac{u_C}{X_C}$ （即在纯电容交流电路中，瞬时值不服从欧姆定律）

（4）纯电容电路的功率。

① 瞬时功率

$$p = u_C i_C = U_{Cm} \sin \omega t I_{Cm} \sin\left(\omega t + \frac{\pi}{2}\right) = UI \sin 2\omega t$$

由计算式可知，纯电容电路的瞬时功率 p 也是随时间按正弦规律变化的，其频率为电

源频率的 2 倍。

在第一个和第三个 $\dfrac{T}{4}$ 期间，$p>0$，电容从电源吸收功率并转换为电场能；在第二个和

第四个 $\dfrac{T}{4}$ 期间，$p<0$，电容将电场能回送给电源。

② 平均功率 $P=0$（说明纯电容交流电路只有能量的转换，没有能量的消耗）。

③ 无功功率（Q_C）指单位时间内电容元件进行能量转换的最大值。其定义式为

$$Q_C = U_C I_C = I_C^2 X_C = \dfrac{U_C^2}{X_C}$$

式中，Q_C——电容的无功功率。

经典例题解析

【例1】有 A、B 两个电容器，其电容量之比为 1∶2，分别接到频率之比为 3∶2 的交流电路中，则它们的容抗之比为_____；若分别测得两电容器上的电压之比为 1∶2，则它们所通过的电流之比为_____。

【解答】容抗 $X_C = \dfrac{1}{2\pi f C}$，所以 $X_{C1} : X_{C2} = \dfrac{1}{1\times 3} : \dfrac{1}{2\times 2} = 4 : 3$

因为电流 $I = \dfrac{U_C}{X_C}$，所以 $I_1 : I_2 = \dfrac{1}{4} : \dfrac{2}{3} = 3 : 8$。故答案为 4∶3 和 3∶8。

【例2】某电容器，当其端电压达到振幅值 10V 时，通过的电流为_____A；当其电流达到最大值 1A 时，电容器两端的电压为_____；该电容器的容抗为_____Ω。

【解答】纯电容 $\varphi_{ui} = -\dfrac{\pi}{2}$，和电感器一样，也是正交的相位关系，即一个量为最大值时，另一个量恰好过零；容抗 $X_C = \dfrac{U_{Cm}}{I_{Cm}} = \dfrac{10}{1} = 10\Omega$，故答案为 0、0、10。

【例3】电容器的电容 $C = 40\mu F$，把它接到 $u = 220\sqrt{2}\sin\left(314t - \dfrac{\pi}{3}\right)$ V 的电源上。试求：（1）电容的容抗；（2）电流的有效值；（3）电流瞬时值表达式；（4）画出电流、电压相量图；（5）电路的无功功率。

【解答】由 $u = 220\sqrt{2}\sin\left(314t - \dfrac{\pi}{3}\right)$ V

可以得出　$U_m = 220\sqrt{2}$V　　$\omega = 314$rad/s　　$\varphi_u = -\dfrac{\pi}{3}$

（1）电容的容抗为　$X_C = \dfrac{1}{\omega C} = \dfrac{1}{314\times 40\times 10^{-6}} \approx 80\Omega$

（2）电压的有效值为　$U = \dfrac{U_m}{\sqrt{2}} = \dfrac{220\sqrt{2}}{\sqrt{2}} = 220$V

则电流的有效值为 $I = \dfrac{U}{X_C} = \dfrac{220}{80} = 2.75\text{A}$

（3）在纯电容交流电路中，电流超前电压 $\dfrac{\pi}{2}$，$\varphi_i - \varphi_u = \dfrac{\pi}{2}$

则

$$\varphi_i = \frac{\pi}{2} + \varphi_u = \frac{\pi}{2} - \frac{\pi}{3} = \frac{\pi}{6}$$

则电流的瞬时值表达式为

$$i = 2.75\sqrt{2}\sin\left(314t + \frac{\pi}{6}\right)\text{ A}$$

（4）画出相量图如图 5-5-3 所示。

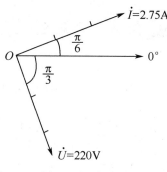

图 5-5-3　例 3 图

（5）电路的无功功率　　$Q_C = UI = 220 \times 2.75 = 605\,\text{var}$

同步练习题

一、填空题

1．在纯电容交流电路中：电流较电压_____（"超前 $\dfrac{\pi}{2}$"、"同相"、"滞后 $\dfrac{\pi}{2}$"）。电压与电流的最大值、有效值之间_____（"服从"、"不服从"）欧姆定律，电压与电流的瞬时值之间_____（"服从"、"不服从"）欧姆定律。电容是_____（"耗能"、"储能"）元件，其有功功率为_____，无功功率等于_____。

2．电容器具有：_____交流，_____直流；通高频，阻低频的特性。

3．若将电容量 $C = \dfrac{1}{314}\,\mu\text{F}$ 的电容器接到工频交流电源上，则此电容器的容抗 $X_C =$ _____。

4．在正弦交流电路中，电容 C 越大，频率 f 越高，则其容抗越_____。

5．当加在电容元件两端的交流电压的幅值不变而频率增高时，流过电容元件的电流将_____。

6．式 $Q_C = I^2 X_C$ 是电容元件在正弦电路中_____功率的计算公式。

二、单项选择题

1. 如图 5-5-4 所示电路，$C=1\mu F$，$u = 500\sin 1000t \text{V}$，则 i 为（　　）。

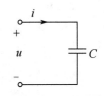

图 5-5-4　题 1 图

    A．$500 \sin (1000t + 90°)$ A

    B．$500 \sin (1000t - 90°)$ A

    C．$0.5 \sin (1000t + 90°)$ A

    D．$0.5 \sin (1000t - 90°)$ A

2. 电容 C 的端电压为 $u_C = 100\sqrt{2}\sin (200t - 60°)$ V，通过电容的电流 $i_C = 40\text{mA}$，则电容 C 为（　　）。

    A．$\sqrt{2}\mu F$　　　　B．$2\mu F$　　　　C．$12.5\mu F$　　　　D．$12.5\sqrt{2}\mu F$

3．某电路元件中，按关联方向电流 $i = 10\sqrt{2}\sin (314t - 90°)$ A，两端电压 $u = 220\sqrt{2}\sin 314t$ V，则此元件的无功功率 Q 为（　　）。

    A．-4400W　　　　B．-2200var　　　　C．2200var　　　　D．4400W

4. 在图 5-5-5 电路中，$u = U_m \sin (\omega t + 180°)$ V，$i = I_m \sin \left(\omega t - \dfrac{\pi}{2}\right)$ A，则此电路元件是（　　）。

    A．电容元件　　　　　　　　B．电阻元件

    C．电感元件　　　　　　　　D．电阻与电感串联元件

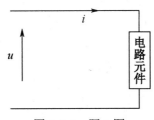

图 5-5-5　题 4 图

5．已知电路中某元件的电压和电流分别为 $u = 30\cos (314t + 60°)$ V，$i = 2\sin (314t + 60°)$ A，则该元件的性质是（　　）。

    A．电感性元件　　　　　　　　B．电容性元件

    C．纯电感元件　　　　　　　　D．纯电容元件

5.6　R-L 串联电路

知识同步指导

1. R-L 串联电路

由理想电阻、电感元件和正弦交流电源串联组成的交流电路模型称为 **R-L 串联电路**。如图 5-6-1 所示。

2. R-L 电路分析

分析：**凡串联电路，分析从电流入手。**

设 $i = I_m \sin \omega t$ A, $\varphi_i = 0°$

因为对于纯电阻电路, u 和 i 同相位

所以 $u_R = U_{Rm} \sin \omega t$ V

因为对于纯电感电路, u_L 超前 $i \dfrac{\pi}{2}$

所以 $u_L = U_{Lm} \sin\left(\omega t + \dfrac{\pi}{2}\right)$ V

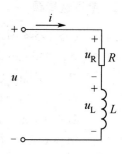

图 5-6-1　R-L 串联电路

（1）R-L 电路电压关系。

根据 KVL 可知: $u = u_R + u_L \Rightarrow \dot{U} = \dot{U}_R + \dot{U}_L$

定性画出电压 U、U_R、U_L 的相量图, 如图 5-6-2 所示。

由相量图可知

① 数量关系:

$$U = \sqrt{U_R^2 + U_L^2} \quad 或 \quad U^2 = U_R^2 + U_L^2$$

② 相位关系: 总电压超前总电流 φ 角度。

$$\varphi_{ui} = \varphi = \arctan\frac{U_L}{U_R} \quad （\varphi 称为阻抗角）$$

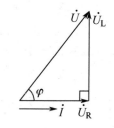

图 5-6-2　电压三角形

③ 总电压与分电压的关系:

$$U_R = U\cos\varphi \qquad U_L = U\sin\varphi$$

（2）R-L 电路阻抗关系。

将电压三角形三边同时除以电流 I $\xrightarrow{\text{另一相似三角形}}$ 阻抗三角形, 如图 5-6-3 所示。

① 数量关系: $Z = \sqrt{R^2 + X_L^2} \qquad 或 Z^2 = R^2 + X_L^2$

式中, Z——阻抗, 单位为欧姆（Ω）。

② 阻抗角: $\varphi = \arctan\dfrac{X_L}{R}$

③ 总阻抗与分阻抗的关系: $R = Z\cos\varphi$, $X_L = Z\sin\varphi$

【强调】阻抗三角形是标量三角形, 是只有大小没有方向的量。

（3）R-L 电路功率关系。

将电压三角形三边同时乘以电流 I $\xrightarrow{\text{另一相似三角形}}$ 功率三角形, 如图 5-6-4 所示。

有功功率: $P = U_R I = I^2 R = \dfrac{U_R^2}{R}$ W

无功功率: $Q_L = U_L I = I^2 X_L = \dfrac{U_L^2}{X_L}$ var

视在功率: $S = UI = I^2 Z = \dfrac{U^2}{Z} = \sqrt{P^2 + Q^2}$ VA

阻抗角: $\varphi = \arctan\dfrac{Q_L}{P} \qquad P = S\cos\varphi \qquad Q_L = S\sin\varphi$

视在功率、有功功率、无功功率三者之间的关系: $P = S\cos\varphi$, $Q_L = S\sin\varphi$

视在功率（S）表示电源提供总功率的能力, 即交流电源的容量, 单位是伏安（VA）。

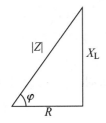
图 5-6-3 阻抗三角形

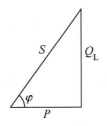
图 5-6-4 功率三角形

3. 功率因数 $\cos\varphi$

将有功功率与视在功率的比值称为功率因数，它反映了功率的利用率，用 $\cos\varphi$ 表示。

$$\cos\varphi = \frac{P}{S} = \frac{U_R}{U} = \frac{R}{Z} \quad （\cos\varphi 由电路参数和电源频率共同决定）$$

经典例题解析

【**例 1**】用电压表、电流表和功率表测量一只电感线圈的参数 R 和 L，如图 5-6-5（a）所示，已知电源频率为 50Hz，电压表读数为 50V，电流表读数为 1A，功率表读数（有功功率）为 30W，求电路参数 R、L 的大小。

【**解析**】功率表分为有功功率表、无功功率表和视在功率表，如无特殊说明，所提及功率表皆为有功功率表。

功率表有两个线圈，即电压线圈和电流线圈。其连接关系为：电压线圈必须和负载并联；电流线圈必须与负载串联。线圈标记"*"符号的接线端为电源端，要求：电流线圈的电源端必须和电源相接，另一端与负载相接；电压线圈的电源端可与电流线圈的任一端相接，另一接线端接于负载的另一端，其接法有两种，如图 5-6-5（b）、图 5-6-5（c）所示。

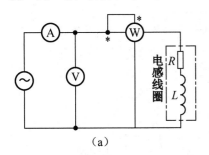
（a）

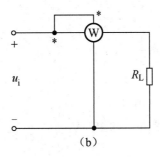
（b）

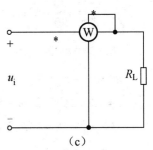
（c）

图 5-6-5 例 1 图

【**解答**】电路的总阻抗

$$Z = \frac{U}{I} = \frac{50}{1} = 50\Omega$$

电阻为

$$R = \frac{P}{I^2} = \frac{30}{1} = 30\Omega$$

电感电压为

$$X_L = \sqrt{Z^2 - R^2} = \sqrt{50^2 - 30^2} = 40\Omega$$

则：

$$L = \frac{X_L}{\omega} = \frac{X_L}{2\pi f} = \frac{40}{2 \times 3.14 \times 50} \approx 0.127H$$

【例2】将一个阻值为120Ω，额定电流为2A的电阻，接到电压为260V，频率为100Hz的电源上，要选一个电感线圈（可以忽略其电阻）限流，保证电路中的电流为2A，求线圈的电感。

【解析】要求 L，就要先求出 X_L，可利用阻抗三角形求解。R 是已知的，先求阻抗，利用 $Z = \dfrac{U}{I}$ 可求出 Z。

【解答】线圈和电阻串联，线圈起限流作用。

总阻抗
$$Z = \frac{U}{I} = \frac{260}{2} = 130\Omega$$

感抗
$$X_L = \sqrt{Z^2 - R^2} = \sqrt{130^2 - 120^2} = 50\Omega$$

线圈的电感为
$$L = \frac{X_L}{2\pi f} = \frac{50}{2 \times 3.14 \times 100} = 0.08\text{H}$$

【强调】理想电感线圈并不消耗电功率，却能起到降压限流的作用，这是直流电阻降压方式所不能比拟的。所以，在交流电路中，电感线圈常用于降压限流（如日光灯镇流器，自耦变压器降压启动等）。

【例3】将电感为255mH，电阻为60Ω的线圈接到 $u = 220\sqrt{2}\sin 314t\text{V}$ 的电源上。求：（1）X_L；（2）I、i；（3）u_R、u_L；（4）P、Q_L、S、$\cos\varphi$；（5）画出电压、电流相量图。

【解答】$U = \dfrac{U_m}{\sqrt{2}} = \dfrac{220\sqrt{2}}{\sqrt{2}} = 220\text{V}$ $\quad \varphi_u = 0°$ $\quad \omega = 314\text{rad/s}$

（1）$X_L = \omega L = 314 \times 255 \times 10^{-3} = 80\Omega$

（2）$Z = \sqrt{R^2 + X_L^2} = \sqrt{60^2 + 80^2} = 100\Omega$

$I = \dfrac{U}{Z} = \dfrac{220}{100} = 2.2\text{A}$

$\varphi_{ui} = \varphi = \arctan\dfrac{X_L}{R} = \arctan\dfrac{4}{3} = 53.1°$

$\varphi_i = \varphi_u - \varphi_{ui} = 0° - 53.1° = -53.1°$

$i = 2.2\sqrt{2}\sin(314t - 53.1°)\text{ A}$

（3）$u_R = iR = 132\sqrt{2}\sin(314t - 53.1°)\text{ V}$

∵ 电感电压超前电流 $\dfrac{\pi}{2}$

∴ $u_L = 176\sqrt{2}\sin(314t + 36.9°)\text{ V}$

（4）$P = I^2 R = 2.2^2 \times 60 = 290.4\text{W}$

$Q_L = I^2 X_L = 2.2^2 \times 80 = 387.2\text{var}$

$S = UI = 220 \times 2.2 = 484\text{VA}$

$\cos\varphi = \dfrac{R}{Z} = \dfrac{60}{100} = 0.6$

（5）画出相量图如图5-6-6所示。

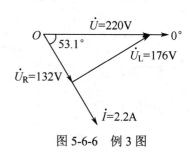

图5-6-6　例3图

同步练习题

一、填空题

1．日光灯镇流器的电路模型可等效为一个电阻元件和一个_____元件串联电路。

2．某交流二端网络端电压 $u = 100\sqrt{2}\sin\omega t$ V，输入电流 $i = 5\sin\sqrt{2}(\omega t - 60°)$ A，则该二端网络的性质是_____，其中 $R=$_____，$X=$_____，消耗的有功功率 $P=$_____。

3．已知流过某负载的电流为 $i = 1.41\sin314t$ A，其端电压为 $u = 311\sin\left(314t + \dfrac{\pi}{4}\right)$ V，则该负载为_____性质负载，负载中的电阻 $R=$_____Ω。

4．在图 5-6-7 所示正弦交流电路中所标的电压 U 为_____V。

5．图 5-6-8 中，工频交流电压为 220V，若电流表读数为 4.4A，功率表读数为 484W，则电感 $L=$_____。若要使 $Q_L=Q_C$，则并联的电容应为_____。

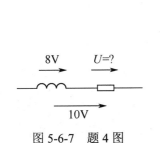

图 5-6-7　题 4 图

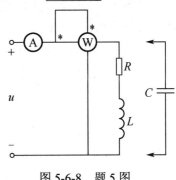

图 5-6-8　题 5 图

二、判断题

1．用单相功率表测电功率时，应把功率表串接在待测电路中。　　　　（　　）

2．日光灯电路中的镇流器，作用之一就是在日光灯正常工作时限流。　（　　）

三、单项选择题

1．已知在 R-L 串联的正弦交流电路中，总电压 $U=30$V，L 上的电压 $U_L=18$V，则 R 上的电压 U_R 应为（　　）。

    A．12V　　　　　　B．24V　　　　　　C．48V　　　　　　D．$48\sqrt{2}$ V

2．已知流过某负载的电流为 $i = 2.4\sin\left(314t + \dfrac{\pi}{12}\right)$ A，其端电压是 $u = 380\sin\left(314t + \dfrac{\pi}{4}\right)$ V，则此负载为（　　）。

    A．电阻性负载　　B．感性负载　　　C．容性负载　　　D．不能确定

3．某负载上的电压为 $u = 5\sqrt{2}\sin314t$ V，电流为 $i = 2\sqrt{2}\sin(314t - 60°)$ A，则该负载上消耗的功率为（　　）。

    A．5W　　　　　　B．10W　　　　　　C．$10\sqrt{3}$ W　　　　D．$5\sqrt{3}$ W

四、计算题

1. 如图 5-6-9 所示电路，已知 $R=6\Omega$，当电压 $u=12\sqrt{2}\sin(200t+30°)$ V 时，测得电感 L 端电压的有效值 $U_L=6\sqrt{2}$V，求电感 L 的大小。

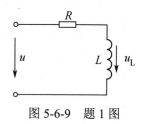

图 5-6-9　题 1 图

2. 40W 日光灯管的等效电阻为 $R=300\Omega$，试求：

（1）通过日光灯的电流 I；

（2）镇流器电感 L 的大小；

（3）灯管上的电压 U_R 和镇流器上的电压 U_L；

（4）电压与电流的相位差 φ；

（5）画出 U、U_L、U_R 和 I 的相量图。

3. R-L 串联电路接到 220V 的直流电源时功率为 1.2kW，接在 220V、50Hz 的电源时功率为 0.6kW，试求它的 R、L 值。【省对口招生考试试题】

五、综合题

如图 5-6-10（a）所示电路，当开关 S 闭合时，电压表读数为 50V，电流表读数为 2.5A，功率表读数为 125W；当开关 S 打开时，电压表读数为 50V，电流表读数为 1.0A，功率表读数为 40W。【省对口招生考试试题】

（1）求负载 Z 的大小，并分析其性质；

（2）求电阻 R 与感抗 X_L；

（3）若输入 U_i 的波形如图 5-6-10（b）所示，在图 5-6-10（b）中画出 C 点的示意波形。

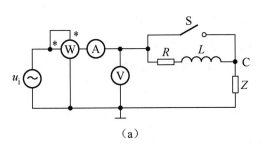

（a）

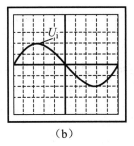

（b）

图 5-6-10　综合题图

5.7　R-C 串联电路

知识同步指导

1. R-C 串联电路

由理想电阻、电容元件和正弦交流电源串联组成的交流电路模型称为 **R-C 串联电路**。如图 5-7-1 所示。

2. R-C 电路分析

（1）R-C 电路电压关系。

设 $i = I_m \sin \omega t$ A　　$\varphi_i = 0°$

则　$u_R = U_{Rm} \sin \omega t$ V

∵对于纯电容电路，u_C 滞后 i $\dfrac{\pi}{2}$

∴ $u_C = U_{Cm} \sin\left(\omega t - \dfrac{\pi}{2}\right)$ V

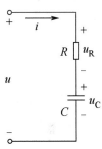

图 5-7-1　R-C 串联电路

根据 KVL　　　　　$u = u_R + u_C \Rightarrow \dot{U} = \dot{U}_R + \dot{U}_C$

定性画出电压 U、U_R、U_C 的相量图，如图 5-7-2 所示，由相量图可知：

① 数量关系：

$$U = \sqrt{U_R^2 + U_C^2} \quad 或 \quad U^2 = U_R^2 + U_C^2$$

② 相位关系：总电压滞后总电流 φ 角度，且

$$\varphi_{ui} = \varphi = \arctan\frac{U_C}{U_R} \quad （\varphi 称为阻抗角）$$

③ 总电压与分电压的关系：

$$U_R = U\cos\varphi \quad U_C = U\sin\varphi$$

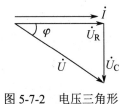

图 5-7-2　电压三角形

（2）R-C 电路阻抗关系。

将电压三角形三边同时除以电流 I $\xrightarrow{\text{另一相似三角形}}$ 阻抗三角形，如图 5-7-3 所示。

① 数量关系：$Z = \sqrt{R^2 + X_C^2}$　或　$Z^2 = R^2 + X_C^2$

式中，Z——阻抗，单位为欧姆（Ω）。

② 阻抗角：$\varphi = \arctan \dfrac{X_C}{R}$ $R = Z\cos\varphi$ $X_C = Z\sin\varphi$

③ 总阻抗与分阻抗的关系：$R = Z\cos\varphi$，$X_C = Z\sin\varphi$

【强调】阻抗三角形是标量三角形，是只有大小没有方向的量。

（3）R-C 电路功率关系。

将电压三角形三边同时乘以电流 I $\xrightarrow{\text{另一相似三角形}}$ 功率三角形，如图 5-7-4 所示。

有功功率：$P = U_R I = I^2 R = \dfrac{U_R^2}{R}$（W）

无功功率：$Q_c = U_C I = I^2 X_C = \dfrac{U_C^2}{X_C}$（var）

视在功率：$S = UI = I^2 Z = \dfrac{U^2}{Z} = \sqrt{P^2 + Q^2}$（VA）

阻抗角：$\varphi = \arctan \dfrac{Q_C}{P}$

视在功率、有功功率、无功功率三者之间的关系：$P = S\cos\varphi$ $Q_C = S\sin\varphi$

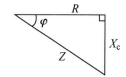
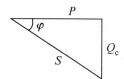

图 5-7-3　阻抗三角形　　　　　图 5-7-4　功率三角形

3．功率因数 $\cos\varphi$

$$\cos\varphi = \frac{P}{S} = \frac{U_R}{U} = \frac{R}{Z}$$（$\cos\varphi$ 由电路参数和电源频率共同决定）

经典例题解析

【例1】将一个阻值为 30Ω 的电阻和电容为 80μF 的电容器串联后接到交流电源上，电源电压 $u = 220\sqrt{2}\sin 314t\,\text{V}$，试求：（1）电流瞬时值表达式；（2）有功功率、无功功率和视在功率；（3）画出电流、电压的相量图。

【解析】只要求出容抗、阻抗，利用欧姆定律和阻抗角的关系，问题便迎刃而解。要掌握和运用交流串联电路的三个三角形，要求烂熟于心，转换自如。

【解答】（1）$X_C = \dfrac{1}{\omega C} = \dfrac{1}{314 \times 80 \times 10^{-6}} = 40\Omega$

$Z = \sqrt{R^2 + X_C^2} = \sqrt{30^2 + 40^2} = 50\Omega$

$I = \dfrac{U}{Z} = \dfrac{U_m/\sqrt{2}}{50} = \dfrac{220}{50} = 4.4\text{A}$

电流超前电压 φ 角度

$$\varphi = \arctan\frac{X_C}{R} = \arctan\frac{4}{3} = 53.1°$$

则电流的瞬时值表达式　　$i = 4.4\sqrt{2}\sin(314t + 53.1°)$ A

（2）$P = I^2 R = 4.4^2 \times 30 = 580.8\text{W}$

$Q = I^2 X_C = 4.4^2 \times 40 = 774.4\text{Var}$

$S = UI = 220 \times 4.4 = 968\text{VA}$

（3）$U_R = IR = 4.4 \times 30 = 132\text{V}$　　　u_R 与 i 同相

$U_C = IX_C = 4.4 \times 40 = 176\text{V}$　　u_C 滞后 i $\dfrac{\pi}{2}$

画出相量图如图 5-7-5 所示。

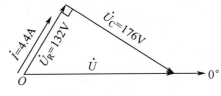

图 5-7-5　例 1 图

【例 2】R-C 移相电路如图 5-7-6（a）所示，已知 $U_i = \sqrt{2}\sin 6280t$V，$C = 0.01\mu\text{F}$，现要使输出电压 U_o 在相位上前移 $60°$，求：（1）R 为多大？（2）此时输出电压 U_o 为多少？

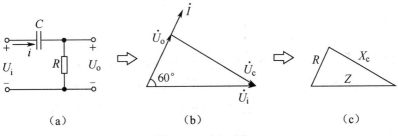

（a）　　　　　　　　　（b）　　　　　　　　　（c）

图 5-7-6　例 2 图

【解析】以 U_i 为参考相量，画出和 U_o 与 U_c 的电压三角形。由电压三角形可得阻抗三角形，根据二个三角形之间的内在联系，可以求出 R 和 U_o 的值。

【解答】（1）$X_C = \dfrac{1}{\omega C} = \dfrac{1}{6280 \times 0.01 \times 10^{-6}} = 15.92\text{k}\Omega$

由阻抗三角形图 5-7-6（c）可知

$$R = X_C \text{ctg}60° = 15.92 \times 0.577 \approx 9.2\text{k}\Omega$$

（2）由电压三角形图 5-7-6（b）可知

$$U_i = \frac{U_{im}}{\sqrt{2}} = \frac{\sqrt{2}}{\sqrt{2}} = 1\text{V}$$

$$U_o = U_R = U_i\cos 60° = 1 \times 0.5 = 0.5\text{V}$$

【强调】当 R 远远大于 X_C 时，电路就变成了阻容耦合电路。

【例3】R-C 移相电路如图 5-7-7（a），已知 $U_i=1V$， $C = 0.12\mu F$， $f = 100Hz$，现要使输出电压 U_o 在相位上后移60°，求：（1）R 为多大？（2）此时输出电压 U_o 为多少？

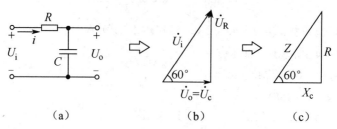

图 5-7-7　例 3 图

【解析】在 R-C 移相式振荡器中，若从电阻两端取输出电压，输出电压超前输入电压，为前移相；从电容两端取输出电压，输出电压滞后输入电压，为后移相。依题意画出电压三角形和阻抗三角形如图 5-7-7（b）、图 5-7-7（c）所示。

【解答】（1）$X_C = \dfrac{1}{\omega C} = \dfrac{1}{628 \times 0.12 \times 10^{-6}} = 13.27k\Omega$

由阻抗三角形图 5-7-7（c）可知

$$R = X_C tg60° = 13.27 \times 1.732 \approx 23k\Omega$$

（2）由电压三角形图 5-7-7（b）可知

$$U_o = U_C = U_i \cos 60° = 1 \times 0.5 = 0.5V$$

同步练习题

一、填空题

1．交流电路的无功功率是储能元件瞬时功率的_____值。

2．如图 5-7-8 所示电路，已知 $R=80\Omega$， $X_C =60\Omega$， $u = 500\sin\omega t V$ ，则 $I=$_____A。

3．如图 5-7-9 所示电路，已知电压 $u_i = 220\sqrt{2} \sin 314t V$，容抗 $X_C =10 \Omega$， u_o 滞后 u_i 60°，则 $R =$_____Ω、 $U_o =$_____V。

4．如图 5-7-10 所示二端网络，输入电压 $u = 100\sqrt{2}\sin（\omega t + 26.9°）$ V ， $i = 10\sqrt{2}\cos（\omega t -100°）$A，该电路消耗的有功功率 $P=$_____W，电路的性质是_____。

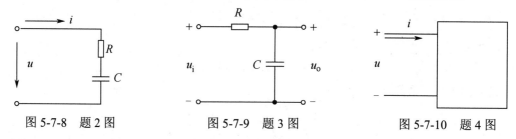

图 5-7-8　题 2 图　　　　图 5-7-9　题 3 图　　　　图 5-7-10　题 4 图

二、单项选择题

1．已知某元件 $Z=（10-j4）\Omega$，则可判断该元件的性质为（　　）。

A．电阻性　　　　　　　　　　B．电感性

C．电容性　　　　　　　　　　D．不能确定

2．如图 5-7-11 所示为电容性电路，当输入一交流电 U_1 后，输出电压 U_2 的相位（　　　）。

A．超前于 U_1　　　　　　　　B．与 U_1 同相

C．滞后于 U_1　　　　　　　　D．无法确定

3．如图 5-7-12 所示电路，已知 $R=200\Omega$，$X_C=200\Omega$，则（　　　）。

A．u_i 超前 u_o $\dfrac{\pi}{4}$　　　　　　B．u_o 超前 u_i $\dfrac{\pi}{4}$

C．u_i 超前 u_o $\dfrac{\pi}{2}$　　　　　　D．u_i 滞后 u_o $\dfrac{\pi}{2}$

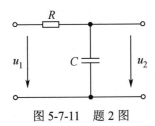

图 5-7-11　题 2 图

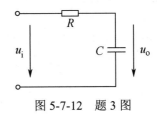

图 5-7-12　题 3 图

三、计算题

1．如图 5-7-13 所示电路，已知 $R=2k\Omega$，$C=0.159\mu F$，输入端接正弦信号源，$U_1=1V$，$f=500Hz$。

试求输出电压 U_2，并讨论输出电压与输入电压间的相位关系。

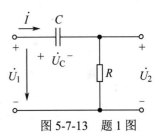

图 5-7-13　题 1 图

2．如图 5-7-14 所示电路，已知 $u=100\sqrt{2}\sin(100\pi t+30°)$ V，$i=2\sqrt{2}\sin(100\pi t+83.1°)$ A，求：R、C、U_R、U_C、有功功率 P 和功率因数 $\cos\varphi$，并画出电流及各电压的相量图。

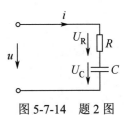

图 5-7-14　题 2 图

5.8 R-L-C 串联电路

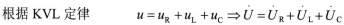
知识同步指导

1. R-L-C 串联电路

由理想电阻、电感、电容元件和正弦交流电源串联组成的交流电路模型称为 **R-L-C 串联电路**，如图 5-8-1 所示。

2. R-L-C 串联电路分析

在图 5-8-1 中：

设 $i = I_m \sin \omega t$ A，$\varphi_i = 0°$ 则：

$u_R = U_{Rm} \sin \omega t$ V，$\varphi_{u_R} = 0°$

$u_L = U_{Lm} \sin \left(\omega t + \dfrac{\pi}{2}\right)$ V，$\varphi_{u_L} = \dfrac{\pi}{2}$

$u_C = U_{Cm} \sin \left(\omega t - \dfrac{\pi}{2}\right)$ V，$\varphi_{u_C} = -\dfrac{\pi}{2}$

图 5-8-1 R-L-C 串联电路

（1）R-L-C 串联电路的电压关系。

根据 KVL 定律 $\qquad u = u_R + u_L + u_C \Rightarrow \dot{U} = \dot{U}_R + \dot{U}_L + \dot{U}_C$

分 $U_L > U_C$、$U_L = U_C$、$U_L < U_C$ 三种情况，定性画出电压 U、U_R、U_L、U_C 的相量图，如图 5-8-2 所示，由相量图可知：

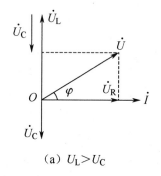
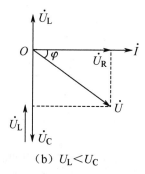
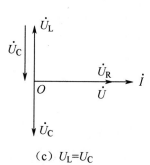

（a）$U_L > U_C$　　　　　　　（b）$U_L < U_C$　　　　　　　（c）$U_L = U_C$

图 5-8-2 R-L-C 串联电路相量图

① 电压间的数量关系：$U = \sqrt{U_R^2 + (U_L - U_C)^2}$ 或 $U^2 = U_R^2 + (U_L - U_C)^2$

② 总电压与总电流间的相位差：$\varphi = \varphi_{ui} = \arctan \dfrac{U_L - U_C}{U_R}$

其中：

$U_L > U_C$，$\varphi > 0$，总电压超前总电流；

$U_L < U_C$，$\varphi < 0$，总电压滞后总电流；

$U_L = U_C$，$\varphi = 0$，U、I 同相，呈纯电阻性。

（2）R-L-C 串联电路的阻抗关系。

将电压三角形三边同时除以电流 I，可得阻抗三角形，如图 5-8-3 所示。

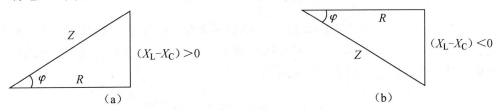

图 5-8-3 R-L-C 串联电路阻抗三角形

① 阻抗数量关系： $Z=\sqrt{R^2+(X_L-X_C)^2}=\sqrt{R+X^2}$

② 阻抗角： $\varphi=\arctan\dfrac{X_L-X_C}{R}=\arctan\dfrac{X}{R}$

③ 电抗 X： $X=X_L-X_C$（X 是 L、C 共同作用的结果，单位是欧姆）

阻抗角的大小决定于电路参数 R、L、C 及电源频率 f，X 的值决定电路的性质，下面分三种情况讨论：

a. 当 $X_L>X_C$，则 $X>0$，$\varphi=\arctan\dfrac{X}{R}>0$。总电压超前总电流，电路呈感性（**R-L** 电路的性质）。

b. 当 $X_L<X_C$，则 $X<0$，$\varphi=\arctan\dfrac{X}{R}<0$。总电压滞后总电流，电路呈容性（**R-C** 电路的性质）。

c. 当 $X_L=X_C$，则 $X=0$，$\varphi=0$。总电压与总电流同相位，电路呈纯电阻的性质（这种状态称为谐振）。

【强调】串联电路因电流相同，判别电路的性质时通常以比较电容和电感的各自分压或各自电抗值的大小来判断，哪个值大，电路就呈现哪个的属性。

（3）R-L-C 串联电路的功率关系。

将电压三角形三边同时乘以电流 I，可得功率三角形，如图 5-8-4 所示。

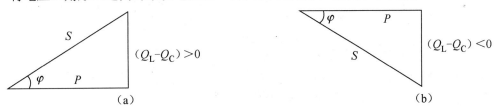

图 5-8-4 R-L-C 串联电路功率三角形

① 有功功率： $P=U_R I=I^2 R=\dfrac{U_R^2}{R}=UI\cos\varphi=S\cos\varphi\ \text{W}$

② 无功功率： $Q=(U_L-U_C)I=I^2 X=\dfrac{(U_L-U_C)^2}{X}=UI\sin\varphi=S\sin\varphi\ \text{var}$

③ 视在功率： $S=UI=I^2 Z=\dfrac{U^2}{Z}=\sqrt{P^2+Q^2}\ \text{VA}$

④ 阻抗角： $\varphi_{ui}=\varphi=\arctan\dfrac{Q_L-Q_C}{P}=\arctan\dfrac{Q}{P}$

⑤ 功率因数：

$$\cos\varphi = \frac{U_R}{U} = \frac{R}{Z} = \frac{P}{S}$$

【说明】在同一电路中，无论是串联、并联还是混联，L 和 C 的瞬时功率的波形在相位上都是反相的，即 Q_L 与 Q_C 是互相补偿的。故对于 $Q=Q_L-Q_C$：当 $Q>0$ 时，呈感性；当 $Q<0$ 时，呈容性；当 $Q=0$ 时，呈纯电阻性。

经典例题解析

【例 1】在图 5-8-5 所示电路中，$u = 220\sqrt{2}\sin 314t$ V，$R=15\Omega$，$L=63.7\text{mH}$，$C=79.6\mu\text{F}$。试求：（1）X_L、X_C、Z；（2）各电压表、电流表的读数；（3）阻抗角 φ 和电路的性质。

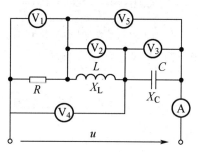

图 5-8-5　例 1 图

【解析】电流表内阻极小，其分压作用可忽略不计；电压表内阻极大，其分流作用可忽略不计；V_1 为 U_R 的示值；V_2 为 U_L 的示值；V_3 为 U_C 的示值；V_4 为 R、L 两端的电压示值；V_5 为 L、C 两端的电压示值；A 为总电压流的示值。以上示值皆为有效值。

【解答】（1）$X_L = \omega L = 314 \times 63.7 \times 10^{-3} = 20\Omega$

$X_C = \dfrac{1}{\omega C} = \dfrac{1}{314 \times 79.6 \times 10^{-6}} = 40\Omega$

$Z = \sqrt{R^2 + (X_L - X_C)^2}$
$\quad = \sqrt{15^2 + (20 - 40)^2} = 25\Omega$

（2）电流表 A 的示值：$I = \dfrac{U}{Z} = \dfrac{220\sqrt{2}/\sqrt{2}}{25} = 8.8\text{A}$

V_1 表的示值：$U_R = IR = 8.8 \times 15 = 132\text{V}$

V_2 表的示值：$U_L = IX_L = 8.8 \times 20 = 176\text{V}$

V_3 表的示值：$U_C = IX_C = 8.8 \times 40 = 352\text{V}$

V_4 表的示值：$U_4 = \sqrt{U_R{}^2 + U_L{}^2} = \sqrt{132^2 + 176^2} = 220\text{V}$

V_5 表的示值：$U_5 = |U_L - U_C| = |176 - 352| = 176\text{V}$

（3）阻抗角：$\varphi = \varphi_{ui} = \arctan\dfrac{X_L - X_C}{R} = \arctan\dfrac{-4}{3} = -53.1°$

$\varphi < 0$，总电压滞后总电流 φ 角度，电路呈容性。

【例 2】 如图 5-8-6 所示电路中，已知 $u = 50\sin(\omega t + 30°)$ V，$i = 7\sin(\omega t - 15°)$ A，试分析在以下情况下 u 和 i 的相位差如何变化？

（1）增大电阻 R；（2）提高 u 的幅值；（3）适当减小电感量 L；（4）适当减小电容量 C；（5）提高电源的频率。

【解析】 先判别电路的性质，再根据电路参数对阻抗角 φ 的影响判别 u 和 i 的相位差如何变化。

【解答】 阻抗角 $\varphi_{ui} = \varphi_u - \varphi_i = 30° - (-15°) = 45°$，电路呈感性。

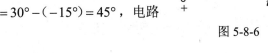

图 5-8-6　例 2 图

（1）根据 $\varphi_{ui} = \arctan\dfrac{X}{R}$，可知 $R\uparrow \to \varphi_{ui}\downarrow$；

（2）φ_{ui} 与 u 的幅度无关，故 $u\uparrow \to \varphi_{ui}$ 不变；

（3）$\varphi_{ui} = \arctan\dfrac{X_L - X_C}{R}$，$L\downarrow \to X_L\downarrow \to X\downarrow \to \varphi_{ui}\downarrow$；

（4）$\varphi_{ui} = \arctan\dfrac{X_L - X_C}{R}$，$C\downarrow \to X_C\uparrow \to X\downarrow \to \varphi_{ui}\downarrow$；

（5）$f\uparrow \to (X_L\uparrow，X_C\downarrow) \to X\uparrow \to \varphi_{ui}\uparrow$。

【例 3】 如图 5-8-7 所示电路，已知电源电压 U=120V，频率 f=50Hz，容抗 X_C=48Ω。开关 S 合上或断开时，电流表的读数均为 4A。求 R 和 L 的值。

【解答】（1）S 断开时，有

$$I = \frac{U}{\sqrt{R^2 + (X_L - X_C)^2}}$$

即：$\sqrt{R^2 + (X_L - X_C)^2} = \dfrac{U}{I}$　①

$$= \frac{120}{4}\Omega = 30\Omega$$

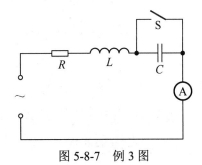

图 5-8-7　例 3 图

（2）S 合上时，有

$$I = \frac{U}{\sqrt{R^2 + X_L^2}}$$

即：$\sqrt{R^2 + X_L^2} = \dfrac{U}{I} = 30\Omega$　②

联立方程组①、②解得：X_L=24Ω，R=18Ω

则　$L = \dfrac{X_L}{\omega} = \dfrac{24}{2 \times 3.14 \times 50} = 76\text{mH}$

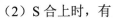

同步练习题

一、填空题

1. 在 R-L-C 串联电路中，X 称为_____，它是_____与_____共同作用的结果，其大小 X=_____。当 X>0 时，则阻抗角 φ 为_____值，相位关系为总电压 u 的相位_____总电流 i 的相位，电路呈_____；当 X<0 时，则阻抗角 φ 为_____值，相位关系为总电压 u 的相位_____总电流 i 的相位，电路呈_____；当 X=0 时，则阻抗角 φ 为_____，相位关系为总电压 u 的相位和电流 i 的相位为_____，电路呈_____。此种状态一般称为电路发生_____。

2. R、L、C 串联的正弦交流电路中（电源频率为 f）电抗 X=_____，阻抗 Z=_____，阻抗角 φ=_____。

3. 单相交流电路中的有功功率表达式为_____，单位是_____；无功功率的表达式为_____，单位是_____；视在功率的表达式是_____，单位是_____。_____性电路的无功功率取负值；_____性电路的无功功率取正值。

4. 在图 5-8-8 所示电路中，P 为一线性元件，若 $u(t)=10\sin 2\pi ft$ V，$i(t)=2\sin 2\pi ft$ A，则 P 是_____元件；若 $u(t)=10\sin 2\pi ft$ V，$i(t)=2\sin\left(2\pi ft-\dfrac{\pi}{2}\right)$ A，则 P 是_____元件；若 $u(t)=10\sin 2\pi ft$ V，$i(t)=2\sin\left(2\pi ft+\dfrac{\pi}{2}\right)$ A，则 P 是_____元件。

5. 在 R-L-C 串联电路中，测得 R、L、C 的电压分别为 3V、8V、4V，则用电压表测总电压读数应为_____V。

6. 在图 5-8-9 所示电路中，已知 $u=28.28\sin(\omega t+45°)$ V，$R=4\Omega$，$X_L=X_C=3\Omega$，则各电压表、电流表的读数分别为：A 的读数为_____，V 的读数为_____，V_1 的读数为_____，V_2 的读数为_____，V_3 的读数为_____，V_4 的读数为_____，V_5 的读数为_____。

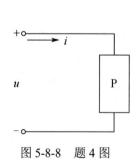

图 5-8-8　题 4 图

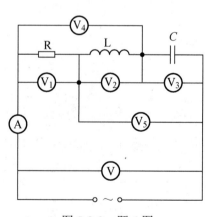

图 5-8-9　题 6 图

二、单项选择题

在图 5-8-10 所示正弦电路中，电源频率为 50Hz，电感 $L=\dfrac{3}{314}$H，电容 $C=\dfrac{1}{314}$F，此电路的阻抗$|Z|$等于（　　　）。

    A. 1Ω B. 2Ω

    C. 3Ω D. 4Ω

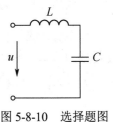

图 5-8-10　选择题图

三、计算题

1. 在 R-L-C 串联交流电路中，已知 $R=30\Omega$，$L=127$mH，$C=40\mu$F，电源电压 $u=220\sqrt{2}\sin\left(314t+\dfrac{\pi}{3}\right)$V，求：（1）$i$ 的表达式；（2）有功功率 P、无功功率 Q 和视在功率 S。

2. 在图 5-8-11 所示电路中，$u=100\sqrt{2}\sin 1000t$V，求阻抗 Z、电流 I、电路功率因数 $\cos\varphi$ 以及有功功率 P、无功功率 Q、视在功率 S，并作出矢量图。

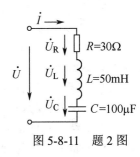

图 5-8-11　题 2 图

5.9　串联谐振电路

知识同步指导

1. 串联电路的谐振现象

（1）串联谐振。

在 **R-L-C 串联交流电路中，在 u、i 参考方向一致的情况下，会出现电压、电流同相的现象，这种被称为串联谐振。**

（2）串联谐振条件。

$$X=X_{L}-X_{C}=0 \text{ 或 } \omega L=\frac{1}{\omega C}，\text{此时阻抗角 } \varphi_{ui}=\arctan\frac{X}{R}=0。$$

（3）谐振频率和谐振角频率。

谐振角频率：$\omega_0 = \dfrac{1}{\sqrt{LC}}$ 谐振频率：$f_0 = \dfrac{1}{2\pi\sqrt{LC}}$

当电源频率一定时，可以改变电容或改变电感使电路谐振，调节 **L** 或 **C** 使电路谐振的过程称为调谐，其计算式为：

$$L_0 = \dfrac{1}{\omega_0^2 C} \quad (\text{调电感}) \qquad C_0 = \dfrac{1}{\omega_0^2 L} \quad (\text{调电容})$$

2. 串联谐振的特点

（1）谐振时，总阻抗最小（表现为纯电阻），总电流最大。

此时 $X=0$，$Z = \sqrt{R^2 + X^2} = R$，$I = I_0 = \dfrac{U}{R}$。

（2）谐振时，感抗等于容抗，等于电路的特性阻抗（ρ）。

$$\rho = \omega_0 L = \frac{1}{\omega_0 C} = \frac{L}{\sqrt{LC}} = \sqrt{\frac{L}{C}}$$

式中，ρ——特性阻抗，单位为欧姆，符号为 Ω。

（3）谐振时，电容两端电压等于电感两端电压等于总电压的 **Q** 倍。

$$Q = \frac{\rho}{R} = \frac{\omega_0 L}{R} = \frac{1}{\omega_0 RC} = \frac{1}{R}\sqrt{\frac{L}{C}}$$

式中，Q——品质因数，大小由 R、L、C 决定。

此时，$U_L = U_C = QU$。

当 **Q>>1** 时，$U_L = U_C >> U$。无线电技术中可利用串联谐振实现选频，故串联谐振也称为电压谐振。实践应用时，应充分考虑到元器件的耐压问题，在电力工程上要力求避免发生串联谐振。

3. 串联谐振的选择性与通频带

（1）串联谐振电路的选择性。

选择性——电路从多个信号源中选择有用信号而抑制干扰信号的能力。

通频带——信号幅度下降到最大值的 0.707 倍时对应的频率范围，用"**BW**"表示。在图 5-9-1（b）中，

$$BW = f_2 - f_1 = 2\Delta f \qquad \Delta f = f_2 - f_0 = f_0 - f_1$$

式中，BW ——通频带，单位是赫兹，符号为 Hz；

　　　 f_0 ——串联谐振频率，单位是赫兹，符号为 Hz；

　　　 f_2 ——上限截止频率，单位是赫兹，符号为 Hz；

　　　 f_1 ——下限截止频率，单位是赫兹，符号为 Hz。

BW、f_0、Q 三者之间的关系式：$BW = \dfrac{f_0}{Q}$

（2）通频带与选择性的关系。

从图 5-9-1 所示的串联谐振曲线与通频带示意图中可以看出：**BW 越宽，频率失真越小，但选择性、抗干扰性会越差；Q 值越高，选择性和抗干扰性越好，但频率失真会变大**。

故 **BW** 与 **Q** 值之间存在矛盾，解决的办法是在保障通频带的前提下尽可能提高回路的 **Q** 值。

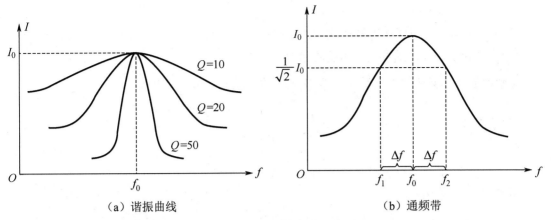

（a）谐振曲线　　　　　　　　　　（b）通频带

图 5-9-1　串联谐振曲线与通频带

4. 串联谐振的应用

收音机调谐电路及其等效电路如图 5-9-2 所示，它就是典型的串联谐振电路。对于谐振信号而言，输出信号电压为输入信号电压的 Q 倍。

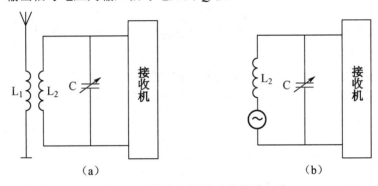

图 5-9-2　收音机调谐及其等效电路

经典例题解析

【例1】在电阻、电感、电容串联谐振电路中，$L=0.05\text{mH}$，$C=200\text{pF}$，品质因数 $Q=100$，交流电压的有效值 $U=1\text{mV}$，试求：（1）电路的谐振频率 f_0；（2）谐振时电路中的电流；（3）电容上的电压 U_C。

【解答】（1）电路的谐振频率为

$$f_0 = \frac{1}{2\pi\sqrt{LC}} = \frac{1}{2\times 3.14\times\sqrt{5\times 10^{-5}\times 2\times 10^{-10}}} \approx 1.59\text{MHz}$$

（2）由于品质因数 $Q = \frac{1}{R}\sqrt{\frac{L}{C}}$，则 $R = \frac{1}{Q}\sqrt{\frac{L}{C}} = \frac{1}{100}\sqrt{\frac{5\times 10^{-5}}{2\times 10^{-10}}} = 5\Omega$

谐振时，电流为

$$I_0 = \frac{U}{R} = \frac{1\times 10^{-3}\text{V}}{5\Omega} = 0.2\text{mA}$$

（3）电容两端的电压是电源电压的 Q 倍。

$$U_C = QU = 100\times 1\times 10^{-3} = 0.1\text{V}$$

【例2】在电阻、电感和电容串联谐振电路中，谐振频率 f_0 为 700kHz，电容为 0.002 μF，通频带 BW 为 10kHz，试求电路的品质因数 Q 和电阻 R。

【解答】由通频带 BW 与品质因数 Q 之间的关系式 $BW = \dfrac{f_0}{Q}$ 可知

品质因数为

$$Q = \frac{f_0}{BW} = \frac{700 \times 10^3}{10 \times 10^3} = 70$$

由于

$$Q = \frac{\rho}{R} = \frac{X_C}{R} = \frac{1}{R\omega C}$$

则电路的电阻为

$$R = \frac{1}{Q\omega C} = \frac{1}{70 \times 2 \times 3.14 \times 700 \times 10^3 \times 0.002 \times 10^{-6}} \approx 1.63\Omega$$

【例3】一台两波段的无线电收音机能接收的波段和频率范围是：中波从 f_1=535kHz 至 f_2=1605kHz；短波从 f_3=4MHz 至 f_4=12MHz。如果调谐电路里的可变电容器最大容量 C_1=360pF，问：

（1）这个可变电容器的最大容量和最小容量的比值应是多少？最小容量 C_2 是多少时才正好使调谐接收覆盖每个波段？

（2）这台收音机的中波、短波的调谐线圈的电感各是多少？

（3）中波波段和短波波段所能接收的电磁波波长范围是多少？

【解答】（1）因为 $f = \dfrac{1}{2\pi\sqrt{LC}}$，所以当 L 不变时，$f\sqrt{C}$ =常量，于是电容器的最大容量 C_1 和最小容量 C_2 之比为

$$\frac{C_1}{C_2} = (\frac{f_2}{f_1})^2 = (\frac{1605 \times 10^3}{535 \times 10^3})^2 = 9$$

所以

$$C_2 = \frac{C_1}{9} = \frac{360 \times 10^{-12}}{9} \text{F} = 40\text{pF}$$

对短波段而言，同理可得

$$\frac{C_1}{C_2} = (\frac{f_4}{f_3})^2 = (\frac{12 \times 10^6}{4 \times 10^6})^2 = 9$$

所以最小容量 C_2 也是 40pF。

（2）因为 $f = \dfrac{1}{2\pi\sqrt{LC}}$，所以可变电容的最大容量 C_1 应对应低端频率 f_1，故中波段调谐线圈的电感为

$$L_{\text{中}} = \frac{1}{4\pi^2 f_1^2 C_1} = \frac{1}{4\pi^2 \times (535 \times 10^3)^2 \times 360 \times 10^{-12}} \text{H} \approx 0.25\text{mH}$$

短波段调谐线圈的电感为

$$L_{\text{短}} = \frac{1}{4\pi^2 f_3^2 C_1} = \frac{1}{4\pi^2 \times (4 \times 10^6)^2 \times 360 \times 10^{-12}} \text{H} \approx 4.4\mu\text{H}$$

（3）因为电磁波波长与频率的关系为 $\lambda = \dfrac{c}{f}$ ，c 为电磁波在真空中的传播速度，$c=3\times10^8\text{m/s}$ ，所以与频率 f_1、f_2、f_3、f_4 相对应的波长分别为

$$\lambda_1 = \frac{c}{f_1} = \frac{3\times10^8}{535\times10^3} \approx 560\text{m} \qquad \lambda_2 = \frac{c}{f_2} = \frac{3\times10^8}{1605\times10^3} \approx 187\text{m}$$

$$\lambda_3 = \frac{c}{f_3} = \frac{3\times10^8}{4\times10^6} = 75\text{m} \qquad \lambda_4 = \frac{c}{f_4} = \frac{3\times10^8}{12\times10^6} = 25\text{m}$$

这就是说，中波波段的波长范围为 560m 至 187m；短波波段的波长范围为 25m 至 75m。

同步练习题

一、填空题

1．在某串联谐振电路中，谐振频率为 1000kHz，电容为 0.005μF，通频带为 20kHz，串联谐振电路中电阻值为_____Ω。

2．一个 R-L-C 串联电路谐振时，外加电压的有效值为 10V，品质因数为 50，则电容器的耐压应不低于_____V。

3．在 R-L-C 串联谐振电路中，总电压 U=2V，电阻 R=10Ω，电感 L=10mH，测得电容器两端电压 U_C=100V，则电路的特性阻抗为_____。

4．R-L-C 串联谐振电路的特征是：电路阻抗_____，其值为 $Z=R$，当电压一定时，_____最大，电容及电感两端电压为电源电压的_____倍，故串联谐振又称_____。

5．R-L-C 串联电路接到电压 U=10V，$\omega = 10^4\text{rad/s}$ 的电源上，调节电容 C 使电路中的电流达到最大值 100mA，此时测得电容上电压为 600V，则 R=_____，C=_____，电路的品质因数 Q=_____。

6．如图 5-9-3 所示串联谐振电路，已知信号源电压的有效值 E=1V，频率为 1MHz，现调节电容器 C，使电路达到谐振，此时电流 I_0=0.1A，电容器的端电压 U_C=100V，则电路元件参数 R=_____Ω，L=_____H，C=_____pF，电路的品质因数 Q=_____。

7．如图 5-9-4 所示电路，已知 C_1=200PF，L_1=40μH，L_2=160μH，当两回路同时发生谐振时，C_2=_____。（L_1 和 L_2 之间存在弱耦合）

8．电路的品质因数 Q 值的大小是标志_____的重要指标。Q 值越高，谐振曲线就越_____，选择性就越_____，通频带就越_____。

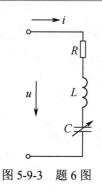

图 5-9-3 题 6 图

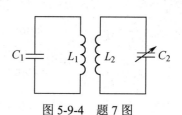

图 5-9-4 题 7 图

二、单项选择题

1．某收音机的调谐回路的品质因数 $Q=78$，当回路输入的信号电压为 $2\mu V$ 时，其输出电压为（　　）。

　　A．$39\mu V$　　　　　　B．$80\mu V$　　　　　　C．$156\mu V$　　　　　　D．$76\mu V$

2．在 R-L-C 串联电路中，当电源频率为 1kHz 时，电路发生谐振。现将电源的频率调到 800Hz，电压有效值不变，则电流 I 将（　　）。

　　A．变大　　　　　　B．变小　　　　　　C．不变　　　　　　D．不一定

3．关于 R-L-C 串联谐振电路，下列说法不正确的是（　　）。

　　A．品质因数越高，通频带就越窄

　　B．总电压和总电流同方向

　　C．电感、电容和电阻上电压都相同，都等于总电压的 Q 倍

　　D．阻抗最小，电流最大

4．R-L-C 串联电路发生谐振时，谐振频率（　　）。

　　A．只与 R、L 有关　　　　　　　　B．只与 R、C 有关

　　C．只与 R 有关　　　　　　　　　　D．只与 L、C 有关，与 R 无关

5．如图 5-9-5 所示电路，当交流电流的有效值不变，而频率升高一倍时，V_1、V_2、V_3 三个电压表的读数变化依次是（　　）。【省对口招生考试试题】

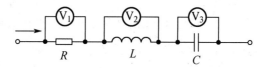

图 5-9-5　题 5 图

　　A．不变、不变、不变　　　　　　　　B．增大一倍、增大一倍、缩小一倍

　　C．不变、缩小一倍、增大一倍　　　　D．不变、增大一倍、缩小一半

6．要使 R-L-C 串联电路的谐振频率减小，采用的方法是（　　）。【省对口招生考试试题】

　　A．在线圈中取出铁心　　　　　　　　B．减少线圈的匝数

　　C．减小电容器两极板间的正对面积　　D．减小电容器两极板间的距离

三、计算题

1．在 R-L-C 串联正弦交流电路中，已知电阻 $R=50\Omega$，$L=4mH$，$C=160pF$，外加电压

U=25V，当电路发生谐振时，求：

（1）谐振频率 f_0；

（2）电路中的电流 I_0；

（3）品质因数 Q；

（4）谐振时电容器两端的电压 U_C。

四、综合题

如图 5-9-6（a）所示 R-L-C 串联电路，已知信号源的频率为 5.035kHz 时电路发谐振，峰峰值为 4V_{P-P}，电感为 1mH，电容为 1μF，电阻为 1Ω。【省对口招生考试试题】

（1）已知 A 点（信号源）的波形，请在图 5-9-6（b）中画出 B 点的波形示意图。

（2）如果信号源的频率改变为 3kHz，问电路呈现什么性质？

（3）在图 5-9-6（c）中画出频率为 3kHz 时 B 点的波形示意图。

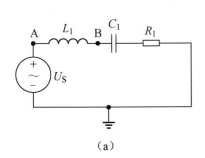
（a）

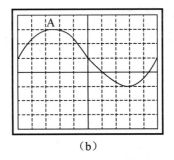
（b）

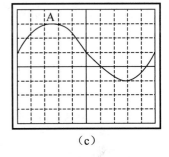
（c）

图 5-9-6　综合题图

5.10　实际线圈与电容并联电路

知识同步指导

并联交流电路的分析方法

并联交流电路，因电压相同，所以选择电压为参考量来分析各支路电流与总电流的关系、阻抗与总阻抗的关系、功率与总功率的关系。

1. R-L、R-C 并联电路分析

（1）R-L 并联交流电路电流关系分析。

在图 5-10-1 所示电路中

设 $u = U_m \sin\omega t \, V$

则 $i_R = \dfrac{U_m}{R} \sin\omega t \, A$

$i_L = \dfrac{U_m}{X_L} \sin\left(\omega t - \dfrac{\pi}{2}\right) \, A$

$i = i_R + i_L \Rightarrow \dot{I} = \dot{I}_R + \dot{I}_L$

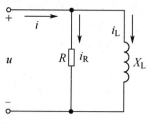

图 5-10-1　R-L 并联交流电路

定性画出电流相量图如图 5-10-2，由相量图可知：

① I_R、I_L、I 构成一个直角三角形；（**矢量三角形**）

② 总电流与分电流数量关系：$I = \sqrt{I_R^2 + I_L^2}$

③ 相位关系：总电压超前总电流 φ 角度，电路呈感性；

$$\varphi = \varphi_{ui} = \arctan\dfrac{I_L}{I_R} \qquad I_R = I\cos\varphi \qquad I_L = I\sin\varphi$$

④ 功率因数：$\cos\varphi = \dfrac{I_R}{I}$

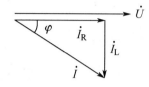

图 5-10-2　R-L 并联电流三角形

（2）R-L 并联交流电路功率关系分析。

将电流三角形的三边同时乘以电压 U，求得另一相似三角形→功率三角形。

如图 5-10-3 所示。

① 有功功率：$P = UI_R = I_R^2 R = \dfrac{U^2}{R} = S\cos\varphi \, (W)$

② 无功功率：$Q = UI_L = I_L^2 X_L = \dfrac{U^2}{X_L} = S\sin\varphi \, (var)$

③ 视在功率：$S = \sqrt{P^2 + Q^2} \, (VA)$

④ 阻抗角：$\varphi = \arctan\dfrac{Q_L}{P}$

⑤ 功率因数：$\cos\varphi = \dfrac{P}{S}$

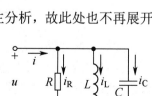

图 5-10-3　R-L 并联电路功率三角形

（3）导纳关系。

将电流三角形三边同时除以电压 U，求得另一相似三角形→导纳三角形。由于此内容不在教学大纲之列，故此处也不再展开介绍。

2. R-C 并联电路

由于 R-C 并联与 R-L 并联电路高度对偶，读者完全可以自主分析，故此处也不再展开介绍。

3. R-L-C 并联电路

（1）R-L-C 并联电路分析。

如图 5-10-4 所示电路，设 $u = U_m \sin\omega t \, V$，

则 $i_R = I_{Rm} \sin\omega t \, A$

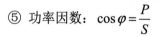

图 5-10-4　R-L-C 并联电路

$$i_L = I_{Lm} \sin\left(\omega t - \frac{\pi}{2}\right) \text{ A}$$

$$i_C = I_{Cm} \sin\left(\omega t + \frac{\pi}{2}\right) \text{ A}$$

根据 KVL，$i = i_R + i_L + i_C \Rightarrow \dot{I} = \dot{I}_R + \dot{I}_L + \dot{I}_C$，分三种情况，可定性画出电压、电流相量图，如图 5-10-5 所示。

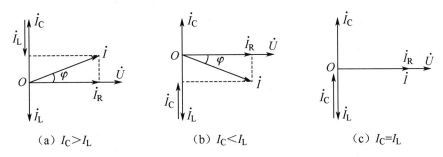

（a）$I_C > I_L$ （b）$I_C < I_L$ （c）$I_C = I_L$

图 5-10-5 R-L-C 并联电路电压、电流相量图

由相量图可知

① 电流间的数量关系：$I = \sqrt{I_R^2 + (I_L - I_C)^2}$ 或 $I^2 = I_R^2 + (I_L - I_C)^2$

② 总电压与总电流间的相位差：$\varphi = \varphi_{ui} = \arctan\dfrac{I_L - I_C}{I_R}$

$I_L > I_C$，总电压超前总电流，$\varphi_{ui} > 0$，电路呈感性；

$I_L < I_C$，总电流超前总电压，$\varphi_{ui} < 0$，电路呈容性；

$I_L = I_C$，总电压电流同相位，$\varphi_{ui} = 0$，电路呈阻性。

③ 功率关系：

有功功率：$P = I_R^2 R = \dfrac{U^2}{R} = UI_R = S\cos\varphi \text{ W}$

无功功率：$Q = Q_L - Q_C = U(I_L - I_C) = S\sin\varphi \text{ var}$

视在功率：$S = UI = \sqrt{P^2 + Q^2} \text{ (VA)}$

④ 功率因数：$\cos\varphi = \dfrac{I_R}{I}$

⑤ 整个电路呈现的交流阻抗：$Z = \dfrac{U}{I} \Omega$

4. 实际线圈与电容并联电路

实际线圈与电容并联电路的电路模型如图 5-10-6 所示。

【解法一】电路分析方法

先按串联电路的规律分别对各支路进行分析计算，然后再根据并联电路的规律运用相量求和的方法计算总电流。

设 $u = U_m \sin\omega t \text{ V}$

则 $I_1 = \dfrac{U}{Z_1} = \dfrac{U}{\sqrt{R^2 + X_L^2}}$ 该支路电流 i_1 滞后电压角度为 φ_1，$\varphi_1 = \arctan\dfrac{X_L}{R}$

$$I_2 = \frac{U}{X_C} \quad i_2 \text{ 超前电压角度为 } \frac{\pi}{2}$$

根据 $\dot{I} = \dot{I_1} + \dot{I_2}$ 定性画出相量图如图 5-10-7 所示，可依相量图求出各参量。

$$I = \sqrt{(I_1 \cos\varphi_1)^2 + (I_1 \sin\varphi_1 - I_2)^2} \qquad \varphi = \arctan\frac{I_1 \sin\varphi_1 - I_2}{I_1 \cos\varphi_1}$$

$$S = UI = \sqrt{P^2 + Q^2} = I^2 Z \text{ VA} \qquad P = UI\cos\varphi = I_1^2 R \text{ W}$$

$$Q = UI\sin\varphi = I_1^2 X_L - I_2^2 X_C \text{ var}$$

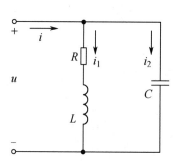

图 5-10-6　实际线圈与电容并联电路模型

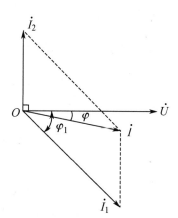

图 5-10-7　相量图

【解法二】无功功率补偿法

无功功率补偿，是指在同一个交流电路中，L、C 的连接关系无论是串联、并联还是混联，其无功功率 $Q = Q_L - Q_C$ 始终是成立的，电容和电感的无功功率始终是相互补偿的。在解相对复杂的电路时，可利用无功功率的补偿原理和电路模型的等效理论，将整个电路视为一个整体，可以方便地求出 $I_{总}$、$P_{总}$、$Q_{总}$、$S_{总}$、$\cos\varphi$、Z 等各种数值，解题过程如下：

解：$I_1 = \dfrac{U}{Z_1} = \dfrac{U}{\sqrt{R^2 + X_L^2}}$ $\qquad\qquad I_2 = \dfrac{U}{X_C}$

则 $P_{总} = P_R = I_1^2 R$ $\qquad Q_L = I_1^2 X_L$ $\qquad Q_C = I_2^2 X_C$

$Q = Q_{总} = Q_L - Q_C$ $\qquad Q > 0$（感性）；$\qquad Q < 0$（容性）；$\qquad Q = 0$（阻性）。

$S_{总} = S = \sqrt{P^2 + Q^2}$ $\qquad\qquad$ 总电流 $I = \dfrac{S}{U}$

总阻抗角 $\varphi_{ui} = \arctan\dfrac{Q}{P}$ $\qquad\qquad$ 总功率因数 $\cos\varphi = \dfrac{P}{S}$

电路总阻抗 $Z = \dfrac{U}{I}$

经典例题解析

【例1】 在图 5-10-4 所示 R-L-C 并联电路中，已知 $R=40\Omega$、$X_L=15\Omega$、$X_C=30\Omega$，外加电压 $u = 120\sqrt{2}\sin\left(100\pi t + \dfrac{\pi}{6}\right)$ V 的电源上，试求：（1）电路的 P、Q、S、φ_{ui}、$\cos\varphi$，并说

明电路的性质；（2）总电流 I 和总阻抗 Z；（3）写出各电流的解析式。

【解答】利用无功率补偿法求解。

（1）$U = \dfrac{U_m}{\sqrt{2}} = \dfrac{120\sqrt{2}}{\sqrt{2}} = 120\text{V}$ 　　　　　$I_R = \dfrac{U}{R} = \dfrac{120}{40} = 3\text{A}$

$I_L = \dfrac{U}{X_L} = \dfrac{120}{15} = 8\text{A}$ 　　　　　$I_C = \dfrac{U}{X_C} = \dfrac{120}{30} = 4\text{A}$

则：$P = I_R^2 R = 3^2 \times 40 = 360\text{W}$

$Q = Q_L - Q_C = U(I_L - I_C) = 120 \times 4 = 480\text{var}$

$S = \sqrt{P^2 + Q^2} = \sqrt{360^2 + 480^2} = 600\text{VA}$

阻抗角 $\varphi_{ui} = \arctan\dfrac{I_L - I_C}{I_R} = \arctan\dfrac{4}{3} = 53.1°$

$\cos\varphi = \dfrac{P}{S} = \dfrac{360}{600} = 0.6$

因为　$I_L > I_C$　所以电路呈感性。

（2）总电流　$I = \dfrac{S}{U} = \dfrac{600}{120} = 5\text{A}$

总阻抗　$Z = \dfrac{U}{I} = \dfrac{120}{5} = 24\Omega$

（3）电阻元件的 u、i 同相，$i_R = I_{Rm}\sin(\omega t + \varphi) = 3\sqrt{2}\sin\left(100\pi t + \dfrac{\pi}{6}\right)\text{A}$

电感元件的 u 超前 i $\dfrac{\pi}{2}$，$i_L = I_{Lm}\sin(\omega t + \varphi) = 8\sqrt{2}\sin\left(100\pi t - \dfrac{\pi}{3}\right)\text{A}$

电容元件的 i 超前 u $\dfrac{\pi}{2}$，$i_C = I_{Cm}\sin(\omega t + \varphi) = 4\sqrt{2}\sin\left(100\pi t + \dfrac{2\pi}{3}\right)\text{A}$

因为总电流 i 滞后总电压 u 角度为 φ_{ui}，所以

$$i = I_m\sin(\omega t + \varphi)\text{A} = 5\sqrt{2}\sin(100\pi t - 23.1°)\text{A}$$

【例2】在图 5-10-8 所示电路中，已知 $I_1 = 3\text{A}$，$I_2 = 3\text{A}$，$I_3 = 3\text{A}$，外加电压的频率为 50Hz，初相角 $\varphi = 0$。试用相量法求出：

（1）如图 5-10-8（a）所示电路，当两条支路的负载均为电阻时，求出总电流的大小，并写出它的瞬时值表达式；

（2）如图 5-10-8（b）所示电路，当一条支路的负载为电阻，另一条支路的负载为电感时，求出总电流的大小，并写出它的瞬时值表达式；

（3）如图 5-10-8（c）所示电路，当一条支路的负载为电阻，另一条支路的负载为电容时，求出总电流的大小，并写出它的瞬时值表达式；

（4）如图 5-10-8（d）所示电路，当三条支路的负载分别为 R、L、C 并联时，求出总电流的大小，并写出它的瞬时值表达式。

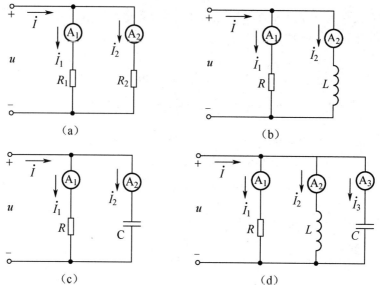

图 5-10-8 例 2 图

【解答】已知 $\varphi_\mathrm{u} = 0°$，$\omega = 100\pi\mathrm{rad/s}$，画出图 5-10-8 所示电路的电压、电流相量图如图 5-10-9 所示。

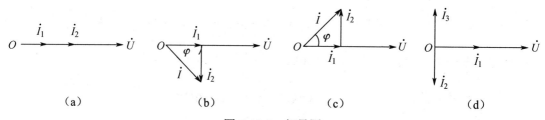

图 5-10-9 相量图

图 5-10-8（a）所示为纯电阻并联电路，i_1、i_2 与 u 同相，$I=I_1+I_2=6\mathrm{A}$，$\varphi = 0°$，

所以　　　$i = I_\mathrm{m}\sin\omega t = 6\sqrt{2}\sin100\pi t\ \mathrm{A}$；

图 5-10-8（b）所示为 R-L 并联电路，$I = \sqrt{I_1^2 + I_2^2} = \sqrt{3^2 + 3^2} = 3\sqrt{2}\mathrm{A}$，$\varphi = \arctan\dfrac{I_2}{I_1} = 45°$，

所以　　　$i = 6\sin(100\pi t - 45°)\ \mathrm{A}$；

图 5-10-8（c）所示为 R-C 并联电路，$I = \sqrt{I_1^2 + I_2^2} = \sqrt{3^2 + 3^2} = 3\sqrt{2}\mathrm{A}$，$\varphi = \arctan\dfrac{I_2}{I_1} = 45°$

所以　　　$i = 6\sin(100\pi t + 45°)\ \mathrm{A}$；

图 5-10-8（d）所示为 R-L 并联电路，$I = \sqrt{I_1^2 + (I_2 - I_3)^2} = I_1 = 3\mathrm{A}$　　$\varphi = \arctan\dfrac{I_2 - I_3}{I_1} = 0°$

所以　　　$i = 3\sqrt{2}\sin100\pi t\ \mathrm{A}$。

【例3】如图 5-10-10 所示电路，$R=440\Omega$，$X_\mathrm{L}=440\Omega$，$X_\mathrm{C}=880\Omega$，$U=220\mathrm{V}$。求：I_1、I_2、P、Q、S、$\cos\varphi$ 和总电流 I。

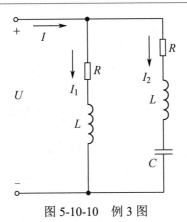

图 5-10-10 例 3 图

【解答】利用无功功率补偿法计算。

$$Z_1 = \sqrt{R^2 + X_L^2} = \sqrt{440^2 + 440^2} = 440\sqrt{2}\,\Omega$$

$$Z_2 = \sqrt{R^2 + (X_L - X_C)^2} = \sqrt{440^2 + (440 - 880)^2}$$
$$= 440\sqrt{2}\,\Omega$$

$$I_1 = \frac{U}{Z_1} = \frac{220}{440\sqrt{2}} = 0.3535\text{A}$$

$$I_2 = \frac{U}{Z_2} = \frac{220}{440\sqrt{2}} = 0.3535\text{A}$$

$$P = P_1 + P_2 = I_1^2 R_1 + I_2^2 R = 0.3535^2 \times 440 + 0.3535^2 \times 440 = 110\text{W}$$

$$Q = I_1^2 X_L + I_2^2 X_L - I_2^2 X_C = 0.3535^2 \times 440 + 0.3535^2 \times 440 - 0.3535^2 \times 880 = 0\text{ var}$$

$$S = \sqrt{P^2 + Q^2} = \sqrt{110^2 + 0^2} = P = 110\text{VA}$$

$$\cos\varphi = \frac{P}{S} = \frac{1}{1} = 1$$

$$I = \frac{S}{U} = \frac{110}{220} = 0.5\text{A}$$

同步练习题

一、填空题

1. 在 R-L 并联电路中，已知端电压 $u = 48\sin 314t\text{V}$，电阻 $R = 6\Omega$，感抗 $X_L = 8\Omega$。则电阻中电流 $I_R =$＿＿＿＿A，总电流瞬时值表达式 $i =$＿＿＿＿A，总阻抗 $Z =$＿＿＿＿。

2. 在 R-Z 交流并联电路中，已知 $I_R = 10\text{A}$，$I_Z = 10\text{A}$，则线路电流 I 最大为＿＿＿＿A，此时 Z 的性质为＿＿＿＿。

二、单项选择题

1. 在图 5-10-11 所示电路中，正弦交流电压 u 的有效值保持不变，而频率由低到高时。各白炽灯亮度的变化规律为（　　）。

    A．各灯亮度均不变　　　　　　　　B．A 不变，B 变暗，C 变亮

C. A 变亮，B 不变，C 变暗　　　　　D. A、B 变亮，C 变暗

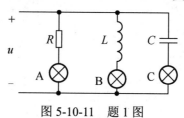

图 5-10-11　题 1 图

2．已知单相交流电路中某负载无功功率为 3kvar，有功功率为 4kW，则其视在功率为
（　　）。

A. 1kVA　　　　　B. 7kVA　　　　　C. 5kVA　　　　　D. 0kVA

3．已知并联支路电流 $i_{ab1}=10\sqrt{3}\sin(\omega t+30°)$ A，$i_{ab2}=10\sin(\omega t-60°)$ A，则总电流
$i_{ab}=$（　　）。

A. $20\sin\omega t$ A

B. $20\sin(\omega t-30°)$ A

C. $20\sqrt{2}\sin\omega t$ A

D. 0

4．如图 5-10-12 所示的交流电路中，若 $I=I_1+I_2$，则 R_1、C_1、R_2、
C_2 应满足的关系（　　）。

A. $C_1=C_2$，$R_1=R_2$

B. $R_1C_2=R_2C_1$

C. $R_1C_1=R_2C_2$

D. $R_1=R_2$、$C_1\neq C_2$

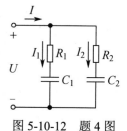

图 5-10-12　题 4 图

三、计算题

1．如图 5-10-13 所示正弦交流电路，已知电源电压 $U=220$V，$R=11\Omega$，
电感 L 的感抗 $X_L=11\Omega$，电容 C 的容抗 $X_C=22\Omega$，求：支路电流 I_C、I_{RL} 和总电流 I。（8 分）

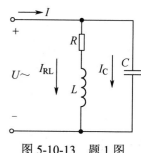

图 5-10-13　题 1 图

2．如图 5-10-14 所示电路，已知 $u=220\sqrt{2}\sin314t$V，$i_1=22\sin(314t-45°)$ A，
$i_2=11\sqrt{2}\sin(314t+90°)$ A，试求各仪表读数以及电路参数 R、L、C。

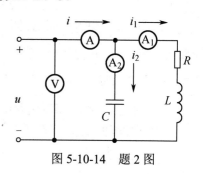

图 5-10-14　题 2 图

3．如图 5-10-15 所示电路，已知 R_1=4Ω，R_2=3Ω，X_L=3Ω，X_C=4Ω，$u=100\sqrt{2}\ \sin100\pi t$V，求：

（1）i_1、i_2、i 的解析式；

（2）电路的 P、Q、S、$\cos\varphi$；

（3）判定电路的性质；

（4）欲使电路呈阻性，a、b 间应接什么理想元件，试求出其参数，并在电路中画出其连接图。

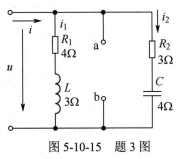

图 5-10-15　题 3 图

4．如图 5-10-16 所示电路，R=100Ω，L=10mH，C=50μF，$u_L=100\sqrt{2}\sin1000t$V，求电路的 P、Q、S。

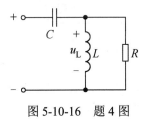

图 5-10-16　题 4 图

5.11　并联谐振电路

知识同步指导

1．理想 R-L-C 并联谐振电路

理想 R-L-C 并联谐振电路模型及相量图如图 5-11-1 所示。

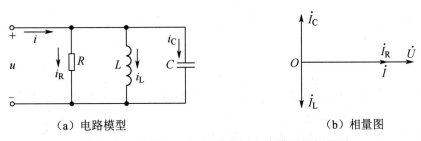

（a）电路模型　　　　（b）相量图

图 5-11-1　理想 R-L-C 并联谐振电路模型及相量图

（1）R-L-C 并联谐振电路分析。

由相量图可知 $\quad I_L = I_C \Rightarrow X_L = X_C \Rightarrow \omega_0 L = \dfrac{1}{\omega_0 C}$

则谐振角频率和频率为 $\quad \omega_0 = \dfrac{1}{\sqrt{LC}} \qquad f_0 = \dfrac{1}{2\pi\sqrt{LC}}$

（2）理想 R-L-C 并联谐振电路特点。

① 总电流最小且为纯电阻上电流 I_R；

② 并联谐振电路的总阻抗最大，且 $Z_0 = R$（这与串联谐振电路相反）；

③ 并联谐振频率为 $f_0 = \dfrac{1}{2\pi\sqrt{LC}}$；

④ 谐振时，电压与总电流同相，$\varphi_{ui} = \arctan\dfrac{I_L - I_C}{I_R} = 0$，电路呈纯电阻性。

2. 实际电感与电容并联的谐振电路

实际电感与电容并联的谐振电路的电路模型及相量图如图 5-11-2 所示。

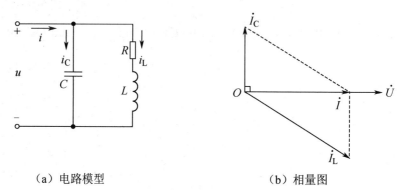

（a）电路模型　　　　　　　　（b）相量图

图 5-11-2　实际电感与电容并联的谐振电路的电路模型及相量图

（1）实际电感与电容并联的谐振电路分析。

理论和实验证明，在图 5-11-2 电感线圈与电容并联谐振电路的谐振频率为

$$f_0 = \dfrac{1}{2\pi\sqrt{LC}}\sqrt{1 - \dfrac{CR^2}{L}} \qquad \text{一般情况下，} \qquad \dfrac{CR^2}{L} \approx 0$$

故 $\quad f_0 = \dfrac{1}{2\pi\sqrt{LC}}$

（2）谐振电路的特点。

① 电路呈电阻性，由于 R 极小，因此总阻抗很大，当 $\sqrt{\dfrac{L}{C}} \gg R$ 时，

$$Z = R_0 = \dfrac{L}{CR} = \dfrac{\rho^2}{R} = Q^2 R$$

上式说明：**线圈的电阻 R 越小，并联谐振时的阻抗 $Z=R_0$ 就越大；当 R 趋于 0，谐振阻抗趋于无穷大。也就是说理想电感与电容发生并联谐振时，其阻抗为无穷大，总电流为零，但在 LC 回路中却存在 I_L 和 I_C，只是它们大小相等，方向相反，才使总电流为零。**

② 特性阻抗和品质因数。

特性阻抗：
$$\rho = \sqrt{\frac{L}{C}} = \omega_0 L = \frac{1}{\omega_0 C}$$

品质因数：
$$Q = \frac{\rho}{R} = \frac{1}{R}\sqrt{\frac{L}{C}} = \frac{\omega_0 L}{R} = \frac{1}{\omega_0 RC}$$

③ 总电流与总电压同相位，其数量关系为
$$U = IR_0 \qquad R_0 = \frac{\rho^2}{R} = Q^2 R = \frac{L}{CR}$$

④ 电感支路电流约等于电容支路电流约等于总电流的 Q 倍。

即：$I_L = QI \qquad I_C = QI \qquad I_L = I_C$

故并联谐振又称为**电流谐振**，常应用于中频选频回路。

【强调】串联谐振电路由于其内阻小，特别适用于低内阻信号源；并联谐振电路由于其内阻大，特别适用于高内阻信号源。

3. 并联谐振的应用

如图 5-11-3 所示为并联谐振的典型应用。多频率信号源输出的各种信号中，只有 f_0 在电感器两端的电压最高，因为对谐振信号 f_0 而言，并联电路的阻抗最大。因而对应 f_0 信号的 u_0 也最大。

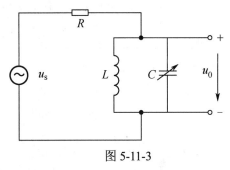

图 5-11-3

经典例题解析

【例1】如图 5-11-4 所示电路，已知端口交流电压有效值 $U=100\text{V}$，$\varphi_{ui} = 0$，$I_1 = I_2 = 10\text{A}$，求：

（1）画出电压、电流相量图。

（2）电路中总电流 $I=?$

（3）R、X_L、X_C 的大小。

【解析】这是一个混联电路，因为电阻与电容并联，所以以电阻两端电压为参考量，定性画出相量图。

【解答】（1）画出电压、电流相量图如图 5-11-5 所示，由相量图可知：

（2）$I = \sqrt{I_1^2 + I_2^2} = \sqrt{10^2 + 10^2} = 10\sqrt{2}\ \text{A}$

（3）$U_L = U = 100\ \text{V}$

$$U_R = U_C = U_{RC} = \sqrt{U_L^2 + U^2}$$
$$= \sqrt{100^2 + 100^2} = 100\sqrt{2}\ \text{V}$$

则：$R = \dfrac{U_R}{I_1} = \dfrac{100\sqrt{2}}{10} = 10\sqrt{2}\ \Omega$

$$X_L = \frac{U_L}{I} = \frac{100}{10\sqrt{2}} = 5\sqrt{2}\,\Omega \qquad X_C = \frac{U_C}{I_2} = \frac{100\sqrt{2}}{10} = 10\sqrt{2}\,\Omega$$

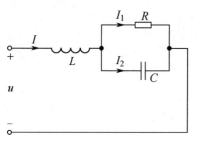

图 5-11-4　例 1 图

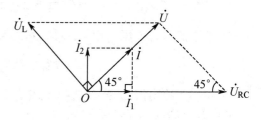

图 5-11-5　相量图

【解法 2】 $\cos\varphi = 1$，电路发生谐振，谐振电路本质上是一个简单电路，利用无功功率补偿法，可以不用画相量图，求出各参数。

因为　　$\Delta\varphi_{ui} = 0$　　所以　　$\cos\varphi = 1$　　$\Rightarrow$　　$Q_L = Q_C$

所以　　$S = P$

因为总电流　　$I = \sqrt{I_1^2 + I_2^2} = \sqrt{10^2 + 10^2} = 10\sqrt{2}\,\text{A}$

所以　　　　$S = P = UI = 100 \times 10\sqrt{2} = 1000\sqrt{2}\,\text{VA}$

所以　　　　$R = \frac{P}{I_1^2} = \frac{1000\sqrt{2}}{100} = 10\sqrt{2}\,\Omega$

因为　　　　$I_1 = I_2 \Rightarrow Q_C = P = Q_L$

所以　　　　$X_C = \frac{Q_C}{I_2^2} = \frac{1000\sqrt{2}}{100} = 10\sqrt{2}\,\Omega$，　$X_L = \frac{Q_L}{I^2} = \frac{1000\sqrt{2}}{200} = 5\sqrt{2}\,\Omega$

【例 2】 如图 5-11-6 所示电路，a、b 为两根靠得很近的长直导线，其电阻不计，在它们的一端分别接一电容器和电感器，然后并接于同一交流电源线上，试分析通电后两根导线是相互吸引还是相互排斥，为什么？

【解答】 电感器和电容器的连接方式是并联，所以电感的电流和电容的电流是反相的。即 a、b 两直导线电流方向始终相反，由磁场对通电电流的作用可知，通电后两根导线是相互排斥的。

【例 3】 如图 5-11-7 所示电路，$R=3\,\Omega$，$X_L=4\,\Omega$，$I_L=5\text{A}$，$\cos\varphi = 1$，求 I_C 和 I。

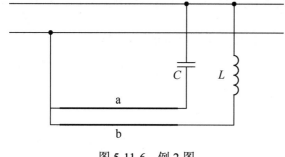

图 5-11-6　例 2 图

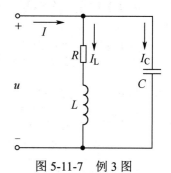

图 5-11-7　例 3 图

【解答】$Z_{RL} = \sqrt{R^2 + X_L^2} = \sqrt{3^2 + 4^2} = 5\Omega$

$U = I_L Z_{RL} = 5 \times 5 = 25V$

$Q_L = I_L^2 X_L = 5^2 \times 4 = 100\,\text{var}$

$\cos\varphi = 1 \qquad Q_C = Q_L = 100\,\text{var}$

$I_C = \dfrac{Q_C}{U} = \dfrac{100}{25} = 4A$

$\cos\varphi = 1 \qquad S = P = I_L^2 R = 25 \times 3 = 75VA$

$I = \dfrac{S}{U} = \dfrac{75}{25} = 3A$

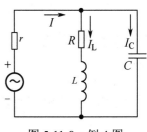

【例4】如图 5-11-8 所示电路,电感为 0.1mH,电容为 100pF,外加电源的电动势有效值为 10V,电源内阻为 100kΩ,电路发生谐振时,品质因数 $Q=100$。试求:谐振电路的总电流、各支路电流、回路两端的电压和回路吸收的功率。

图 5-11-8 例 4 图

【解答】谐振时,回路呈电阻性,谐振阻抗为

$$R_0 = Q\rho = Q\sqrt{\frac{L}{C}} = 100 \times \sqrt{\frac{100 \times 10^{-6}}{100 \times 10^{-12}}} = 100\text{k}\Omega$$

电路中的总电流为

$$I = \frac{E}{R_0 + r} = \frac{10}{(100 + 100) \times 10^3} = 0.05\text{mA}$$

电感支路的电流为

$$I_L = QI = 100 \times 0.05 = 5\text{mA}$$

电容支路的电流为

$$I_C = QI = 100 \times 0.05 = 5\text{mA}$$

回路两端的电压为

$$U = R_0 I = 100 \times 10^3 \times 0.05 \times 10^{-3} = 5V$$

回路吸收的功率就是有功功率

$$P = I^2 R_0 = I_L^2 R = (0.05 \times 10^{-3})^2 \times 100 \times 10^3 = 0.25\text{mW}$$

【例5】如图 5-11-9 所示的正弦交流电路中,电容 $C=50\mu F$,电阻 $R=30\Omega$,问当 $\omega=500\text{rad/s}$ 时,常使用多大的电感才能使整个电路的电抗为零。

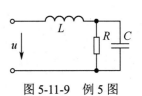

图 5-11-9 例 5 图

【解析】运用常规法列方程来求解,不仅费时费力,还非常容易运算错误。此类型题目可利用线性电路中普遍适用的齐性原理,假设一个数值,运用代数法和无功功率补偿法,巧妙求解。

【解答】电容的容抗为 $\quad X_C = \dfrac{1}{\omega C} = \dfrac{1}{500 \times 50 \times 10^{-6}}\Omega = 40\Omega$

任意假定 U_{RC} 初级电压为 120V,则 $I_R=4A$,$I_C=3A$,根据相位关系画相量图可得

$$I_L = \sqrt{I_R{}^2 + I_C{}^2} = \sqrt{4^2 + 3^2} = 5A$$

整个电路的电抗为零，说明 $Q_L = Q_C$， $Q_L = Q_C = \dfrac{U_C{}^2}{X_C} = \dfrac{120^2}{40} = 360\,\text{var}$

$$X_L = \frac{Q_L}{I_L{}^2} = \frac{360}{25} = 14.4\Omega \quad \Rightarrow \quad L = \frac{X_L}{\omega} = \frac{14.4}{500} = 28.8\text{mH}$$

即使用 28.8mH 的电感才能使整个电路的电抗为零。

同步练习题

一、填空题

1．R、L、C 三元件组成串联或并联电路，其谐振频率均为_____（写公式）；若是并联谐振，则电路中电流为_____。（最大、最小）

2．如图 5-11-10 所示 R-L-C 并联电路，端口电压为 U 电流为 I 则电路发生谐振的条件为_____。

3．在电感线圈与电容器并联电路中，线圈参数为 $R=10\Omega$，$L=0.532$H，电容 $C=47\mu$F，若要发生谐振，谐振频率为_____Hz，谐振时阻抗为_____。

4．如图 5-11-11 所示电路，若调节电路中电容器的容量使整个电路功率因数 $\cos\varphi=1$，此时 A_1 的读数为 12A，A_2 的读数为 10A，则 A 的读数为_____A。

5．如图 5-11-12 所示电路，已知电源电压为 10V，若电流表 A_2 的读数为 0，电流表 A_3 的读数为 5A，则电流表 A_1 的读数为_____A，电流表 A_4 的读数为_____A。

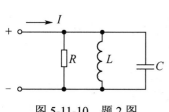

图 5-11-10　题 2 图

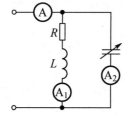

图 5-11-11　题 4 图

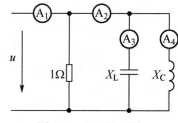

图 5-11-12　题 5 图

6．如图 5-11-13 所示电路，已知 $R=X_C=10\Omega$，$X_L=5\Omega$，电流表 A_3 的读数为 5A，则电流表 A_1 的读数为_____，A_2 的读数为_____，A_4 的读数为_____，A 的读数为_____。

7．如图 5-11-14 所示电路，$I_1=I_2=5$A，U 与 I 同相位且 $U=50$V，则 $I=$_____A，$R=$_____Ω，$X_L=$_____Ω，$X_C=$_____Ω。

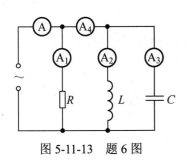

图 5-11-13　题 6 图

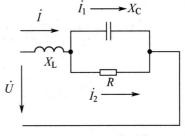

图 5-11-14　题 7 图

二、单项选择题

1. 如图 5-11-15 所示电路，其中 $R=X_L=5\Omega$，$U_{AB}=U_{BC}$，且电路处于谐振状态，其阻抗 Z 的电抗为（　　　）。

　　A．10Ω　　　　　　　　　　　B．5Ω

　　C．2.5Ω　　　　　　　　　　D．-2.5Ω

2. 如图 5-11-16 所示正弦交流电路，其中 $R=X_L=10\Omega$，欲使电路的功率因数为 1，则 X_C 为（　　　）。

　　A．10Ω　　　　　　　　　　B．7.07Ω

　　C．20Ω　　　　　　　　　　D．5Ω

3. 如图 5-11-17 所示电路，已知 A_1、A_2、A_3 的读数分别为 4A、7A、4A，则 A 的读数是（　　　）。

　　A．15A　　　　　　　　　　　B．8A

　　C．5A　　　　　　　　　　　D．4A

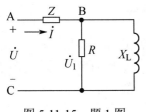

图 5-11-15　题 1 图

图 5-11-16　题 2 图

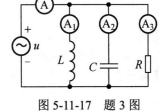

图 5-11-17　题 3 图

三、综合题

电路参数如图 5-11-18（a）所示，A 点的波形如图 5-11-18（b）所示，双踪示波器的时间轴挡位为 200μs/格，幅度轴挡位为 1V/格，请将该电路 B 点的波形画在给定区域内。

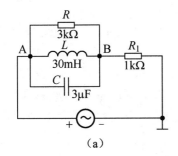

（a）

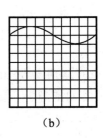

（b）

图 5-11-18　综合题图

5.12　提高功率因数的意义和方法

知识同步指导

1. 提高功率因数的意义

（1）功率因数的大小是表示电源功率被利用的程度。电路的功率因数越大，表示电源所发出的电能转换为热能或机械能越多，而与电感或电容之间相互交换的能量就越少，说明电源的利用率就越高。

（2）在同一电压下，要输送同一功率，功率因数越高，则线路中电流越小，线路中的损耗也越小。

2. 提高功率因数的方法

（1）提高用电设备自身的功率因数。

（2）在感性负载两端并联一只电容量适当的电容器，可以提高整个电路的功率因数。功率因数由 $\cos\varphi_1$ 提高到 $\cos\varphi$ 所需并联的电容值可由下式决定。

$$C = \frac{P}{\omega U^2}(\tan\varphi_1 - \tan\varphi)$$

注意：**（1）功率因数的提高并不是有功功率的提高；**
（2）功率因数的提高不允许改变原负载的工作状态。

经典例题解析

【例 1】一座发电站以 220kV 的高压输给负载 4.4×10^5 kW 的电能，如果输电线路的总电阻为 10Ω，试计算负载的功率因数由 0.5 提高到 0.8 时，输电线上一天可少损失多少电能？

【解答】当功率因数 $\cos\varphi_1 = 0.5$ 时，线路中的电流为

$$I_1 = \frac{P}{U\cos\varphi_1} = \frac{4.4\times10^8}{220\times10^3\times0.5} = 4\times10^3\,\mathrm{A}$$

当功率因数 $\cos\varphi_2 = 0.8$ 时，线路中的电流为

$$I_2 = \frac{P}{U\cos\varphi_2} = \frac{4.4\times10^8}{220\times10^3\times0.8} = 2.5\times10^3\,\mathrm{A}$$

一天少损失的电能为

$$\Delta W = (I_1^2 - I_2^2)\,Rt = \left[(4\times10^3)^2 - (2.5\times10^3)^2\right]\times10\times24$$
$$= 2.34\times10^6\,\mathrm{kWh}$$

【例 2】将一个有功功率为 10kW，功率因数为 0.6 的感性负载，接到电压有效值为 220V，频率为 50Hz 的电源上，要将功率因数提高到 0.95，感性负载上需并联多大的电容，并求并联电容前后的电流有效值。

【解法一】公式法

当 $\cos\varphi_1=0.6 \Rightarrow \varphi_1=53°$　　　　当 $\cos\varphi=0.95 \Rightarrow \varphi=18°$

并联电容器的容量为

$$C = \frac{P}{U^2 2\pi f}(\tan\varphi_1 - \tan\varphi) = \frac{10 \times 10^3}{220^2 \times 2 \times 3.14 \times 50} \times (\tan 53° - \tan 18°) \approx 656\mu F$$

并联电容器前电路中的电流为

$$I_1 = \frac{P}{U\cos\varphi_1} = \frac{10 \times 10^3}{220 \times 0.6} \approx 75.8A$$

并联电容器后电路中的电流为

$$I = \frac{P}{U\cos\varphi} = \frac{10 \times 10^3}{220 \times 0.95} \approx 47.8A$$

【解法二】无功功率补偿法

当 $\cos\varphi_1 = 0.6$ 时，

$$S_1 = \frac{P}{\cos\varphi_1} = \frac{10kW}{0.6} = 16676VA$$

$$Q_1 = Q_L = \sqrt{S_1^2 - P_1^2} = \sqrt{16676^2 - 10000^2} = 13345var$$

当 $\cos\varphi = 0.95$ 时，

$$S = \frac{P}{\cos\varphi} = \frac{10kW}{0.95} = 10516VA$$

$$Q = Q_L - Q_C = \sqrt{S^2 - P^2} = \sqrt{10516^2 - 10000^2} = 3254var$$

$$Q_C = Q_L - Q = 13345 - 3254 = 10091var$$

$$X_C = \frac{U^2}{Q_C} = \frac{220^2}{10091} = 4.769\Omega$$

并联电容器的容量为 $\quad C = \frac{1}{X_C\omega} = \frac{1}{4.796 \times 314}F = 664\mu F$

并联电容器前电路中的电流为 $I_1 = \frac{S_1}{U} = \frac{16676}{220} = 75.8A$

并联电容器后电路中的电流为 $I = \frac{S}{U} = \frac{10156}{220} = 47.8A$

【例 3】在图 5-12-1 所示电路中，已知电源电压 U=220V，频率 f=50Hz，R_1=10Ω，X_{L1}=10$\sqrt{3}$ Ω，R_2=5Ω，X_{L2}=5$\sqrt{3}$ Ω。求：

（1）电流表的读数和电路的功率因数。

（2）欲使电路的功率因数提高到 0.866，则需并联多大的电容？

（3）并联电容后电流表的读数为多少？

【解答】可利用无功功率补偿法，将整个电路视为一整体进行计算。

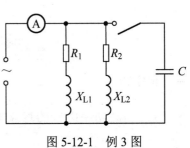

图 5-12-1 例 3 图

（1）$|Z_1| = \sqrt{R_1^2 + X_{L1}^2} = \sqrt{10^2 + (10\sqrt{3})^2} = 20\Omega$

$$I_1 = \frac{U}{|Z_1|} = \frac{220}{20} = 11A$$

$$P_1 = I_1^2 R_1 = 121 \times 10 = 1210\,W$$

$$Q_1 = I_1^2 X_{L1} = 121 \times 10\sqrt{3} = 1210\sqrt{3}\,var$$

$$|Z_2| = \sqrt{R_2^2 + X_{L2}^2} = \sqrt{5^2 + (5\sqrt{3})^2} = 10\,\Omega$$

$$I_2 = \frac{U}{|Z_2|} = \frac{220}{10} = 22\,A$$

$$P_2 = I_2^2 R_2 = 484 \times 5 = 2420\,W$$

$$Q_2 = I_2^2 X_{L2} = 484 \times 5\sqrt{3} = 2420\sqrt{3}\,var$$

$$P = P_1 + P_2 = 1210 + 2420 = 3630\,W$$

$$Q = Q_1 + Q_2 = 1210\sqrt{3} + 2420\sqrt{3} = 3630\sqrt{3}\,var$$

$$S = \sqrt{P^2 + Q^2} = \sqrt{3630^2 + (3630\sqrt{3})^2} = 7260\,VA$$

则　　$I = \dfrac{S}{U} = \dfrac{7260}{220} = 33\,A$，即电流表读数为 33A

$$\cos\varphi = \frac{P}{S} = \frac{3630}{7260} = 0.5$$

（2）因为 $\cos\varphi = 0.866$，得 $\varphi = 30°$；$\cos\varphi_1 = 0.5$，得 $\varphi_1 = 60°$，利用公式得

$$C = \frac{P}{\omega U^2}(\tan\varphi_1 - \tan\varphi) = \frac{3630}{314 \times 220^2}\left(\sqrt{3} - \frac{\sqrt{3}}{3}\right)\,F \approx 276\,\mu F$$

或者根据无功功率补偿原理求解：

并联电容后，P 不变，Q 减小 Q'，S 也减小到 S'。

$$S' = \frac{P}{\cos\varphi} = \frac{3630}{0.866} = 4192\,VA$$

$$Q' = \sqrt{(S')^2 - P^2} = \sqrt{(4192)^2 - (3630)^2} = 2097\,var$$

$$Q_C = Q_L - Q' = 3630\sqrt{3} - 2097 = 4190\,var$$

$$X_C = \frac{U^2}{Q_C} = \frac{220^2}{4190} = 11.55\,\Omega$$

$$C = \frac{1}{\omega X_C} = \frac{1}{11.55 \times 314}\,F = 276\,\mu F$$

（3）并联电容后，　　　　$I = \dfrac{S'}{U} = \dfrac{4192}{220} = 19.05\,A$

同步练习题

一、填空题

1．提高功率因数的意义有两个：一是_____；二是

_____。提高功率因数的方法一般有_____

和_____。

二、单项选择题

1. 日光灯原功率因数为 0.6，并接一个电容器后，其功率因数提高到 0.9，则线路中的电流（　　）。

　　A．减小　　　　　B．增大　　　　　C．不变　　　　　D．不能确定

2. 提高供电电路的功率因数，下列说法正确的是（　　）。

　　A．减少了用电设备中无用的无功功率

　　B．减少了用电设备的有功功率，提高了电源设备的容量

　　C．可以节省电能

　　D．可提高电源设备的利用率并减小输电线路中的损耗

3. 在交流电路中，对于感性负载，通常采用下列哪种方法来提高功率因数（　　）。

【省对口招生考试试题】

　　A．在负载两端并联一个电阻　　　　　B．在负载两端并联一个电容

　　C．在负载两端并联一个电感　　　　　D．串联一个电阻

4. 交流电路中，在感性负载两端，并联一适合电容器，以下说法正确的是（　　）。

　　A．感性负载电流增加　　　　　B．功率因数增加

　　C．无功功率增加　　　　　　　D．视在功率增加

5. 在 R-L-C 串联电路中，电路呈容性，以下说法正确的是（　　）。

　　A．频率上升，功率因数变小

　　B．增大电阻可能使功率因数变小

　　C．频率上升，功率因数增大

　　D．在电路两端并联一只容量适合的电容可以提高功率因数

三、计算题

1. 某车间负载 $P=150kW$，功率因数 $\cos\varphi=0.5$，今若将功率因数提高到 0.866，求并联补偿电容的无功功率 Q_C。

2. 一个 50kW 感性负载的功率因数为 0.5，电压电源为 10kV，频率为 50Hz，，若将功率因数提高到 0.707，求应并联电容的大小。**【省对口招生考试试题】**

四、综合题

如图 5-12-2 所示电路，有一只 40W 的日光灯，接在电压为 220V，频率为 50Hz 的电源上。（可近似把镇流器看作纯电感，灯管工作时属于纯电阻负载）【省对口招生考试试题】

（1）连接日光灯电路图。

（2）测得灯管两端的电压为 110V，试求镇流器上的感抗和电感，这时电路的功率因数等于多少？

（3）通常采用什么方式提高功率因数？

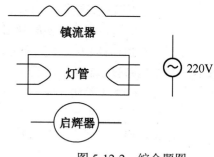

图 5-12-2　综合题图

第六章　三相交流电路和电动机

 学习要求

（1）了解三相交流电的产生。

（2）掌握对称三相交流电的数量关系、相位关系和相序的概念。

（3）掌握三相交流电源不同连接（Y形与△形）下的接法以及线电压和相电压的关系。

（4）掌握三相对称负载不同连接（Y形与△形）下的接法以及线电压和相电压、相电流和线电流之间的关系。

（5）掌握三相交流电路的功率计算。

（6）了解三相、单相交流异步电动机的组成和工作原理。

（7）了解三相交流异步电动机的铭牌数据的意义。

（8）了解三相交流异步电动机的起动、反转、调速、制动、保护原理，单相交流异步电动机的起动、反转、调速。

（9）掌握安全用电常识和要求。

6.1　三相交流电源

知识同步指导

1. 三相交流电动势

（1）三相交流电动势的产生。

三相交流电动势是由三相交流发电机产生的。当原动机带动转子顺时针以角速度 ω 匀速转动时，就相当于每相绕组以 ω 逆时针匀速旋转作切割磁力线运动，因而产生感应电动势 e_u、e_v、e_w。

以 e_u 为参考量，则：
$$\begin{cases} e_u = E_m \sin \omega t \, \text{V} \\ e_v = E_m \sin(\omega t - \dfrac{2\pi}{3}) \, \text{V} \\ e_w = E_m \sin(\omega t + \dfrac{2\pi}{3}) \, \text{V} \end{cases}$$

（2）相序和正、负相序的概念。

相序：是指三相交流电动势随按正弦规律变化，到达最大值或零值的先后顺序。

其中：先后顺序为 U→V→W→U 的顺序叫正序；

先后顺序为 U→W→V→U 的顺序叫负序。

2. 三相交流电源的连接

三相交流电源有星形连接和三角形连接两种连接方式。

（1）三相交流电源的星形连接（Y）

如果将三相交流发电机绕组的相尾（U_2、V_2、W_2）连接在一起，作为中性点，相尾（U_1、V_1、W_1）作为三个独立的输出端线，这种连接方式称为三相交流电源的星形连接。三相交流电源的星形连接有两种构成方式：

① 带中线可构成三相四线制（电源 Y_0 连接方式），如图 6-1-1 所示；

② 不带中线构成三相三线制（电源 Y 连接方式），如图 6-1-2 所示。

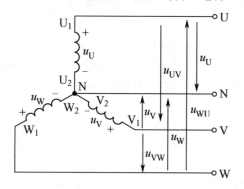

图 6-1-1　三相交流电源的 Y_0 连接　　　　　图 6-1-2　三相交流电源的 Y 连接

（2）三相交流电源的三角形连接（△）。

将三相交流发电机绕组按相序依次连接称为三相交流电源的三角形连接，连接方式如图 6-1-3。由于只能采用三相三线制，且极易因绕组不对称形成较大环内电流导致电源烧毁，故极少采用。

3. 三相四线制电源

（1）三相四线制供电系统电路中的相关概念：

① 相线：从线圈首端 U_1、V_1、W_1 引出的三根导线（俗称火线）。

② 中线：从线圈中性点引出的导线（俗称零线）。

③ 相电压：从相线到中线之间的电压（U_U、U_V、U_W），用 U_P 表示。

④ 线电压：相线与相线之间的电压（U_{UV}、U_{VW}、U_{WU}），用 U_L 表示。

⑤ 相电流：流过发电机线圈（或流过负载）的电流，用 I_P 表示。

⑥ 线电流：流过发电机（或流过负载）端线的电流，用 I_L 表示。

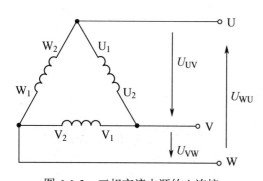

图 6-1-3　三相交流电源的△连接

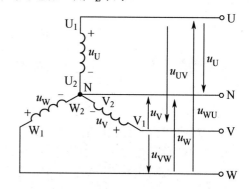

图 6-1-4　三相四线制供电系统

（2）三相四线制供电系统相电压与线电压的关系。

设：
$$\begin{cases} u_{\mathrm{u}} = U_{\mathrm{m}} \sin \omega t\,\mathrm{V} \\ u_{\mathrm{v}} = U_{\mathrm{m}} \sin\left(\omega t - \dfrac{2\pi}{3}\right)\,\mathrm{V} \\ u_{\mathrm{w}} = U_{\mathrm{m}} \sin\left(\omega t + \dfrac{2\pi}{3}\right)\,\mathrm{V} \end{cases}$$

则：
$$\begin{cases} u_{\mathrm{uv}} = u_{\mathrm{u}} - u_{\mathrm{v}} \\ u_{\mathrm{vw}} = u_{\mathrm{v}} - u_{\mathrm{w}} \\ u_{\mathrm{wu}} = u_{\mathrm{w}} - u_{\mathrm{u}} \end{cases} \Rightarrow \begin{cases} \dot{U}_{\mathrm{UV}} = \dot{U}_{\mathrm{U}} - \dot{U}_{\mathrm{V}} \\ \dot{U}_{\mathrm{VW}} = \dot{U}_{\mathrm{V}} - \dot{U}_{\mathrm{W}} \\ \dot{U}_{\mathrm{WU}} = \dot{U}_{\mathrm{W}} - \dot{U}_{\mathrm{U}} \end{cases}$$

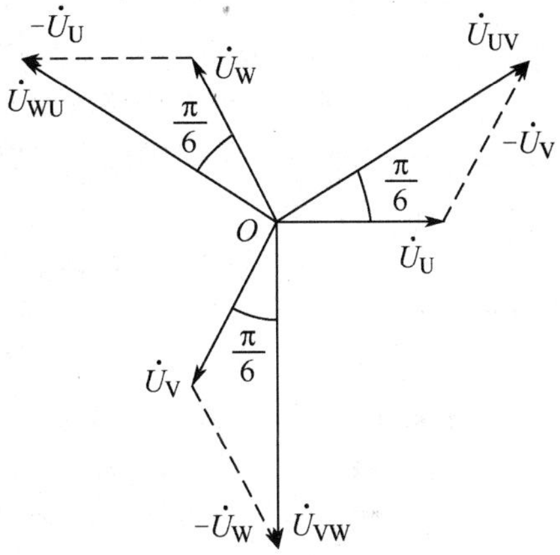

定性画出相量图如图 6-1-5 所示，由相量图可知：

① 对称三相电动势有效值相等，频率相同，各相之间的相位差为 $\dfrac{2\pi}{3}$；

② 三相四线制的相电压和线电压都是对称的；

③ 线电压是相电压的 $\sqrt{3}$ 倍，（$U_{\mathrm{L}} = \sqrt{3}U_{\mathrm{P}}$）

在相位上线电压超前相应的相电压 $\dfrac{\pi}{6}$。

设 $u_{\mathrm{u}} = 220\sqrt{2} \sin \omega t\,\mathrm{V}$，

则：
$$\begin{cases} u_{\mathrm{uv}} = 380\sqrt{2} \sin\left(\omega t + \dfrac{\pi}{6}\right)\,\mathrm{V} \\ u_{\mathrm{vw}} = 380\sqrt{2} \sin\left(\omega t - \dfrac{\pi}{2}\right)\,\mathrm{V} \\ u_{\mathrm{wu}} = 380\sqrt{2} \sin\left(\omega t + \dfrac{5\pi}{6}\right)\,\mathrm{V} \end{cases} \Rightarrow \begin{cases} U_{\mathrm{UV}} = \sqrt{3}U_{\mathrm{U}} \\ U_{\mathrm{VW}} = \sqrt{3}U_{\mathrm{V}} \\ U_{\mathrm{WU}} = \sqrt{3}U_{\mathrm{W}} \end{cases}$$

图 6-1-5　相量图

经典例题解析

【例 1】三相对称交流电源的绕组做 Y 形连接，已知 $u_{\mathrm{u}} = 220\sqrt{2} \sin(314t - 60°)\,\mathrm{V}$，求（1）$u_{\mathrm{v}}$、$u_{\mathrm{w}}$ 的解析式；（2）线电压 u_{uv}、u_{vw}、u_{uw} 的解析式。

【解析】由于电源对称，三相交流电源输出的相电压、线电压都是对称的，相位上彼此相差 $\dfrac{2\pi}{3}$。

【解答】（1）$u_{\mathrm{v}} = 220\sqrt{2}\sin\left(314t - 60° - \dfrac{2\pi}{3}\right)\,\mathrm{V} = 220\sqrt{2}\sin(314t \pm \pi)\,\mathrm{V}$

$u_{\mathrm{w}} = 220\sqrt{2}\sin(314t - 60° - 240°)\,\mathrm{V} = 220\sqrt{2}\sin(314t + 60°)\,\mathrm{V}$

（2）$u_{\mathrm{uv}} = \sqrt{3} \times 220\sqrt{2}\sin(314t - 60° + 30°)\,\mathrm{V} = 380\sqrt{2}\sin(314t - 30°)\,\mathrm{V}$

$u_{\mathrm{vw}} = \sqrt{3} \times 220\sqrt{2}\sin(314t - 60° - 120° + 30°)\,\mathrm{V} = 380\sqrt{2}\sin(314t - 150°)\,\mathrm{V}$

因为　$u_{\mathrm{wu}} = \sqrt{3} \times 220\sqrt{2}\sin(314t - 60° - 240° + 30°)\,\mathrm{V} = 380\sqrt{2}\sin(314t + 90°)\,\mathrm{V}$

所以　$u_{\mathrm{uw}} = -u_{\mathrm{wu}} = 380\sqrt{2}\sin(314t - 90°)\,\mathrm{V}$

【例2】三相交流发电机绕组接成三相四线制，已知相电压 U_P=220V，若：

（1）一相绕组首尾端接反，三个相电压和线电压将如何变化；

（2）两个绕组首尾端接反，三个相电压和线电压将如何变化；

（3）三个绕组首尾端均接反，三个相电压和线电压将如何变化。

【解析】该题的结论可通过画相电压和线电压的相量图进行推导，从而得出结论。（相量图略）

【解答】（1）假设 U 相绕组首尾接反，与 U 相相关的线电压就必然异常，则三个相电压 U_U、U_V、U_W 均为 220V，三个线电压中 U_{UV}、U_{WU} 为 220V，U_{VW} 为 380V；

（2）假设 U、V 两相绕组首尾同时接反，效果等同于 W 相绕组首尾接反，与 W 相相关的线电压出现异常。则三个相电压均为 220V，三个线电压中 U_{VW}、U_{WU} 为 220V，U_{UV} 为 380V；

（3）三个绕组的首尾端均接反，效果等同于三个绕组均未接反，即三个相电压均为 220V，三个线电压均为 380V。

【例3】画出三相四线制低压配电线路图。

【解答】低压配电线路输出两组电压 220V 或 380V，可供对称与不对称负载选用，其配电线路图如图 6-1-6 所示。

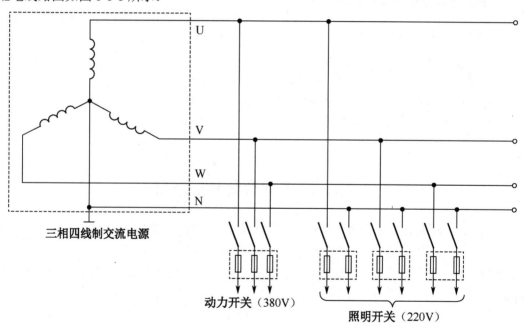

图 6-1-6　三相四线制低压配电线路

接到动力开关上的是三根相线，它们之间的线电压 U_L=380V，接到照明开关上的是相线和中性线，它们之间的相电压 U_P=220V。

同步练习题

一、填空题

1．三相交流电源绕组的连接方式有_____连接和_____连接。

2．_____相等、_____相同、相位互差_____的三相交流电源，称为三相对称交流电源。

3．三相对称交流电源作星形连接时的相电压等于线电压的_____倍，相电压的相位_____于线电压相位 30°。

4．有一三相对称交流电源，其中 U、V 之间的线电压是 220V，初相位为 60°，则 W 相的相电压为_____V，初相位为_____。

二、单项选择题

1．三相动力供电线路的电压是 380V，则任意两根相线之间的电压称为（　　）。

 A．相电压，有效值是 380V

 B．相电压，有效值是 220V

 C．线电压，有效值是 380V

 D．线电压，有效值是 220V

2．Y 形连接的三相对称交流电源相电压之间的相位差是 120°，线电压之间的相位差是（　　）。【省对口招生考试试题】

 A．60°   B．90°

 C．120°   D．150°

三、综合题

如图 6-1-7 所示为三相交流发电机的三相线圈，U_1、V_1、W_1 为三相绕组的始端，U_2、V_2、W_2 为三线绕组的末端，请将：

图 6-1-7（a）中的电源连接成三角形；

图 6-1-7（b）中的电源连接成星形。

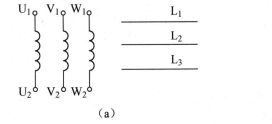

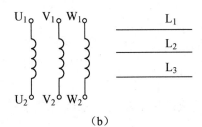

    （a）   （b）

图 6-1-7　综合题图

6.2　三相负载的连接

知识同步指导

1. 三相对称负载与三相不对称负载

（1）三相对称负载。

三相对称负载是指各相负载的大小和性质完全相同。即复阻抗相等（阻抗模长相等，阻抗角相同）。如图 6-2-1 所示，常见的三相交流异步电动机，三相变压器均为三相对称负载的典型实例。

（2）三相不对称负载。

各相负载的大小不相同或性质不相同，即复阻抗不相等。如图 6-2-1 所示，三相四线制低压配电线路就是三相不对称负载的典型实例。

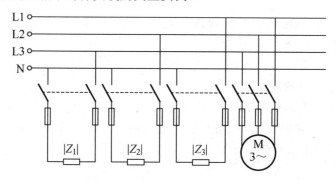

三相不对称负载　　　　　三相对称负载

图 6-2-1　三相负载

（3）三相负载中的符号含义说明：

I_{YP}——负载作 Y 形连接时的相电流；　　I_{YL}——负载作 Y 形连接时的线电流；

$I_{\triangle P}$——负载作△形连接时的相电流；　　$I_{\triangle L}$——负载作△形连接时的线电流；

I_u、I_v、I_w——U、V、W 相负载的相电流；　　I_U、I_V、I_W——U、V、W 相负载的线电流；

I_N——中线电流；　　U_{YP}——负载作 Y 形连接时的相电压；

U_{YL}——负载作 Y 形连接时的线电压；　　$U_{\triangle P}$——负载作△形连接时的相电压；

$U_{\triangle L}$——负载作△形连接时的线电压。

2. 负载的星形连接（三相四线制）

负载的星形连接将分为电源对称、负载对称和电源对称、负载不对称两种情况进行分析。

（1）电源对称、负载对称，如图 6-2-2 所示。

电路的特点：

① $I_{YP} = I_U = I_V = I_W = \dfrac{U_{YP}}{Z_P} = \dfrac{U_P}{Z_P} = I_P$；

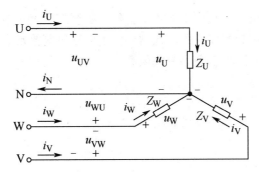

图 6-2-2 电源对称、对称负载的星形连接

② 电源对称，各相电压也是对称的，$U_P = \dfrac{1}{\sqrt{3}} U_L$；

③ 电源对称，各相电流也是对称的，彼此互差120°；

④ 相电压与相电流的相位差等于负载的阻抗角；

⑤ 对称负载中线电流 $I_N = 0$。

三相电机、三相变压器均为对称负载。如果电源对称、负载对称，中线上是没有电流的，这样便可省去中线。电源对称、负载对称且无中线的连接方式称为三相三线制。

（2）电源对称、负载不对称。

电源对称、负载不对称又分两种情况讨论：一是中线存在时（如图 6-2-3 所示）；二是中线断开时（如图 6-2-4 所示）。

① 设负载为纯电阻，当中线存在时，

$\because R_U \neq R_V \neq R_W \qquad \because I_U \neq I_V \neq I_W \qquad \therefore \dot{I}_N = \dot{I}_U + \dot{I}_V + \dot{I}_W \neq 0 \Rightarrow \dot{I}_N \neq 0$

尽管中线电流不为零，但中线的存在保障了各相电压对称，故各相负载仍然能正常工作。

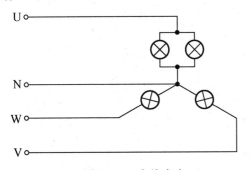

图 6-2-3 中线存在

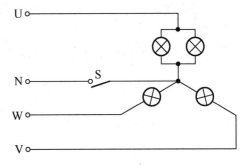

图 6-2-4 中线断开

② 设负载为纯电阻，当中线断开（$I_N = 0$）时，

任意假设 $R_U > R_V > R_W$，$I_N = 0 \Rightarrow I_U = I_V = I_W \Rightarrow U_U > U_V > U_W$。

即各相负载的相电压不再对称，中性点发生漂移，阻抗越大的负载，两端的相电压越高，反之越低。其结果是各相负载均不能在各自的额定电压下工作。

中线的作用：在负载作星形连接时，若三相负载对称，则中线电流为零，可以省去中线，采用三相三线制供电；若三相负载不对称，则中线中有电流通过，所以必须要有中线。这时如果断开中线，就会造成阻抗较小的负载两端电压低于其额定电压，阻抗较大的负载两端电压高于其额定电压，使负载不能正常工作，甚至产生严重事故。所以在三相四线制中，规定中线不准安装熔断器和开关，通常还要把中线重复接地，以保障安全。故在连接三相负载时，应尽量使其对称以减小中线电流。

3. 负载的三角形连接

（1）连接方式及特点。

三相负载作三角形连接时的电路如图 6-2-5 所示。

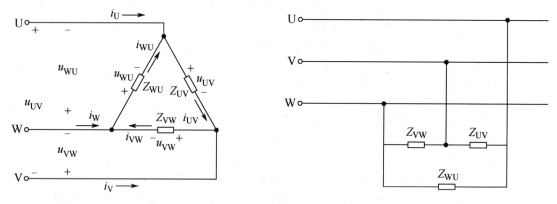

图 6-2-5　负载的三角形连接

由于电源对称，无论负载是否对称，负载的相电压是对称的，即 $U_{\triangle P} = U_L$。

（2）三相交流电路的计算。

对于负载作三角形连接的三相交流电路中的每一相负载来说，都是单相交流电路。各相电流和电压间的数量关系和相位关系与单相交流电路相同。

如果电源对称、三角形连接的负载也对称，那么流过三相负载的相电流和线电流也是对称的。其相量图如图 6-2-6 所示。

三相交流电路的特点：

① 数量关系：$I_L = \sqrt{3} I_P$

② 相位关系：线电流滞后相应的相电流 $30°$。

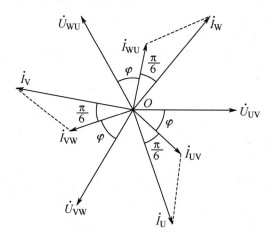

图 6-2-6　相量图

经典例题解析

【**例 1**】如图 6-2-7 所示电路，已知 L_1 相负载是一个额定电压为 220V，功率为 100W 的白炽灯，L_2 相开路，L_3 相负载是一个额定电压为 220V，功率为 60W 的白炽灯，三相交流电源的线电压为 380V。求：（1）开关 S_1 闭合时，各相电流和中线电流；（2）开关 S_1 断开时，各负载两端的电压。

【**解答**】（1）S_1 闭合时，是三相四线制供电方式，中线的存在保证了负载相电压的对称，各相电压为

$$U_{YP} = \frac{U_L}{\sqrt{3}} = \frac{380}{\sqrt{3}} = 220V$$

因负载是纯电阻，所以各相电流为

$$I_3 = \frac{P_1}{U_{YP}} = \frac{100}{220} \approx 0.455A$$

L_2 相开路，所以 $I_2 = 0$

$$I_3 = \frac{P_3}{U_{YP}} = \frac{60}{220} \approx 0.273A$$

各相电压和相电流的相量图如图 6-2-8 所示，由相量图可得中线电流为

$$I_N = \sqrt{(I_1 - I_3 \cos 60°)^2 + (I_3 \sin 60°)^2}$$

$$= \sqrt{(0.455 - 0.273 \times 0.5)^2 + (0.273 \times 0.866)^2} \approx 0.4A$$

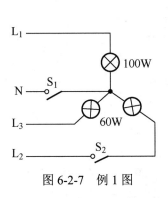

图 6-2-7 例 1 图

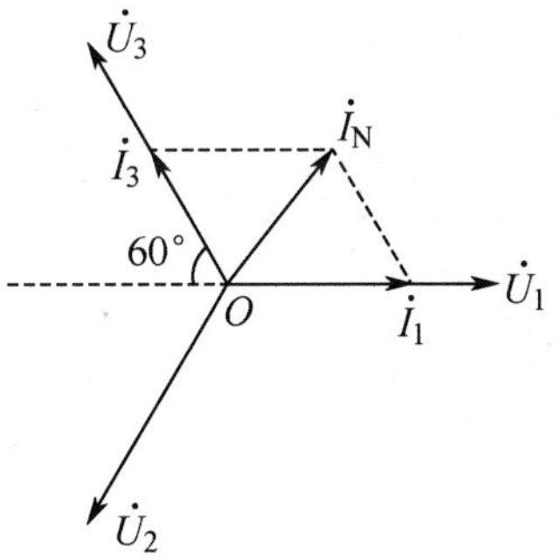

图 6-2-8 相量图

（2）开关 S_1 断开，变成不对称星形负载且无中线的三相交流电路，100W 和 60W 两只白炽灯串联后接在 L_1 相与 L_3 相之间。由白炽灯的额定值得各相的电阻为

$$R_1 = \frac{U^2}{P_1} = \frac{220^2}{100} = 484\Omega \qquad R_3 = \frac{U^2}{P_3} = \frac{220^2}{60} = 807\Omega$$

则两只白炽灯两端的电压分别为

$$U_1 = \frac{U_L}{R_1 + R_3} R_1 = \frac{380}{484 + 807} \times 484 \approx 142.5V$$

$$U_3 = \frac{U_L}{R_1 + R_3} R_3 = \frac{380}{484 + 807} \times 807 \approx 237.5V$$

或者

$$U_3 = U_L - U_1 = 380 - 142.5 = 237.5V$$

由于 L_3 相负载小（电阻大），电压超过了白炽灯的额定电压，时间一长将会导致白炽灯烧坏；L_1 相负载大（电阻小），电压远低于白炽灯的额定电压，灯光变暗。但当 L_3 相 60W 白炽灯烧毁后，造成 L_3 相断路，L_1 相 100W 灯也随即熄灭。

【例2】三相感性对称负载作三角形连接，接于对称电源上，已知每相负载 $R = 11\sqrt{3}\Omega$，$X_L = 11\Omega$，$u_u = 220\sqrt{2}\sin(314t - 60°)$ V。试求：（1）相电流 i_{uv}、i_{vw}、i_{wu}；（2）线电流 i_U、i_V、i_W。

【解析】由于电源、负载均对称，只需求出一相负载的电流和阻抗角，相电流的解析式，即可写出其他的各相电流和线电流的解析式。

【解答】（1）$Z = \sqrt{R^2 + X_L^2} = \sqrt{(11\sqrt{3})^2 + 11^2} = 22\Omega$

每相阻抗角 $\varphi_{ui} = \arctan\dfrac{X_L}{R} = \arctan\dfrac{11}{11\sqrt{3}} = 30°$，即相电压超前相电流30°

因为 $u_u = 220\sqrt{2}\sin(314t - 60°)$ V

所以 $u_{uv} = 380\sqrt{2}\sin(314t - 30°)$ V （线电压超前相应的相电压30°）

$$u_{vw} = 380\sqrt{2}\sin(314t - 150°) \text{ V}$$

$$u_{wu} = 380\sqrt{2}\sin(314t + 90°) \text{ V}$$

各相电流的有效值为 $I_P = \dfrac{U_P}{Z} = \dfrac{380}{22} = 10\sqrt{3}\text{A}$

则各相电流

$$i_{uv} = 10\sqrt{6}\sin(314t - 60°) \text{ A}$$

$$i_{vw} = 10\sqrt{6}\sin(314t - 180°) \text{ A}$$

$$i_{wu} = 10\sqrt{6}\sin(314t + 60°) \text{ A}$$

（2）根据线电流与相电流的关系可得：

$$i_U = 30\sqrt{2}\sin(314t - 90°) \text{ A}$$

$$i_V = 30\sqrt{2}\sin(314t + 150°) \text{ A}$$

$$i_W = 30\sqrt{2}\sin(314t + 30°) \text{ A}$$

【例3】三相负载都为 50Ω，功率因数都是 0.5，接于 380V 的三相交流电路中，求以下两种接法时的线电流和相电流。（1）星形连接；（2）三角形连接。

【解析】该题仍是一个三相对称负载的问题，但要注意一点，在三相交流电路中给出的电压，一般是指线电压，即本题中的 380V 是指线电压。本题的一个重要目的是比较同一对称负载接于同一电源中，星形连接时和三角形连接时的电流之间的关系。

【解答】星形连接时

$$U_{YP} = \frac{380}{\sqrt{3}} = 220\text{V}$$

$$I_{YP} = \frac{U_{YP}}{Z} = \frac{220}{50} = 4.4\text{A}$$

$$I_{YL} = I_{YP} = 4.4\text{A}$$

三角形连接时

$$U_{\triangle P} = U_{\triangle L} = 380V$$

$$I_{\triangle P} = \frac{U_{\triangle P}}{Z} = \frac{380}{50} = 7.6A$$

$$I_{\triangle L} = \sqrt{3}I_{\triangle P} = 7.6\sqrt{3} = 13.2A$$

由计算结果可知：同一三相对称负载接于同一三相对称交流电源中，作三角形连接时负载的线电流是作星形连接时负载的线电流的三倍，相电流是星形连接时的$\sqrt{3}$倍。

同步练习题

一、填空题

1. 三相对称负载作星形连接时，中线上的电流为_____，三相对称负载作三角形连接时，线电流为相电流的_____倍。

2. 三相不对称负载星形连接时，必须采用_____制供电，其中线的作用是_____。

3. 一三相对称负载三角形连接至三相对称交流电源上，线电流 I_L 是相电流 I_P 的_____倍，同一个三相对称负载接至同一三相对称交流电源上，作三角形连接时的线电流是作星形连接时线电流的_____倍。

4. 在三相交流电路中，三相对称负载以星形接法接于三相对称电源上，此时相电压与线电压大小的关系为_____。

5. 对线电压为 380V 的三相交流电源来说，当每相负载的额定电压为 220V 时，负载应连接成_____；当每相负载的额定电压为 380V 时，应连接成_____。

6. 三相对称负载作三角形连接时，$U_{\triangle P}$=_____$U_{\triangle L}$，且 $I_{\triangle L}$=_____$I_{\triangle P}$，各线电流比相应的相电流在相位上_____（超前或滞后）_____度。

三、单项选择题

1. 星形连接的对称三相交流电源的线电压 $\dot{U}_{AB}$ 与其相应的相电压 $\dot{U}_A$ 的关系是 $\dot{U}_{AB}$ = （　　）。

　　A. $\sqrt{2}\dot{U}_A \angle -30°$ 　　　　　　　　B. $\sqrt{2}\dot{U}_A$

　　C. $\sqrt{3}\dot{U}_A \angle 30°$ 　　　　　　　　D. $\sqrt{3}\dot{U}_A$

2. 当三相负载不对称时，负载应优选的连接方式为（　　）。

　　A. 三角形连接　　　　　　　　B. 星形连接并加装中线

　　C. 星形连接　　　　　　　　　D. 星形连接并在中线上加装熔断器

3. 三相四线制电路中，已知三相电流是对称的，并且 I_U=10A，I_V=10A，I_W=10A，则中线电流 I_N 为（　　）。

　　A. 10A　　　　　　　　　　　B. 5A

　　C. 0A　　　　　　　　　　　D. 30A

4．动力供电线路中，采用星形连接三相四线制供电，交流电频率为 50Hz，线电压为 380V，则（　　）。

  A．线电压为相电压的 $\sqrt{3}$ 倍   B．线电压的最大值为 380V

  C．相电压的瞬时值为 220V   D．交流电的周期为 0.2s

5．如图 6-2-9 所示的对称三相交流电路中，开关 S 合上时电流表读数 $A_1=A_2=A_3=10A$，当开关 S 断开时，电流表读数为（　　）。【省对口招生考试试题】

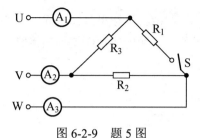

  A．$A_1 = A_2 = A_3 = 10A$

  B．$A_1 = A_2 = A_3 = \dfrac{10}{\sqrt{3}}A$

  C．$A_1 = A_3 = \dfrac{10}{\sqrt{3}}A$，$A_2 = 10A$

  D．$A_1 = A_3 = 10A$，$A_2 = \dfrac{10}{\sqrt{3}}A$

图 6-2-9　题 5 图

6．阻抗为 50Ω 对称负载作 Y 形连接后接到线电压为 380V 的三相四线制电路上，则（　　）。

  A．线电流为 7.6A，中线电流为零

  B．线电流为 7.6A，中线电流为 22.8A

  C．线电流为 4.4A，中线电流为 13.2A

  D．线电流为 4.4A，中线电流为零

7．三相四线制供电线路，已知作星形连接的三相负载中 A 相为纯电阻，B 相为纯电感，C 相为纯电容，通过三相负载的电流均为 10A，则中线电流为（　　）。

  A．30A   B．10A   C．6.33A   D．7.32A

三、计算题

1．三相对称交流电源，电源为正相序，已知 $u_u = 311\sin 314t\text{V}$，负载作三角形连接，每相负载为 $3+j4\Omega$，求三个线电流解析式。

2．有一台三相电阻炉，接入线电压为 380V 的交流电路中，电阻炉每相电阻丝为 5Ω，试分别求出作星形连接和三角形连接时的相电流和线电流。

四、综合题

1. 在图 6-2-10 所示电路图中：（1）哪些图是星形连接？（2）哪些图是三角形连接？（3）哪些图中的负载必须对称？（4）哪些图中的负载不必完全对称？

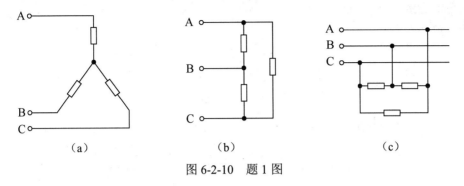

（a）　　　　　　　　　（b）　　　　　　　　　（c）

图 6-2-10　题 1 图

2. 用阻值为 10Ω 的三根电阻丝组成三相电炉，接在线电压为 380V 的三相交流电源上，电阻丝的额定电流为 25A，应如何连接？说明理由。【省对口招生考试试题】

6.3 三相交流电路的功率

知识同步指导

1. 三相不对称负载功率的计算

无论负载是作星形连接，还是作三角形连接均有

总有功功率：$P = P_U + P_V + P_W$

$$= U_U I_U \cos\varphi_u + U_V I_V \cos\varphi_v + U_W I_W \cos\varphi_w$$

总无功功率：$Q = Q_L - Q_C$

式中　　　$Q_L = Q_{LU} + Q_{LV} + Q_{LW}$　　　　$Q_C = Q_{CU} + Q_{CV} + Q_{CW}$

总视在功率：$S = \sqrt{P^2 + Q^2}$

2. 三相对称负载功率的计算

如果三相负载是对称的，则电流也是对称的，即

$$U_U = U_V = U_W = U_P$$

$$I_U = I_V = I_W = I_P$$

$$\varphi_U = \varphi_V = \varphi_W = \varphi$$

则 $\quad P = 3U_p I_p \cos\varphi \quad\quad \varphi$ 是相电压与相电流间的相位差

星形连接 $\quad\quad U_L = \sqrt{3}U_p \quad\quad I_L = I_p$

三角形连接 $\quad\quad U_L = U_p \quad\quad I_L = \sqrt{3}I_p$

故通用公式为

$$P = \sqrt{3}U_L I_L \cos\varphi \ \text{W}$$

$$Q = \sqrt{3}U_L I_L \sin\varphi \ \text{var}$$

$$S = \sqrt{3}U_L I_L \ \text{VA}$$

φ 仍是相电压与相电流间的相位差。

经典例题解析

【例1】有一个三相对称负载，每相的电阻 $R=4\Omega$，$X_L=3\Omega$，分别接到线电压为380V的三相对称交流电源上，如图6-3-1所示，试求：

（1）负载作星形连接时的相电流、线电流和有功功率；

（2）负载作三角形连接时的相电流、线电流和有功功率。

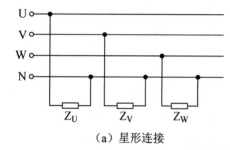

（a）星形连接

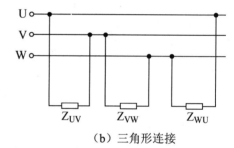

（b）三角形连接

图6-3-1　例1图

【解答】（1）星形连接时

$$U_P = \frac{U_L}{\sqrt{3}} = \frac{380}{\sqrt{3}} = 220\text{V}$$

$$Z = \sqrt{R^2 + X_L^2} = \sqrt{4^2 + 3^2} = 5\Omega$$

$$I_P = \frac{U_P}{Z} = \frac{220}{5} = 44\text{A}$$

$$I_L = I_P = 44\text{A}$$

$$\cos\varphi = \frac{R}{Z} = \frac{4}{5} = 0.8$$

则三相负载总有功功率

$$P_Y = \sqrt{3}U_L I_L \cos\varphi = \sqrt{3} \times 380 \times 44 \times 0.8 = 23.23\text{kW}$$

（2）三角形连接时

$$U_P = U_L = 380\text{V}$$

$$I_P = \frac{U_P}{Z} = \frac{380}{5} = 76\text{A}$$

$$I_L = \sqrt{3}I_P = \sqrt{3} \times 76 = 131.6A$$

则三相负载总有功功率为

$$P_\triangle = \sqrt{3}U_L I_L \cos\varphi = \sqrt{3} \times 380 \times 131.6 \times 0.8 \approx 69.48kW$$

通过上例可以看出，在同一三相交流电源作用下，$\dfrac{P_\triangle}{P_Y} = \dfrac{69.48}{23.23} = 3$。

【例 2】一台三相交流异步电动机，额定功率为 7.5kW，线电压为 380V，功率因数为 0.866，满载运行时，测得线电流为 14.9A，试求电动机效率是多少？

【解答】电动机的输入功率为

$$P_入 = \sqrt{3}U_L I_L \cos\varphi = \sqrt{3} \times 380 \times 14.9 \times 0.866 = 8.5kW$$

则效率为

$$\eta = \frac{P}{P_入} \times 100\% = \frac{7.5 \times 10^3}{8.5 \times 10^3} \times 100\% = 88\%$$

【例 3】一个三相对称负载，每相电阻 $R=30\Omega$，感抗 $X_L=40\Omega$，联成三角形后接在线电压为 380V 的三相交流电源上，如图 6-3-2 所示。当一相的相线断开时，求：（1）负载的相电流；（2）相线中的线电流。

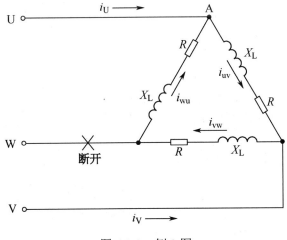

图 6-3-2　例 3 图

【解答】（1）当 W 相断开时

$$I_{UV} = \frac{U_P}{\sqrt{R^2 + X_L^2}} = \frac{380}{\sqrt{30^2 + 40^2}} = 7.6A$$

$$I_{VW} = I_{WU} = \frac{U_P}{2\sqrt{R^2 + X_L^2}} = \frac{380}{100} = 3.8A$$

（2）可以等效为两条支路并联，接于 $U_P=380V$ 的单相电路，由于两条支路中 U、I 的阻抗角相同，可直接进行数量相加减，对节点 A，$I_U = I_{UV} + I_{UWV} = 7.6 + 3.8 = 11.4A$。

从上例可以看出：

① 三角形负载：断了一根相线→单相电路；断了一相负载→两相电路。

电工技术基础学习辅导 <<<<<<

② 星形负载带中线：断了一相→两相电路；断了二相→一相电路。

③ 星形负载不带中线：断了一相→单相电路。

同步练习题

一、填空题

1. 有一三相对称负载接成△形，测出 $U_L=380V$，$I_P=10A$，$\cos\varphi=0.8$，则三相有功功率为_____，如负载改接成 Y 形，调节电源线电压，使 $I_P=10A$ 不变，则三相有功功率为_____。

2. 对称三相交流电路的平均功率为 P，线电压为 U_L，线电流为 I_L，则功率因数 $\lambda=$_____。

3. 有一三相对称负载接成星形，每相负载的阻抗为 22Ω，功率因数为 0.6，接入 $U_L=380V$ 的电源中测出负载中的电流为 10A，则三相交流电路的有功功率为_____；如果负载改为三角形连接，且仍保持负载中的电流为 10A，则三相交流电路的有功功率为_____；如果保持电源线电压不变，负载改为三角形连接，则三相交流电路的有功功率为_____。

4. 有一三相对称纯电阻负载，三相电阻均为 100Ω，联成三角形并接到线电压为 380V 的三相对称交流电源上，则三相负载总的功率为_____W。

二、单项选择题

1. 某三相对称电路的线电压 $u_{AB} = U_1\sqrt{2}\sin(\omega t+30°)$ V，线电流 $i_A = I_1\sqrt{2}\sin(\omega t+\varphi)$ A，负载连接成星形，每相复阻抗 $Z = |Z|\angle\varphi$。则该三相交流电路的有功功率的表达式为（　　）。

    A. $\sqrt{3}U_1I_1\cos\varphi$ B. $\sqrt{3}U_1I_1\cos(30°+\varphi)$

    C. $\sqrt{3}U_1I_1\cos30°$ D. $\sqrt{3}U_1I_1\cos(30°-\varphi)$

2. 三相对称负载每一相产生的有功功率和无功功率分别为 40W、30var，则三相总的视在功率为（　　）。

    A. 70VA   B. 50VA

    C. 150VA   D. 100VA

3. 某一三相对称负载分别接成星形、三角形，接到线电压为 380V 的三相对称交流电源上，则相应的相电流 I_Y、$I_\triangle$ 及有功功率 P_Y、$P_\triangle$ 的关系为（　　）。

    A. $I_Y = \dfrac{1}{\sqrt{3}}I_\triangle$，$P_Y = \dfrac{1}{3}P_\triangle$ B. $I_Y = \dfrac{1}{\sqrt{3}}I_\triangle$，$P_Y = 3P_\triangle$

    C. $I_Y = \sqrt{3}I_\triangle$，$P_Y = \dfrac{1}{3}P_\triangle$ D. $I_Y = \sqrt{3}I_\triangle$，$P_Y = 3P_\triangle$

三、计算题

1. 在对称三相交流电路中，负载作星形连接，已知每相负载为 $Z=(12+j16)\ \Omega$，电源线电压 $U_L=380\,\text{V}$。【省对口招生考试试题】

（1）求各相电流；

（2）计算电路中的功率数因数 λ 和功率 P、S。

2. 如图 6-3-3 所示电路，三角形连接的对称负载，电源线电压 $U_L=220\text{V}$，每相负载的电阻为 30Ω，感抗为 40Ω，试求相电流与线电流。

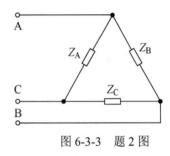

图 6-3-3　题 2 图

3. 一台三相电动机的绕组接成星形，已知每相绕组的电阻 $R=6\Omega$，电感 $L=25.5\text{mH}$。现将它接入线电压为 380V，频率为 50Hz 的三相线路中，试求通过每相绕组的电流和三相有功功率。

4. 有一个三相对称负载，每相负载的电阻 $R=8\Omega$，感抗 $X_L=6\Omega$，接成三角形接到线电压为 380V 的三相对称交流电源上，试求：

（1）每相负载的阻抗；

（2）每相负载的相电流、线电流；

（3）负载的功率因数和总有功功率。

5. 一台三相工业电阻炉，每相电阻 $R=5.78\Omega$，接在线电压为380V 的三相交流电路中，求电阻炉分别为星形和三角形连接时所消耗的功率各是多少？

五、综合题

某工厂要制作一个 12kW 的三相电阻加热炉，已知电源线电压为380V，它供给的最大电流为 20A，而库存的镍铬电阻丝其额定电流为 12A，问用这种电阻丝时，有几种连接方法？不同的连接，每相电阻值为多少？并说明哪种接法最省材料。

6.4 三相交流异步电动机和单相交流异步电动机

知识同步指导

1. 三相交流异步电动机

（1）结构。

三相交流异步电动机是由定子和转子两个部分组成。定子由机座、铁心和定子绕组三部分组成，它的作用是产生旋转磁场；转子由转轴、铁心和转子绕组三部分组成，它的作用是输出机械转矩。转子绕组根据构造上的不同分为绕线式和笼型两种形式。

（2）工作原理。

三相交流异步电动机是利用电磁感应原理，把电能转换为机械能，输出机械转矩的原动机。当定子绕组中通入对称三相正弦交流电时，就会产生旋转磁场，于是静止的转子导体就会切割旋转磁场的磁力线，而此时在闭合的转子绕组中便产生感应电流。转子绕组中的感应电流一产生，立即受到旋转磁场的电磁力作用，于是转子在电磁转矩的作用下，沿着旋转磁场方向旋转起来。

必须强调异步电动机的转速 n 是略小于旋转磁场的转速 n_0 的，闭合的转子绕组中才会有感应电流产生，并产生转矩使电机旋转，这是异步电动机工作的必要条件。异步电动机的名称也是由此而来。

（3）极数、转速和转差率。

旋转磁场的转速取决于交流电的频率和磁极对数，而磁极对数又决定于三相绕组的排

列，即

$$n_0 = \frac{60f}{p}$$

式中，p——磁极对数。

电动机的转速 n 略小于旋转磁场的转速 n_0，它们的相差程度用转差率 s 表示，即

$$s = \frac{n_0 - n}{n_0} \times 100\%$$

或

$$n = (1-s)\, n_0$$

通常三相交流异步电动机的额定转速和旋转磁场的转速很接近，所以转差率很小，在额定负载下转差率一般为 **1%～6%**。

（4）铭牌。

以图 6-4-1 所示电动机铭牌为例。

① 电动机型号（Y-112 M-4）：指国产 Y 系列异步电动机，中心机座高度为 112 mm，"M"表示中机座（"L"表示长机座，"S"表示短机座），"4"表示旋转磁场为四极（P=2）。

② 额定功率 P_N（4.0kW）：表示电动机在额定工作状态下运行时输出的机械功率。

③ 额定电压 U_N（380V）：表示定子绕组上加的线电压。通常功率 3kW 以下的异步电动机，定子绕组应作星形连接；功率在 4 kW 以上时，定子绕组作三角形连接。

三相交流异步电动机			
型号Y-112M-4		编号	
4.0kW		8.8A	
380V	1440r/min	LW	82dB
接法△	防护等级IP44	50Hz	45kg
标准编号	工作制S1	B级绝缘	年 月
××电机厂			

图 6-4-1 电动机铭牌

④ 额定电流 I_N（8.8 A）：表示电动机额定运行时定子绕组的线电流。

⑤ 额定转速 n_N（1440 r/min）：表示电动机在额定运行时转子的转速。

⑥ 防护方式（IP44）：表示电动机外壳防护的方式为封闭式电动机。

⑦ 频率 f（50 Hz）：表示电动机定子绕组输入交流电源的频率。

⑧ 工作制（工作制 S1）：表示电动机可以在铭牌标出的额定状态下连续运行。S2 为短时运行，S3 为短时重复运行。

⑨ 绝缘等级（B 级绝缘）：表示电动机各绕组及其他绝缘部件所用绝缘材料的等级。

此外，铭牌上标注"LW 82 dB"是电动机的噪声等级。

【强调】 若铭牌上电压写 **380/220V**，接法写 **Y/△**，就表明当电源线电压为 **380V** 时，定子绕组应接成 **Y** 形；当电源线电压为 **220V** 时，定子绕组应接成 **△** 形。

（5）三相交流异步电动机的控制。

① 起动控制。

根据加在定子绕组上起动电压的不同，三相交流异步电动机的起动有全压起动和减压起动两种。常用的减压起动方法有串联电阻降压起动、星形-三角形换接起动和自耦变压器降压起动等。

② 调速方法。

三相交流异步电动机常用的调速方法有变频调速、变转差率调速和变极调速三种。

③ 反转控制。

由于异步电动机的旋转方向与旋转磁场的旋转方向一致，而旋转磁场的旋转方向又与三相交流电源的相序一致，所以，**要使电动机反转，只需将三根相线中任意两根对调即可。**

④ 制动方法。

三相交流异步电动机**常用的制动方法有反接制动、发电反馈制动和能耗制动三种。**

2. 单相交流异步电动机

单相交流异步电动机的构造和三相交流异步电动机相似，也是**由定子和转子两个基本部分组成。**

单相交流异步电动机的定子绕组通入单相交流电后，只会产生脉动磁场，转子不能自行起动。

单相电容式异步电动机在定子上有两个绕组，一个叫工作绕组，另一个叫起动绕组，两个绕组在定子铁心上相差 90° 的空间角度，在起动绕组中还串联一个容量适当的电容器，使通过两个绕组电流的相位差为 90°，从而产生一个旋转磁场，在旋转磁场的作用下，单相交流异步电动机转子得到起动转矩而转动。

经典例题解析

【例 1】将图 6-4-2（a）所示电动机接线端联成星形接法。

【解答】将三个定子绕组尾端 U_2、V_2、W_2 联在一起，三个定子绕组首端 U_1、V_1、W_1 分别与三相交流电源 U、V、W 三根相线相联即可，如图 6-4-2（b）所示。

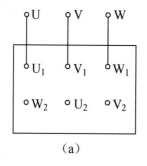
（a）

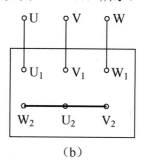
（b）

图 6-4-2 例 1 图

【例 2】将图 6-4-3（a）所示电动机接线端联成三角形接法。

【解答】将三个定子绕组 U_1 与 W_2、V_1 与 U_2、W_1 与 V_2 相联后，分别与三相交流电源 U、V、W 三根相线相联即可，如图 6-4-3（b）所示。

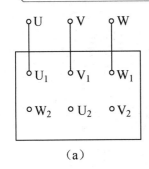

（a）

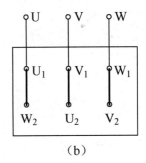

（b）

图 6-4-3　例 2 图

【例 3】单相交流异步电动机改变定子绕组的接线顺序可改变电动机的转向，图 6-4-4 所示为洗衣机正反转控制线路，试说明它的工作原理。

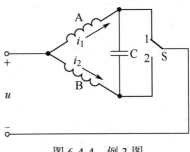

图 6-4-4　例 3 图

【解析】C 为起动和运行电容，S 为控制洗涤定时和电机正反转的开关。

【解答】S 置"1"时，A 为工作绕组，此时 B、C 为起动绕组和电容，控制电机（假设为）正转，经过十几到几十秒后，"S"自动接通"2"，此时 B 成了工作绕组，A、C 构成起动绕组和电容，控制电机（假设为）反转。这样就改变了电动机接线顺序，也就改变了电动机的转动方向。

【例 4】某一三相交流异步电动机的铭牌是：电压 380V，转速 1470r/min，功率 7.5kW，电流 13.5A，频率 50Hz，功率因数 0.9。试求：（1）磁极对数；（2）额定转差率；（3）效率。

【解析】电动机铭牌上标注的电压是指各相定子绕组的额定电压 U_N，不论定子绕组如何连接所应施加的电源线电压；转速是指在额定条件下的额定转速；功率是指转轴上输出的机械功率；电流是指额定电压下的线电流。

【解答】（1）因为该电动机的转速是 1470r/min，所以它的旋转磁场的转速为 1500r/min，则磁极对数为

$$p = \frac{60f}{n_0} = \frac{60 \times 50}{1500} = 2$$

（2）额定转差率

$$s = \frac{n_0 - n}{n_0} \times 100\% = \frac{1500 - 1470}{1500} \times 100\% = 2\%$$

（3）输入功率

$$P_1 = \sqrt{3}U_L I_L \cos\varphi = \sqrt{3} \times 380 \times 13.5 \times 0.9 \text{W} \approx 8\text{kW}$$

所以效率为

$$\eta = \frac{P_2}{P_1} \times 100\% = \frac{7.5}{8} \times 100\% = 93.75\%$$

同步练习题

一、填空题

1．电动机是由_____和_____两个基本部分组成。前者是由_____、_____、和_____组成；后者是由_____、_____和_____组成。

2．一单相电动机的铭牌标明：电压 220V，电流 3A，功率因数 0.8，这台电动机的有功功率为_____，视在功率为_____，绕组的阻抗为_____。

3．图 6-4-5 所示是三相交流异步电动机的接线图，在图 6-4-5（a）所示的接线情况下，电动机的转向时顺时针的，在图 6-4-5（b）所示的情况下，转向是_____；在图 6-4-5（c）所示的情况下，转向是_____；在图 6-4-5（d）所示情况下，转向是_____。

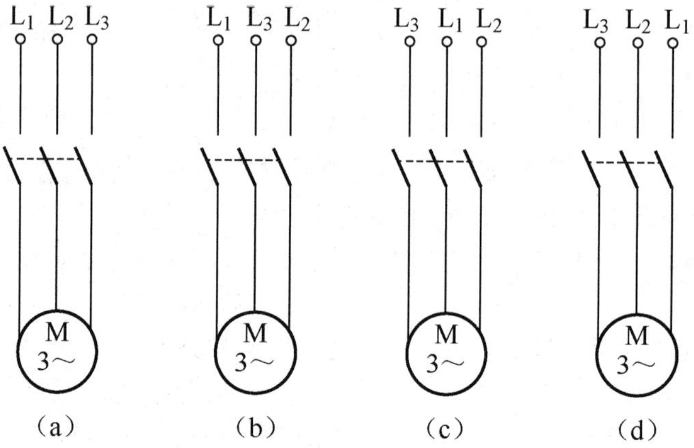

（图略）

图 6-4-5　题 3 图

4．异步电动机的转速差（n_1-n）与旋转磁场转速 n_1 的比率称为_____。

5．一台四极三相交流异步电动机的额定转速为 1440r/min，电源频率为 50Hz，则此电动机的额定转差率 s_N 为_____。

6．有一台四极三相交流异步电动机，在电网 50Hz 的条件下工作，则定子绕组形成的旋转磁场的转速为 1500r/min。当转差率为 2%时，电动机的转速为_____。

7．三相交流异步电动机铭牌数据为：电压 380/220V，接法 Y/△，功率 10kW。则作△形连接时，电源的线电压为_____，输出功率为_____。若效率 $\eta=0.8$，则输入功率为_____。

8．熔断器串接在电路中主要用于_____保护。【省对口招生考试试题】

9．改变单相交流异步电动机_____的顺序，就可以改变_____的方向。_____也随之改变，这就改变了单相交流异步电动机的转动方向。

10．一台六极三相异步电动机，频率为 50Hz，铭牌电压为 380/220V（绕组额定电压为220V），若电源电压为380V，该电动机的定子绕组为_____接法，其旋转磁场的转速为_____。

11．一台三相电动机的绕组接成星形，接在线电压为 380V 的三相交流电源上，负载的功率因数是 0.8，消耗的功率为 10kW，其相电流为_____，每相的阻抗为_____。

12．电动机的电气制动有反接制动、发电反馈制动和_____制动。

13．某三相交流异步电动机定子绕组的额定电压为 220V，则电动机应接成_____形。

14．改变三相交流异步电动机的旋转方向的办法是_____。

15．电动机起动瞬间，其转差率为_____；三相交流异步电动机的磁极对数 $p=2$，电源频率 $f=50Hz$，额定转速为 1450r/min，则转差率为_____。

二、单项选择题

1．三相交流异步电动机旋转磁场的转向决定于三相交流电源的（　　）。

  A．相位   B．频率

  C．相序   D．幅值

2．四极三相交流异步电动机，工作频率为 50Hz，若转差率为 4%，则电动机转速为（　　）。

  A．2880 r/min   B．1440 r/min

  C．720 r/min   D．60 r/min

3．电动机降压起动是（　　）。

  A．为了增大供电线路上的压降 B．为了降低起动电流

  C．为了增大起动转矩   D．为了减少各种损耗

三、计算题

1．有一电动机，每相绕组的电阻为 8Ω，感抗为 6Ω，分别连成星形和三角形，接到线电压为 380V 的三相对称交流电源上。试求：（1）负载作星形连接时的相电流、线电流和有功功率；（2）负载作三角形连接时的相电流、线电流和有功功率。

2．一台六极三相交流异步电动机，在工频电源线电压 380V 的情况下接成三角形运转，已知线电流 $I=59.2A$，功率因数 $\cos\varphi=0.86$，转差率 $S=0.02$，试求：

（1）电动机的转速 n；

（2）电动机的相电压、相电流和消耗的电功率；

（3）若将电动机三相定子绕组改接成星形连接，此时电动机的相电压、相电流和消耗

的电功率又是多大？

6.5 安全用电

知识同步指导

1. 电流对人体的影响和安全用电常识

（1）触电及危害：人体因接触高电压的带电体而承受过大电流，引起死亡或局部受伤现象。

（2）危险电流频率：频率在 50～100Hz 的电流对人体而言最危险。

（3）人体所能承受的最大电流：人体所能承受的最大工频电流为 45mA，当人体中所通过的电流达到 50mA 时就可能致人死亡。

（4）人体电阻：通常人体电阻的大小为 800Ω 到几十 kΩ 不等。

（5）安全电压：通常规定 36V 以下的电压。常用的安全电压等级有 36V、24V 和 12V。

（6）触电类型：

① 单相触电：人体只触及一根相线时导致的触电，此时人体所承受的电压为 220V；

② 两相触电：人体同时触及两根相线时导致的触电，此时人体所承受的电压为 380V，两相触电的危害比单相触电大；

③ 高压跨步触电；

④ 悬浮路径上的触电。

2. 常用安全用电防护措施

（1）正确安装用电设备。

必须严格按照日常要求和规范正确安装用电设备，以防触电。

在日常使用的电器中，单相电路的插座和插头应特别注意。首先，应该保护接地或保护接零，不可将相应的功能废掉；其次是相应的插孔不能接错。

（2）保护接地（大地）。

保护接地是指将电气设备的金属外壳用导线和埋在地下的接地装置连接起来的保护方式，适用于中性点不接地的系统和中性点直接接地的三相四线制低压供电系统。

（3）保护接零（中线）。

保护接零是指将电气设备的金属外壳用导线和电源的中线连接起来的保护方式，适用于中性点直接接地的三相四线制系统中高压用户独立配电系统或由小区变压器供电的用户。

（4）使用漏电保护装置。

【注意事项】

① 中线应重复接地，防止中线对地开路；

② 同一供电线路上，决不允许一部分电气设备保护接地；另一部分电气设备保护接零。

经典例题解析

【例题】分析如图 6-5-1 所示电路是否有错误？如果有，错在哪里？

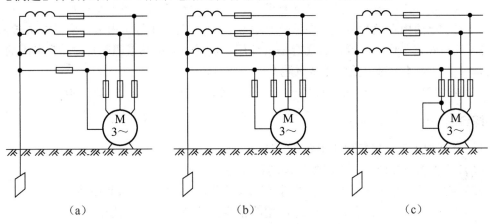

（a）　　　　　　　　（b）　　　　　　　　（c）

图 6-5-1　例题图

【解答】图 6-5-1（a）中，中线上不能接装熔断器；

图 6-5-1（b）中，保护接零线上不能装熔断器；

图 6-5-1（c）中，保护接零应接在系统的公共中线上。

同步练习题

一、填空题

1．如图 6-5-2 所示为某一三眼插座的接线，其中不安全的接线是_____。

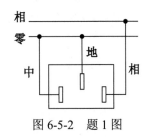

图 6-5-2　题 1 图

2．在三相交流电路中为防止当中线断线而失去保护接零的作用，应在零线的多处通过接地装置与大地连接，这种接地称为_____。【省对口招生考试试题】

3．常见的触电方式有_____和_____。

4．当接近或接触带电体时，要注意安全用电，一般规定，_____V 以下电压为安全电压；但如果在潮湿的场所工作，安全电压等级还要降低。

5．保护接地一般用于电压小于_____V，而中性点不接地的保护线路中。

6．电力系统规定中线的干线内不允许接_____和_____。

二、单项选择题

1. 电气设备采用保护接地后，（   ）。

    A. 可以使设备的绝缘不受损坏

    B. 若设备绝缘损坏而碰壳，短路电流将使熔断器烧断，切断电源

    C. 若设备绝缘损坏外壳带电时，可保证人身安全

    D. 若设备绝缘损坏外壳带电时，将危及人身安全

2. 以下说法正确的是（   ）。

    A. 更换熔断器时，应先切断电源　　　B. 用铁棒将人和电源分开

    C. 迅速用手拉触电人，使他离开电线　D. 一旦发生触电事故，应立即去救人

3. 凡在潮湿工作场所或在金属容器内使用手提式电动用具或照明灯时，应采用的安全电压是（   ）。【省对口招生考试试题】

    A. 12V　　　　　B. 36V　　　　　C. 42V　　　　　D. 50V

三、综合题

1. 分别指出下列情况属于哪种触电方式：

(1) 站在铝合金梯上一手碰到插座的相线桩上；

(2) 站在干燥的木梯上，一手碰到灯头的相线桩上，另一手碰到中线桩上；

(3) 站在干燥的木梯上，手碰到 U 相的相线，耳朵碰到 V 相的相线；

(4) 高压线掉在地上，人畜在电线接地点近处行走触电；

(5) 修理电视机时，手碰在高压包上触电。

2. 如图 6-5-3 所示，请完成下面电路的连接，使其成为符合安全用电要求的完整版家庭电路。【省对口招生考试试题】

图 6-5-3　题 2 图

第七章 变 压 器

 学习要求

（1）理解变压器的构造、种类及用途。

（2）掌握变压器的额定值、工作原理、损耗及效率相关计算。

（3）掌握变压器的电压变换、电流变换、阻抗变换原理及相关计算。

（4）掌握小型电源变压器、自耦变压器、电压互感器、电流互感器、钳形电流表、三相调压器的工作原理。

7.1 变压器的构造和工作原理

 知识同步指导

1. 变压器的分类

接用途分：可分为电力变压器、专用电源变压器、调压变压器、测量变压器、安全变压器等。

按结构分：如果按绕组数目分，可分为自耦变压器、双绕组变压器、多绕组变压器；如果按铁心结构分，可分为心式变压器和壳式变压器。

按相数分：可分为单相变压器、三相变压器。

2. 变压器的结构和图形符号

如图 7-1-1 所示，变压器主要由铁心和线圈两部分组成。**铁心是变压器的磁路部分**，为了减小涡流和磁滞损耗，铁心用磁导率较高而且相互绝缘的硅钢片叠装而成；**线圈是变压器的电路部分**，工作时和电源相连的线圈称为一次绕组（原绕组、初级绕组），而与负载相连的线圈称为二次绕组（副绕组、次级绕组）。

铁心分为心式和壳式两种。心式铁心成"口"字形，线圈包着铁心；壳式铁心成"日"字形，铁心包围着线圈。

绕组用绝缘良好的漆包线、纱包线或丝包线绕制而成。

3. 变压器额定值及使用注意事项

（1）额定值。

① 额定容量——变压器次级输出的最大视在功率。其大小为次级额定电压和额定电流的乘积，一般用千伏安表示。

② 初级额定电压——接到变压器初级绕组上的最大正常工作电压。

③ 次级额定电压——当变压器的初级绕组接上额定电压时，次级绕组的空载电压。

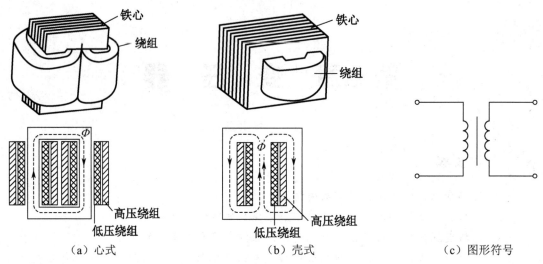

（a）心式	（b）壳式	（c）图形符号

图 7-1-1 变压器的结构和图形符号

（2）使用注意事项。

① 分清初、次级绕组，按额定电压正确安装，防止损坏绝缘或过载。

② 防止变压器绕组短路，烧毁变压器。

③ 工作温度不能过高，电力变压器要有良好的冷却设备。

4. 变压器的工作原理

（1）工作原理。

变压器是根据电磁感应原理工作的。变压器的一次绕组接在交流电源上时，在一次绕组中就有交变电流流过，交变电流将在铁心中产生交变磁通，这个变化的磁通经过闭合磁路同时穿过一次绕组和二次绕组，因此，在变压器一次绕组中产生自感电动势的同时，在二次绕组中也产生了互感电动势，这时，如果将二次绕组接上负载，电能将通过负载转换成其他形式的能。

（2）变压器的作用（设变压器是理想的）。

① **变换交流电压。**

变压器一次、二次绕组两端的电压与绕组的匝数成正比。即：

$$\frac{U_1}{U_2} = \frac{N_1}{N_2} = n$$

式中，n 为变压比。

$$n > 1 \Rightarrow U_1 > U_2 \quad （降压变压器）$$
$$n < 1 \Rightarrow U_1 < U_2 \quad （升压变压器）$$
$$n = 1 \Rightarrow U_1 = U_2 \quad （隔离变压器）$$

② **变换交流电流。**

流过变压器一次、二次绕组中的电流与绕组的匝数成反比。即：

$$\frac{I_1}{I_2} = \frac{N_2}{N_1} = \frac{U_2}{U_1} = \frac{1}{n}$$

由于电流与匝数成反比，故高压绕组匝数多而电流小，可用较细的导线绕制；低压绕组匝数少而电流大，当用较粗的导线绕制。

③ 变换交流阻抗。

变压器二次绕组接上负载阻抗为 $|Z_L|$ 时，在一次绕组所呈现的阻抗为

$$|Z'_L| = \left(\frac{N_1}{N_2}\right)^2 Z_L \quad \Rightarrow \quad |Z'_L| = n^2 Z_L$$

因此，变压器可以在信号源与负载之间实现阻抗匹配，使负载获得最大的功率。

④ 变相位（裂相）。

可利用二次绕组的中间抽头，或利用同名端将信号变成两个或两个以上相位各异的信号，以满足负载的要求。

经典例题解析

【例 1】 如图 7-1-2 所示，有一个效率为 100% 的变压器，一次绕组匝数为 N_1，两个二次绕组的匝数分别为 N_2 和 N_3，一次、二次绕组的电压分别为 U_1、U_2、U_3，电流分别为 I_1、I_2、I_3。两个二次绕组所连电阻的阻值未知，下面结论中，哪些是正确的？把正确的结论全选出来。

（1）$\dfrac{U_1}{U_2} = \dfrac{N_1}{N_2}$；$\dfrac{U_2}{U_3} = \dfrac{N_2}{N_3}$

（2）$\dfrac{I_1}{I_2} = \dfrac{N_2}{N_1}$；$\dfrac{I_1}{I_3} = \dfrac{N_3}{N_1}$

（3）$N_1 I_1 = N_2 I_2 + N_3 I_3$

（4）$U_1 I_1 = U_2 I_2 + U_3 I_3$

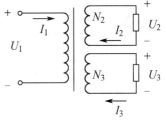

图 7-1-2　例 1 图

【解析】 这道题可以较为系统全面地考核对变压器基本原理的理解与掌握，下面作逐项分析。

【解答】 选项（1）即电压与匝数成正比，显然，N_1、N_2、N_3 绕在了同一个无分支的磁路中，这个关系是一定成立的。因为对理想变压器来说

$$\frac{U_1}{U_2} = \frac{N_1}{N_2} \quad \frac{U_1}{U_3} = \frac{N_1}{N_3} \quad \text{或} \quad \frac{N_1}{U_1} = \frac{N_2}{U_2} = \frac{N_3}{U_3}$$

即各线圈的"匝伏比"相等，由此可推得

$$\frac{U_2}{U_3} = \frac{N_2}{N_3}$$

需要深入思考的是涉及电流的（2）、（3）、（4）三个选项。有人说，对于理想变压器，电流与匝数成反比，即认为选项（2）正确。他的理由是 $U_1 I_1 = U_2 I_2$。实际上这是错误的，他错在不顾具体条件死用这个关系式，此式只适用于理想变压器中一次、二次绕组都只有一个的双绕组变压器的情况。本题的变压器有两组二次绕组，变压器的输入功率是 $U_1 I_1$，而全部输出功率则应是 $U_2 I_2 + U_3 I_3$，因此

$$U_1 I_1 = U_2 I_2 + U_3 I_3$$

即选项（4）的内容，由此是得不出电流与匝数的反比关系的。

选项（3）如何呢？如果把选项（1）和（4）联系起来分析，即由

$$\frac{U_1}{U_2} = \frac{N_1}{N_2} \quad \frac{U_1}{U_3} = \frac{N_1}{N_3}$$

得
$$U_2 = \frac{N_2}{N_1}U_1 \qquad U_3 = \frac{N_3}{N_1}U_1$$

代入选项（4）中有
$$U_1 I_1 = \frac{N_2}{N_1}U_1 I_2 + \frac{N_3}{N_1}U_1 I_3$$

经整理即可得
$$N_1 I_1 = N_2 I_2 + N_3 I_3$$

即为选项（3）表达的内容。式中各项依次叫绕组1、2、3的"安匝数"。由这个关系式可获得一个新的认识，即对理想变压器来说，在纯电阻负载情况下：一次绕组的安匝数必等于各二次绕组安匝数之和；变压器的输出电压由输入电压决定，而变压器的输入电流则由输出电流决定。这是能量守恒的体现。

综上所述，本题答案是（1）、（3）、（4）三个选项正确。

【例2】如图7-1-3所示，A、B为两个相同的一次绕组，C、D为两个相同的二次绕组，若C、D的匝数为A、B的一半，当输入电压 U_1=220V 时，试问：

（1）在保证容量不变的前提下，低压侧可输出哪几种电压；

（2）如果将一次绕组与某一低压绕组顺极性串联起来，输入电压仍为220V，则另一个低压绕组输出的电压是多少？

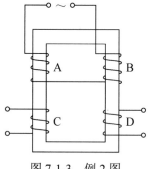

图 7-1-3　例 2 图

【解答】（1）设一次绕组的匝数为 N_1，二次绕组的匝数为 N_2。

根据题意可知，$N_1=2N_2$，两个二次绕组有五种情况、四种输出电压，即：

① C、D 两绕组各自单独输出：$U_C = U_D = \frac{N_2}{2N_1} \times U_1 = \frac{1}{4}U_1 = 55V$；

② C、D 两绕组顺极性串联：$U_{CD} = \frac{2N_2}{2N_1} \times U_1 = \frac{1}{2}U_1 = 110V$；

③ C、D 两绕组顺极性并联：U_{CD} 与①情况相同，输出 55V；

④ C、D 两绕组反极性串联：U_C 与 U_D 的电压大小相等，方向相反，互相抵消，此时 U_{CD}=0V。

⑤ C、D 两绕组反极性并联　因绕组直流电阻极小，通电后导致两绕组短路，会因电流过大烧毁变压器。

（2）此时一次绕组共有 $N_1' = 2N_1 + N_2$，二次绕组为 N_2

则输出电压
$$U_o = \frac{N_2}{N_1'} \times U_1 = \frac{1}{5} \times 220 = 44V。$$

【强调】此题涉及了变压器绕组的顺串、顺并、反串和反并。所谓顺串，就是将两绕组的异名端相连，另外两个端子作为输出端（或输入端）；所谓顺并，就是将两绕组的同名端连在一起后，作为输出端（或输入端）；所谓反串，就是将两个同名端连在一起，余下的另外两个同名端作为输出端；所谓反并，就是将两绕组的异名端连在一起后，作为输出端（或输入端）。切不可将两绕组反向串联作为输入端或反向并联作为输出端，否则会很快烧毁变压器。

【例3】 如图 7-1-4（a）所示电路，要使 10Ω 负载获得最大功率，求：

（1）确定理想变压器的匝数比 n；

（2）10Ω 电阻能获得的最大功率。

【解析】 此题需将虚线部分作为待求负载整体断开，运用戴维南定理，转化成一个戴维南等效电路，如图 7-1-4（b）所示，即可求解。

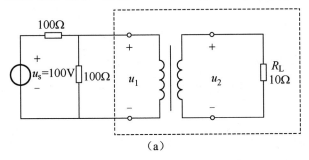 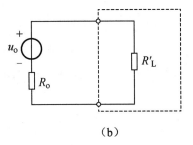

图 7-1-4　例 3 图

【解答】 （1）开路电压 $U_o = U_S \dfrac{100}{100+100} = 100 \times \dfrac{1}{2} = 50\text{V}$

入端电阻 $R_o = 100 /\!/ 100 = 50\Omega$

$R'_L = R_o$ 时，负载获得最大功率，

$R'_L = n^2 R_L \Rightarrow$ 匝数比 $n = \sqrt{\dfrac{R'_L}{R_L}} = \sqrt{5} \approx 2.24$

（2）能获得的最大功率为：$P_{omax} = \dfrac{U_o^2}{4R'_L} = \dfrac{2500}{4 \times 50} = 12.5\text{W}$

【例4】 如图 7-1-5 所示，输出变压器的二次绕组有中间抽头 b，以便接 8Ω 或 3.5Ω 扬声器，两者都能达到阻抗匹配，试求：$N_{bc} : N_{ac}$。

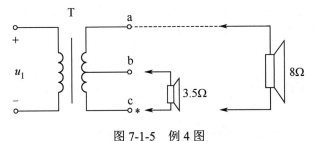

图 7-1-5　例 4 图

【解答】 两次均能匹配，即两种情况下的 R'_L 相等。设一次绕组匝数为 N_1，依题意列方程如下：

$(\dfrac{N_1}{N_{bc}})^2 \times 3.5 = (\dfrac{N_1}{N_{ac}})^2 \times 8 \Rightarrow \dfrac{3.5N_1^2}{(N_{bc})^2} = \dfrac{8N_1^2}{(N_{ac})^2} \Rightarrow \dfrac{3.5}{(N_{bc})^2} = \dfrac{8}{(N_{ac})^2} \Rightarrow \dfrac{(N_{bc})^2}{(N_{ac})^2} = \dfrac{3.5}{8}$

解得：$N_{bc} : N_{ac} = \sqrt{7} : 4$。

同步练习题

一、填空题

1. 变压器主体结构分为_____和_____两大部分，其中_____构成它的磁路部分，_____构成它的电路部分。

2. 变压器副边的额定电压指_____。

3. 一台单相变压器，一次绕组匝数为 1000 匝，接到 220V 交流电源上，二次绕组匝数为 200 匝，接有 4Ω 的电阻负载，则变压器二次绕组电流 I_2=_____，二次绕组电压 U_2=_____。

4. 一降压变压器，输入电压的最大值为 220V，另有一负载 R，当它接到 22V 的电源上时消耗的功率为 P，若把它接到上述变压器的次级电路上，消耗功率为 0.5P，则此变压器的一级、二次绕组的匝数比为_____。

5. 理想变压器的一次绕组匝数为 N_1=2200 匝，二次绕组匝数分别为 N_2=600 匝，N_3=3700 匝，已知交流电表 A_2 示数为 0.5A，A_3 示数为 0.8A 则电流表 A_1 的示数为_____。

二、判断题

1. 变压器的额定容量是指一次绕组的最大视在功率。　　　　　　　　　（　　）
2. 变压器负载运行时副边电压变化率随着负载电流增加而增加。　　　　（　　）
3. 变压器空载运行时，电源输入的功率只是无功功率。　　　　　　　　（　　）
4. 变压器负载运行时，原边和副边电流与标称值相等。　　　　　　　　（　　）
5. 变压器空载运行时原边加额定电压，由于绕组电阻 r_1 很小，因此电流很大。
　　　　　　　　　　　　　　　　　　　　　　　　　　　　　　　（　　）
6. 只要使变压器的一、二次绕组匝数不同，就可达到变压的目的。　　　（　　）
7. 变压器的初级电流由次级电流决定。　　　　　　　　　　　　　　　（　　）

三、单项选择题

1. 若在变压器铁心中加大空气隙，当电源电压的有效值和频率不变时，则励磁电流应该是（　　）。
　　A．减小　　　　　　B．增加　　　　　　C．不变　　　　　　D．零值

2. 一台变压器在维修时因故将铁心截面减小了，其他数据未变，则空载电流 I_0 与额定铜损耗 P_{CUN} 将（　　）。
　　A．I_0 与 P_{CUN} 都减小　　　　　　　B．I_0 增加，P_{CUN} 减小
　　C．I_0 增加，P_{CUN} 不变　　　　　　D．I_0、P_{CUN} 都增加

3. 收录机的变压器不小心掉在地上，铁心被摔松动了，则重新工作时励磁电流将（　　）。
　　A．升高　　　　　　B．降低　　　　　　C．不变　　　　　　D．不确定

>>>>>>

4. 升压变压器,一次绕组的每匝电势(　　)二次绕组的每匝电势。

　　A. 等于　　　　　　　B. 大于　　　　　　　C. 小于

5. 三相变压器二次侧的额定电压是指原边加额定电压时二次侧的(　　)电压。

　　A. 空载线　　　　　　B. 空载相　　　　　　C. 额定负载时的线

6. 单相变压器铁心叠片接缝增大,其他条件不变,则空载电流(　　)。

　　A. 增大　　　　　　　B. 减小　　　　　　　C. 不变

7. 某变压器型号为SJL-1000/10,其中"S"代表的含义是(　　)。【省对口招生考试试题】

　　A. 单相　　　　　　　　　　　　B. 双绕组

　　C. 三相　　　　　　　　　　　　D. 三绕组

8. 升压变压器必须符合(　　)。【省对口招生考试试题】

　　A. $I_1 < I_2$　　　B. $K > 1$　　　C. $I_1 > I_2$　　　D. $N_1 > N_2$

7.2　变压器的功率和效率

知识同步指导

1. 变压器的功率

(1) 变压器原边的输入功率

$$P_1 = U_1 I_1 \cos\varphi_1$$

式中,φ_1 为原边电压与原边电流间的相位差。

(2) 变压器副边的输出功率

$$P_2 = U_2 I_2 \cos\varphi_2$$

式中,φ_2 为副边电压与副边电流间的相位差。

(3) 变压器的损耗功率

$$\Delta P = P_{Cu} + P_{Fe} = P_1 - P_2$$

式中,P_{Cu} 为铜损;(电路中的损耗)P_{Fe} 为铁损。(磁路中的损耗)

2. 变压器的效率

变压器的效率是指变压器输出的有功功率 P_2 与变压器输入有功功率 P_1 的比值,其定义式为

$$\eta = \frac{P_2}{P_1} \times 100\%$$

由于变压器的铜损和铁损都很小,所以它的效率很高。大容量变压器的效率可高达98%～99%,小容量变压器的效率在70%～80%。

【例1】变压器的副边电压 U_2=20V，在接有电阻性负载时，测得副边电流 I_2=5.5A，变压器的输入功率为132W，试求变压器的效率及损耗的功率。

【解答】副边负载获得的功率为

$$P_2 = U_2 I_2 = 20 \times 5.5 = 110\text{W}$$

则变压器的效率为

$$\eta = \frac{P_2}{P_1} \times 100\% = \frac{110}{132} \times 100\% \approx 83.3\%$$

变压器的损耗的功率为

$$\Delta P = P_1 - P_2 = 132 - 110 = 22\text{W}$$

【例2】变压器的输入电压为220V，二次绕组与电流表，电阻 R_1、R_2 以及开关 S 连成回路，R_1=10Ω，$R_2 = \frac{90}{11}$Ω，如图 7-2-1（a）所示。已知当 S 断开时，电流表示数为 1A，当 S 闭合时，电流表的示数为 2A（变压器一次绕组及铁心的能量损失不计）。试求：

（1）二次绕组的电阻；

（2）一次、二次绕组的匝数比；

（3）开关 S 断开与闭合时变压器的效率各是多少？

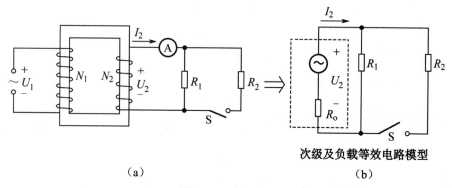

次级及负载等效电路模型

（a）　　　　　　　　　　　　　　　（b）

图 7-2-1　例 2 图

【解析】依题意画出变压器次级及负载等效电路模型，如图 7-2-1（b）所示。

【解答】（1）列出 S 断开和 S 闭合全电路欧姆定律方程。（设 S 断开电流为 I_2，S 闭合电流为 I_2'，二次绕组的直流电阻为 R_o）。

$$\begin{cases} I_2 = \dfrac{U_2}{R_1 + R_o} \\ I_2' = \dfrac{U_2}{(R_1 /\!/ R_2) + R_o} \end{cases} \quad \text{代入数值} \Rightarrow \quad \begin{cases} 1 = \dfrac{U_2}{10 + R_o} \\ 2 = \dfrac{U_2}{(10 /\!/ \frac{90}{11}) + R_o} \end{cases}$$

解得：　R_o=1Ω，U_2=11V

（2）一次绕组和二次绕组的匝数比为　$n = \dfrac{U_1}{U_2} = \dfrac{220}{11} = 20$

（3）S 断开时，效率为 $\eta = \dfrac{R_1}{R_1 + R_o} \times 100\% = \dfrac{10}{1+10} \times 100\% \approx 91\%$

S 闭合时，效率为 $\eta = \dfrac{R_1 /\!/ R_2}{(R_1 /\!/ R_2) + R_o} \times 100\% = \dfrac{10 /\!/ \dfrac{90}{11}}{(10 /\!/ \dfrac{90}{11}) + 1} \times 100\% = 81.82\%$

【例3】小型电站中发电机的端电压是 250V，输出功率 75kW，输电线的电阻是 0.5Ω。

（1）如果直接用 250V 低压输电，计算用户所得的电压、功率，并求线路的输电效率；

（2）如果电站用匝数比为 1∶10 的变压器提高电压后，经同样线路输电，再用适当变压比的变压器降低电压，供给用户。为了使用户正常用电，所用降压变压器的变压比 n 应是多大？（变压器可认为是理想的）

【解答】依题意画出正确的等效电路的电路模型见图 7-2-2。

（1）低压输电的线路如图 7-2-2（a）所示，线路中的电流

$$I = \frac{P}{U} = \frac{75 \times 10^3}{250} = 300\mathrm{A}$$

输电线上的电压降和损耗的电功率分别为

$$U_r = r_1 I = 0.5 \times 300 = 150\mathrm{V}$$

$$P_r = U_r I = r_1 I^2 = 0.5 \times 300^2 = 45\mathrm{kW}$$

所以，用户端得到的电的电压降和电功率分别为

$$U_L = U - U_r = 250 - 150 = 100\mathrm{V}$$

U_L 远小于用户需要的额定电压 220V，所以用电器不能正常工作。

用户端得到的电的电功率为 $P_L = P - P_r = 75 - 45 = 30\mathrm{kW}$

因此，低压输出时，线路的输电效率仅为

$$\eta = \frac{P_L}{P} \times 100\% = \frac{30}{75} \times 100\% = 40\%$$

（2）高压输电线路的电路模型如图 7-2-2（b）所示。

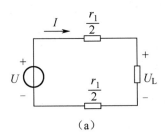
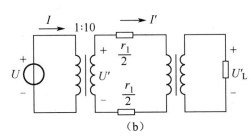

图 7-2-2　例 3 图

采用匝数为 1∶10 的升压变压器，二次侧输出电压 $U' = 250 \times 10 = 2500\mathrm{V}$。输出功率仍为 75kW。输电线中的电流以及输电线上的电压降和损耗的电功率分别为

$$I' = \frac{P}{U'} = \frac{75 \times 10^3}{2500} = 30\mathrm{A}$$

$$U'_r = r_1 I' = 0.5 \times 30 = 15\mathrm{V}$$

$$P'_r = U'_r I' = 15 \times 30 = 0.45 \text{kW}$$

所以，降压变压器的一次侧电压可达

$$U' - U'_r = 2500 - 15 = 2485 \text{V}$$

为了用户正常用电，即获得 220V 电压，所用降压变压器的变压比 n 应是

$$n = \frac{U'}{U_L'} = \frac{2485}{220} \approx 11.3$$

用户所获的电的电功率可达

$$P'_L = P - P'_r = 75 - 0.45 = 74.55 \text{kW}$$

因此，高压输电时，线路的输电效率可高达

$$\eta' = \frac{P'_L}{P} \times 100\% = \frac{74.55}{75} \times 100\% = 99.4\%$$

将高压输电和低压输电相比较可知，输电线上的功率损耗是 1：100，（电压升高 N 倍，输电线上的功率损耗降至原来的 $\frac{1}{N^2}$）充分说明远距离输电时采用高电压输电的必要性。

同步练习题

一、填空题

1. 有一台变压器，原边电压 U_1=380V，副边电压 U_2=36V。在接有电阻负载时，测得副边电流 I_2=5A，若变压器的效率为 90%，则副边负载功率为 P_2=_____；电流 I_1=_____A。

2. 一台单相照明变压器额定容量为 20kVA，额定电压为 220V，最多可在副边接 120W、220V 的白炽灯_____个。

二、单项选择题

1. 一台容量为 20kVA 的照明变压器，其电压为 6600V/220V，能供电给 cosφ=0.6、电压为 220V、功率 40W 的日光灯（　　）。【省对口招生考试试题】

    A．100 盏　　　　B．200 盏　　　　C．300 盏　　　　D．400 盏

2. 一单相照明变压器，容量为 10kVA，电压为 3300V/220V。准备在二次绕组接 220V/60W 的白炽灯，如果要变压器在额定情况下运行，这种电灯应接多少个？（　　）。【省对口招生考试试题】

    A．50　　　　　B．83　　　　　C．166　　　　　D．99

三、计算题

1. 已知输出变压器的变压比 n=10，副边所接负载电阻为 8Ω，原边信号源电压为 10V，内阻 R_0=200Ω，求负载上获得的功率。

2．变压器原绕组 1520 匝，接在 380V 交流电源上，副边电压为 36V。问：

（1）副绕组是多少匝？

（2）若接 10 盏 36V、15W 的灯，原边电流为多少？

3．如图 7-2-3 所示电路。（15 分）【省对口招生考试试题】

（1）试选择合适的匝数比使传输到负载的功率达到最大；（8 分）

（2）求 1Ω 负载上获得的最大功率。（7 分）

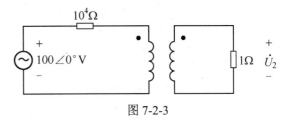

图 7-2-3

4．一台多绕组单相变压器，原边额定电压为 220V。有二个副绕组，额定数据分别为 127V、2A 和 36V、2A。试求原边额定电流及变压器的额定容量。

7.3　几种常用的变压器

知识同步指导

1．自耦变压器

自耦变压器又称交流调压器或自耦调压器，它可以输出连续可调的交流电压。外形结构如图 7-3-1 所示。

图 7-3-1　自耦变压器

（1）自耦变压器结构特点与工作原理。

自耦变压器的电路如图 7-3-2 所示，原、副绕组有公共部分，原边匝数 N_1 固定，副边匝数 N_2 可调。

当原边接上工频 220V 交流电源时，随着活动触点的移动，变压器的变压比 n 发生变化，副边电压也就实现了调节。

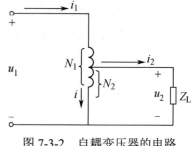

图 7-3-2　自耦变压器的电路

自耦变压器接上负载后，电流 i_1、i_2 同相，这样公共支路上的电流有效值应为初、次级电流有效值之差，即 $I=I_1-I_2$。

（2）使用注意事项。

由于自耦变压器原、副绕组间不仅有磁路的联系，电路上也是相连的，没有隔离的作用，所以**自耦变压器不能作为安全变压器使用**。

自耦变压器在使用时，需注意以下几点：

① 输入端和输出端不能对调使用；

② 相线和零线不能接反；

③ 调压时要从小到大调节，使用结束后应回归零位。

2．小型电源电压器

小型电源变压器广泛应用于电子仪器中。它一般有一至两个原绕组和几个不同的副绕组，可以根据实际需要连接组合，以获得不同的输出电压，如图 7-3-3 所示。其中图 7-3-3（a）有两个相同的原绕组，若原绕组额定电压为 110V，当供电电源为 110V 时，则两个绕组可单独使用或并联使用，当供电电源的电压为 220V 时，可将两个绕组串联起来使用；图 7-3-3（b）原边为一个绕组，额定电压为 220V，副绕组可根据需要自由选择连接，它可获得 3V、6V、9V、12V、15V、18V、21V、24V 等不同数值的电压。值得注意的是，连接时要注意同名端。

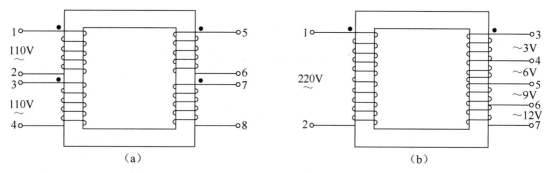

图 7-3-3　小型电源电压器

3．电压互感器

电压互感器是一种将高电压转换成低电压，以实现高压测量的变压器。

（1）电压互感器结构特点与工作原理。

电压互感器电路和外形如图 7-3-4 所示，原边匝数 N_1 远多于副边匝数 N_2。

电压互感器在使用时，原绕组的两端并接入被测电路。若电压表读数为 U_V，则被测电压为

$$U_X = \frac{N_1}{N_2}U_V = nU_V \quad n \text{ 为变压比}$$

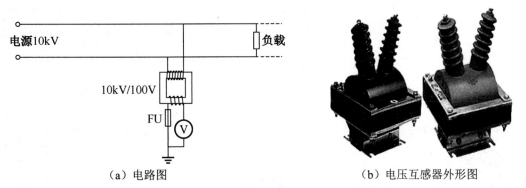

（a）电路图　　　　　　　　　　　（b）电压互感器外形图

图 7-3-4　电压互感器电路和外形

（2）电压互感器使用注意事项。

① 铁心及副绕组一侧要可靠接地，以免发生安全事故。

② 副绕组严禁短路。这是由于副绕组匝数少，阻抗小，一旦发生短路，极易烧毁线圈。通常，电压互感器的第二次回路串接入熔断器，以免发生短路事故。

4．电流互感器

电流互感器是一种将大电流转换为小电流，以实现大电流测量的变压器。

（1）电流互感器结构特点与工作原理。

电流互感器的电路和外形如图 7-3-5 所示，副边匝数 N_2 远多于原边匝数 N_1。

电流互感器在使用时，原绕组需串接入被测电路。若电流表读数为 I_A，则被测电流为

$$I_X = \frac{N_2}{N_1}I_A = \frac{1}{n}I_A \quad n \text{ 为变压比}$$

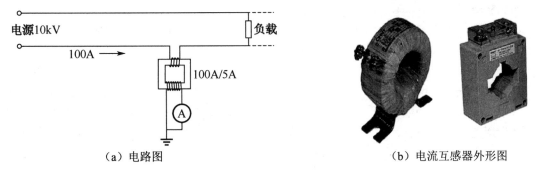

（a）电路图　　　　　　　　　　　（b）电流互感器外形图

图 7-3-5　电流互感器电路和外形

（2）电流互感器使用注意事项。

① 铁心及副绕组一侧要可靠接地，以免发生安全事故。

② 副绕组严禁开路。这是由于副绕组匝数多，感应电压高，一旦开路，极大的开路电压将造成绝缘击穿，甚至危及人身安全。

5．钳形电流表

钳形电流表的结构和外形如图 7-3-6 所示，它是将电流互感器和电流表组装成一体的

便携式仪表。其副绕组与电流表组成闭合回路，其铁心是可以开合的。测量时，先张开铁心，套进被测电流的导线，闭合铁心后即可测出电流，量程为 5～100A，如果被套为多股导线，其显示值是多股导线电流的相量和的有效值。

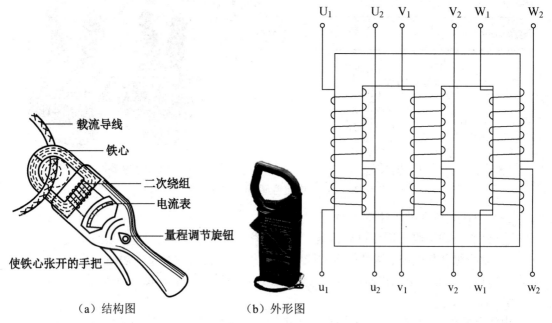

（a）结构图　　　　　　　（b）外形图

图 7-3-6　钳形电流表的结构和外形　　　图 7-3-7　三相变压器绕组示意图

6. 三相变压器

在三相变压器铁心的三个心柱上，分别绕有 U、V、W 三相原、副绕组，就构成了三相变压器，如图 7-3-7 所示。

原、副绕组可根据实际需要联成 Y 形或△形，原绕组与三相交流电源连接，副绕组与三相负载连接，构成三相交流电路。

三相变压器的每一相，就相当于一个独立的单相变压器。单相变压器的基本公式和分析方法，适用于三相变压器中的任意一相。

三相变压器绕组的接法有很多，例如，Y/Y_0、$Y/\triangle$、$\triangle/Y_0$、$\triangle/\triangle$、$\triangle/Y$ 等，其中分子表示三相高压绕组的接法，分母表示三相低压绕组的接法。Y_0 表示三相绕组接成星形并且有中线（即三相四线制），其中以 Y/Y_0、$Y/\triangle$ 两种接法应用较广泛。供动力与照明混合负载使用的三相变压器，多采用 Y/Y_0 接法，它的高压不超过 35kV，低压为 400V，最大容量在 1800kVA 左右。

经典例题解析

【例 1】如图 7-3-8 所示，变压器可以获得多少不同数值的输出电压？其值各为多少？

【解析】四组电压进行排列组合（顺串与反串），除去重复电压之后，就知能输出多少组不同的电压。

【解答】可以得到 2V、4V、6V、8V、10V、12V、14V、16V、18V、20V、24V、30V、38V、44V 等不同数值的电压输出。

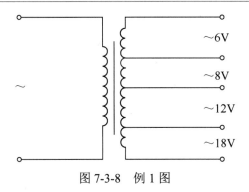

图 7-3-8 例 1 图

【例 2】某三根电缆的电流为对称的三相电流,有效值为 10A,分别将其中的一根、二根和三根放入钳形电流表然后将其铁心闭合,则三次测量钳形电流表的示值分别是多少?

【解答】设第一次单根,则示值为 10A;

第二次两根,示值为 $\dot{I}_1 + \dot{I}_2$ 的相量值的模长,仍为 10A;

第三次三根,示值为 $\dot{I}_1 + \dot{I}_2 + \dot{I}_3$ 相量值的模长,结果是 0A。

【例 3】如图 7-3-9 所示为理想变压器电路,当开关 S 断开时其输入电阻 R_1=_____Ω;当开关 S 闭合后其输入电阻 R_1=_____Ω。

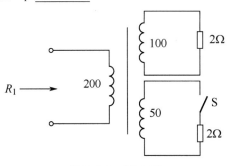

图 7-3-9 例 3 图

【解析】变压器的输入阻抗取决于负载的大小和性质(接纯电阻负载时,称输入电阻)。此类型题目可利用齐性原理,采用代数法巧妙求解其输入电阻。

【解答】任意假定初级绕组电压为 20V,根据匝伏比可知,两个次级绕组输出电压分别为 10V 和 5V。

当开关 S 断开时,$P_入 = P_出 = \dfrac{10^2}{2} = 50\text{W}$,$\Rightarrow I_1 = \dfrac{P_1}{U_1} = \dfrac{50}{20} = 2.5\text{A} \Rightarrow R_1 = \dfrac{U_1}{I_1} = \dfrac{20}{2.5} = 8\Omega$

当开关 S 闭合后,$P_入 = P_出 = \dfrac{10^2}{2} + \dfrac{5^2}{2} = 62.5\text{W}$,$\Rightarrow I_1 = \dfrac{P_1}{U_1} = \dfrac{62.5}{20} = 3.125\text{A}$

$\Rightarrow R_1 = \dfrac{U_1}{I_1} = \dfrac{20}{3.125} = 6.4\Omega$

故答案分别为 8Ω 和 6.4Ω。

【例4】如图 7-3-10 所示电路，理想变压器的输入电压 U 一定，两个次级绕组的匝数是 N_2 和 N_3；当把电热器接到 a、b 而 c、d 空载时，电流表读数是 I_1；当把同一电热器接 c、d；而 a、b 空载时，电流表读数是 I_1'。则 $\dfrac{I_1}{I_1'}=$（　　）。

A. $\dfrac{N_2}{N_3}$ B. $\dfrac{N_3}{N_2}$ C. $\dfrac{N_2^2}{N_3^2}$ D. $\dfrac{N_3^2}{N_2^2}$

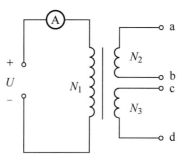

图 7-3-10　例 4 图

【解析】运用常规法列方程来求解，不仅费时费力，还非常容易运算错误。此类型题目仍然可利用齐性原理，采用代数法巧妙求解。

【解答】任意假定初级绕组的匝数 N_1 为 200 匝，两个次级绕组的匝数 N_2、N_3 分别为 100 匝和 50 匝；初级绕组的电压 U_1 为 200V，则两个次级绕组的电压 U_2、U_3 分别为 100V 和 50V；设电热器的电阻 $R_L=50\Omega$。可知：

A. $\dfrac{N_2}{N_3}=2$ B. $\dfrac{N_3}{N_2}=\dfrac{1}{2}$ C. $\dfrac{N_2^2}{N_3^2}=4$ D. $\dfrac{N_3^2}{N_2^2}=\dfrac{1}{4}$

当 R_L 接 a、b 时，$P_\text{入}=P_\text{出}=\dfrac{100^2}{50}=200\text{W}$，$\Rightarrow I_1=\dfrac{P_1}{U_1}=\dfrac{200}{200}=1\text{A}$

当 R_L 接 c、d 时，$P_\text{入}=P_\text{出}=\dfrac{50^2}{50}=50\text{W}$，$\Rightarrow I_1'=\dfrac{P_1'}{U_1'}=\dfrac{50}{200}=0.25\text{A} \Rightarrow \dfrac{I_1}{I_1'}=\dfrac{1}{0.25}=4$，故答案中 C 选项是正确的。

同步练习题

一、填空题

1. _____互感器的副边电路不允许开路；_____互感器的副边电路不允许短路；_____变压器不能做为安全变压器使用；_____变压器具有陡降的外特性。

2. 自耦变压器的变压比为 n，其原、副边电流之比为_____。

3. 一台单相变压器额定容量为 $S_N=15\text{kVA}$，额定电压为 10kV/230V，满载时负载阻抗 $|Z|=3.45\Omega$，$\cos\varphi=0.85$，则变压器满载时，其输出的有功功率为_____W。

4. 一降压变压器，输入电压的最大值为 311V，另有一负载 R，当它接到 $22\sqrt{2}$ V 的

电源上消耗功率 P，若把它接到上述变压器的次级电路上，消耗功率为 $0.5P$，则此变压器的原、副绕组的匝数比为_____。

5．电源上电流互感器的电流比为 100/5，若有 2A 电流流过电流表，则待测电流为_____A；电压互感器的电压比为 3000/100，接于 2700V 交流电压上，则仪表上的电压示值为_____V。

6．为了提高钳形电流表测量值的精确度，被测导线应置于_____。【省对口招生考试试题】

二、判断题

1．自耦变压器绕组公共部分的电流，在数值上等于原、副边电流之和。　　（　　）

2．自耦变压器既可以任意调节电压又是一种安全变压器。　　　　　　　（　　）

3．电流互感器接于高压电路，副绕组的一端及互感器铁心必须接地。　　（　　）

三、单项选择题

电流互感器常用于测量大电流，下面描述不正确的是（　　）。【省对口招生考试试题】

    A．电流互感器原绕组匝数少，副绕组匝数多

    B．电流互感器原绕组匝数多，副绕组匝数少

    C．电流互感器工作时，副绕组不允许开路

    D．电流互感器使用时，应将铁壳与副绕组的一端接地

第八章　非正弦交流电路

 学习要求

（1）了解非正弦交流电的产生及谐波分析。

（2）掌握非正弦交流电路中的电流、电压有效期和平均功率的计算。

知识同步指导

1. 非正弦交流电的产生

（1）非正弦交流电的概念。

非正弦交流电是指不按正弦规律作周期性变化的电流、电压和电动势。

（2）产生非正弦交流电的原因。

① 同一电路中有几个不同频率的正弦交流电源。

② 电路中存在非线性元器件。

③ 电源本身就是非正弦电动势电源。

2. 非正弦交流电的分解

　　几个不同频率的正弦波可以叠加合成非正弦波，反之，非正弦波也可以分解出一系列的不同频率的正弦波。

　　通过利用数学工具，可以将非正弦交流分解为直流分量与一系列不同频率的正弦分量之和。各分量又称为谐波分量，根据各谐波分量的频率与非正弦交流频率（$f = \dfrac{1}{T}$）所存在的整数倍关系，谐波分量又分为零次谐波（即直流分量）、一次谐波（又称基波）、二次谐波等。

3. 非正弦交流电的有效值

非正弦交流电的有效值，等于各次谐波有效值的平方和的开平方。即：

$$I = \sqrt{I_0^2 + I_1^2 + I_2^2 + \cdots + I_n^2} \quad \text{或} \quad U = \sqrt{U_0^2 + U_1^2 + U_2^2 + \cdots + U_n^2}$$

4. 非正弦交流电路的平均功率

非正弦交流电路的平均功率，等于各次谐波下的电路平均功率之和。即：

$$P = P_0 + P_1 + P_2 + \cdots + P_n = I_0 U_0 + I_1 U_1 \cos \varphi_1 + I_2 U_2 \cos \varphi_2 + \cdots + I_n U_n \cos \varphi_n$$

其中，φ 为同次谐波电压与同次谐波电流之间的相位之差。

经典例题解析

【例题】如图 8-1 所示二端网络的端电压，$u = 20 + 10\sin(\omega t - 10°) + 2\sqrt{2}\sin(2\omega t + 30°)$ V，电流 $i = 4 + 2\sqrt{2}\sin(\omega t - 40°)$ A，求：

（1）u 与 i 的平均值 $\bar{u}$ 和 $\bar{i}$；

（2）u 与 i 的有效值 U 与 I；

（3）该网络的平均功率 P。

图 8-1　例题图

【解析】非正弦交流电的平均值就等于零次谐波（即直流分量），而有效值则为各次谐波有效值的平方和的开平方。至于电路的平均功率，应为各次谐波下的电路平均功率之和，也就是说：只有同频率的电压、电流谐波分量才会形成非零的平均功率。

【解答】（1）$\bar{u} = U_0 = 20\text{V}$，$\bar{i} = I_0 = 4\text{A}$

（2）$U = \sqrt{U_0^2 + U_1^2 + U_2^2} = \sqrt{20^2 + (5\sqrt{2})^2 + 2^2} \approx 21.3\text{V}$

$I = \sqrt{I_0^2 + I_1^2} = \sqrt{4^2 + 2^2} \approx 4.47\text{A}$

（3）$P = P_0 + P_1 = U_0 I_0 + U_1 I_1 \cos(\varphi_{u1} - \varphi_{i1})$

$= 20 \times 4 + 5\sqrt{2} \times 2 \cos(-10° + 40°) \approx 92.2\text{W}$

同步练习题

一、填空题

1．非正弦周期电流 $i = (3\sqrt{2}\sin\omega t + \sqrt{2}\sin 3\omega t)$ A，其基波分量是_____；基波电流有效值 $I_1=$_____A；三次谐波分量是_____，其有效值 $I_3=$_____A。

2．非正弦周期电压 $u = \dfrac{U_\text{m}}{2} + \dfrac{2U_\text{m}}{\pi}\left(\sin\omega t + \dfrac{1}{3}\sin 3\omega t + \dfrac{1}{5}\sin 5\omega t + \cdots\cdots\right)$ V，其基波分量是_____，$U_\text{1m}=$_____，五次谐波分量是_____，$U_\text{5m}=$_____V；$U_\text{7m}=$_____V；直流分量是_____。

3．如图 8-2 所示电路，已知三个电源分别为 $E=3\text{V}$，$u_1 = 2\sqrt{2}\sin\omega t\,\text{V}$，$u_2 = \sqrt{2}\sin(3\omega t + 180°)$ V，同时给一个 10Ω 的电阻供电，则该电阻所消耗的功率为_____W。

4．如图 8-3 所示理想变压器，若变压器的变压比为 5，变压器的初级绕组接电源 u_s，且 $u_\text{s}(t) = 30 + 30\sqrt{2}\sin(100t + 30°) + 40\sqrt{2}\sin(200t + 120°)$ V，用万用表测得初、次级绕组端电压为 $U_{12}=$_____，$U_{34}=$_____。

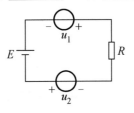

图 8-2　题 3 图

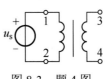

图 8-3　题 4 图

5．已知某电路中非正弦电流为 $i = 4 + 3\sqrt{2}\sin(\omega t - 45°) + 4\sqrt{2}\sin(\omega t + 45°) + 5\sqrt{2}\sin(2\omega t + 30°)$ A，则 i 的有效值 $I=$_____A。

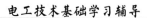
6. 已知某一非正弦电压为 $u = 50 + 60\sqrt{2}\sin(\omega t + 30°) + 40\sqrt{2}\sin(2\omega t + 10°)$ V，电流 $i = 1 + 0.5\sqrt{2}\sin(\omega t - 20°) + 0.3\sqrt{2}\sin(2\omega t + 50°)$ A，则平均功率 $P=$_____，电压有效值 $U=$_____。

7. 已知某电路的电压 $u = 50 + 20\sqrt{2}\sin(\omega t + 20°) + 6\sqrt{2}\sin(2\omega t + 80°)$ V，则 u 的有效值 $U=$_____V。

8. 已知非正弦交流电压 $u = 2 + 2\sqrt{2}\sin 1000t$ V，当此电压加于 R-L 串联电路中，$R=2\Omega$，$L=2$mH，则电路电流为 $i=$_____，电压有效值为_____V。

9. 已知在某一电路中，电路中的电流 $i = 20 + 10\sqrt{2}\sin(\omega t - 10°) + 10\sqrt{2}\sin(\omega t + 80°) + 5\sqrt{2}\sin(2\omega t + 20°) + 5\sqrt{2}\sin(4\omega t + 60°)$ A，则电路中电流的有效值 $I=$_____A。

10. 一个直流电压 $U_1=10$V，与一个正弦电压 $u_2 = 7\sin\omega t$ V 串联叠加合成的电压 u 的表达方式为_____V。【省对口招生考试试题】

11. 非正弦周期电压 $u = 10 + 10\sqrt{2}\sin(\omega t - 20°) + 5\sqrt{2}\sin(2\omega t + 10°)$ V，则零次谐波 $U_0=$_____，一次谐波 $u_1=$_____，二次谐波 $u_2=$_____。平均值 $\bar{u}=$_____，有效值 $U=$_____。

二、判断题

1. 非正弦交流电压作用在电感元件上，电流高次谐波分量被削弱。 （   ）
2. 非正弦交流电是一种不按正弦规律变化的、周期性交流电。 （   ）
3. 非正弦交流电是一种按正弦规律变化的、非周期性交流电。 （   ）
4. 几个同频率的正弦波可以叠加成一个非正弦波。 （   ）
5. 一个非正弦量可以分解出一系列的、具有倍频关系的正弦量。 （   ）
6. 一个方波可以分解出无穷个谐波分量。 （   ）
7. 基波的频率与相应的非正弦波的频率相等。 （   ）
8. 零次谐波即直流分量，直流电是频率为零的正弦量。 （   ）
9. 二次谐波及二次以上的谐波统称为高次谐波。 （   ）

三、单项选择题

1. 已知一电源电压为 $u = 30\sqrt{2}\sin\omega t + 80\sqrt{2}\sin(3\omega t + \frac{2\pi}{3}) + 80\sqrt{2}\sin(3\omega t - \frac{2\pi}{3}) + 30\sqrt{2}\sin 5\omega t$ V，则电源电压的有效值为（   ）。

    A. 20V   B. 120.8V   C. 90.55V   D. 40.2

2. 已知一电源电压为 $u = 30\sqrt{2}\sin\omega t + 80\sqrt{2}\sin(3\omega t + \frac{2\pi}{3}) + 80\sqrt{2}\sin(5\omega t - \frac{2\pi}{3}) + 30\sqrt{2}\sin 7\omega t$ V，则电源电压的有效值为（   ）。

    A. $30 + 80 + 80 + 30 = 220$V   B. $\sqrt{30^2 + 80^2 + 80^2 + 30^2} = 120.8$V

    C. $\sqrt{30^2 + 80^2 + 30^2} = 50.55$V   D. $\sqrt{30^2 + 30^2} = 40.2$V

第九章　电路过渡过程

（1）理解过渡过程的概念，引起过渡过程的原因，R-C、R-L 过渡电路的物理过程。

（2）理解时间常数的意义，初始值、稳态值的含义。

（3）掌握一阶电路的三要素法。

（4）掌握微分电路与积分电路的概念及波形变换作用。

9.1　电路过渡过程的概念和换路定律

知识同步指导

1．电路的过渡过程

（1）电路过渡概念。

电路从一种稳定状态变化到另一种稳定状态的中间过程称为过渡过程。

（2）电路中产生过渡过程的原因。

① 外因：电路的接通或断开，电源的变化，电路参数的变化，电路的改接等。

② 内因：电路中含有储能元件。（L 或 C）这是因为**储能元件能量的储存或释放不能突变**，这是引起过渡过程的根本原因。

研究电路的瞬态过程具有重要的实际意义，例如，对于电路在瞬态过程中产生的过电流、过电压有时需要加以限制，以防损坏电气设备和伤害操作人员；有时又可充分利用，电子路线中常利用瞬态过程中产生的各种特殊波形，如锯齿波、方波等，在触发、计数、扫描等电路中有着广泛的应用。

2．换路定律

（1）电感元件的过渡过程特性。

在换路后的一瞬间，如果电感两端的电压保持为有限值，则电感中的电流和磁链都应当保持换路前一瞬间的原有值而不能跃变。即：

$$i_L(0_+) = i_L(0_-) \quad \text{或} \quad \psi_L(0_+) = \psi_L(0_-)$$

对于一个原来没有电流的电感来说，在换路的一瞬间，电感可等效为开路线；

对于一个原来就有电流的电感来说，在换路的一瞬间，电感可等效为一个恒流源。

（2）电容元件的过渡过程特性。

在换路后的一瞬间，如果流入（或流出）电容的电流保持为有限值，则电容上电压和电荷都应当保持换路前一瞬间的原有值而不能跃变。即：

$$u_C(0_+) = u_C(0_-) \quad 或 \quad Q_C(0_+) = Q_C(0_-)$$

对于一个原来不带电荷（未充电）的电容来说，在换路的一瞬间，电容可等效为短路线；

对于一个原来带电荷（已充电）的电容来说，在换路的一瞬间，电容可等效为恒压源。

3. R-C 电路的过渡过程

（1）R-C 电路的充电。

如图 9-1-1（a）所示电路，在电容器充电过程中，电路中的电流由大到小，最后为零；电容器两端的电压由零逐渐增大，最后达到稳定值 E。其参量的变化规律如下：

$$i = \frac{E}{R}e^{-\frac{t}{\tau}}\text{A} \qquad u_R = Ee^{-\frac{t}{\tau}}\text{V} \qquad u_C = E(1 - e^{-\frac{t}{\tau}})\ \text{V}$$

式中，$\tau = RC$，称为电路的时间常数。它表示过渡过程已经变化了总变化量的 63% 所经过时间，它反映了过渡过程进行的快慢，τ 的单位是秒（s）。当 $t = (3 \sim 5)\tau$ 时，电容器两端的电压达到稳定值的 95%～99%，通常可认为过渡过程已基本结束。

（2）R-C 电路的放电。

如图 9-1-1（b）所示电路，电路中的电流和电容器两端的电压都由大变小，最后为零，其参量的变化规律如下：

$$i = \frac{E}{R}e^{-\frac{t}{\tau}}\text{A} \qquad u_R = u_C = Ee^{-\frac{t}{\tau}}\text{V}$$

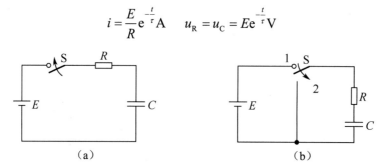

图 9-1-1　R-C 电路的充、放电

4. R-L 电路的过渡过程

（1）R-L 电路的充磁。

如图 9-1-2（a）所示电路，电路中的电流由零逐渐增大，最后达到稳定值 $\dfrac{E}{R}$；电感两端的电压由大逐渐变小，最后为零，其参量的变化规律如下：

$$i = \frac{E}{R}(1 - e^{-\frac{t}{\tau}})\ \text{A} \qquad u_R = E(1 - e^{-\frac{t}{\tau}})\ \text{V} \qquad u_L = Ee^{-\frac{t}{\tau}}\text{V}$$

式中，$\tau = \dfrac{L}{R}$，称为电路的时间常数，单位是秒，符号为 s。

（2）R-L 电路的放磁。

如图 9-1-2（b）所示电路，电路中的电流、电压都由大逐渐变小，最后为零，其参量的变化规律如下：

$$i = i_L(0_+)\,e^{-\frac{t}{\tau}}\text{A} \qquad u_R = u_L = Ri_L(0_+)\,e^{-\frac{t}{\tau}}\text{V}$$

式中，$i_L(0_+) = \dfrac{E}{R_1}$。

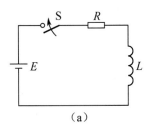

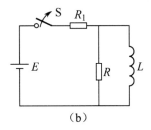

（a）　　　　　　　　　　　　　　（b）

图 9-1-2　R-L 电路的充、放磁

5. 过渡过程数值变化情况说明

一般认为 $t = (3 \sim 5)\,\tau$，过渡过程就基本结束。

【资料】0.7τ，完成 50%；1τ，完成 63.2%，余下 36.8%；2τ，完成 86.5%，余下 13.5%；3τ，完成 95%，余下 5%；4τ，完成 98.2%，余下 1.8%；5τ，完成 99.3%，余下 0.7%。

经典例题解析

【例 1】一只已充电到 100V 的电容器经由一电阻放电，经过 20s 后电压降到 67V，则放电 40s 后，电容器两端电压约为（　　　）。

　　A. 55V　　　　　　B. 45V　　　　　　C. 37V　　　　　　D. 50V

【解析】此题具有一定的技巧性，若列方程求解很是费劲。已知前 20s 下降了 $\dfrac{67}{100} = 0.67$ 倍，由于**指数规律不变**，再过 20s 的数值将是前 20s 结束后数值的 0.67 倍，即 $(100 \times 0.67) \times 0.67 \approx 45V$，故答案选 B。若在此基础上再过 20s 即放电 60s 后的数值又将是前 20s 结束后数值的 0.67 倍，即 $(100 \times 0.67 \times 0.67) \times 0.67 \approx 30V$。

【例 2】一个电感线圈被短接后，需经 0.1s 线圈内的电流才减小到初始值的 37%。如果用 $R = 5\Omega$ 的电阻来代替原来的短路线，就需要 0.05s 后线圈内的电流才减小到初始值的 37%，求此线圈的电阻 r 和电感 L。

【解析】由初始值下降到原来的 37%，恰好是一个 τ 的时间，可列方程联立求解。

【解答】依题意列方程组如下：

$$\begin{cases} \tau_1 = \dfrac{L}{r} & \text{①} \\[2mm] \tau_2 = \dfrac{L}{R+r} & \text{②} \end{cases} \quad \overset{\text{代入数据}}{\Longrightarrow} \quad \begin{cases} 0.1 = \dfrac{L}{r} & \text{①} \\[2mm] 0.05 = \dfrac{L}{5+r} & \text{②} \end{cases}$$

联立解得：$r = 5\Omega$，$L = 0.5\text{H}$。

【例 3】点焊机所用的电容器组的电容为 $2000\mu F$，工作时充电至 500V，求储存的能量。如果焊点上的电阻为 0.01Ω，求最大放电电流和放电时间常数。

【解答】电容器组充电至 500V 时所储存的能量为

$$W_C = \frac{1}{2}CU^2 = \frac{1}{2} \times 2000 \times 10^{-6} \times (500)^2 = 250J$$

放电时的最大电流为 $\quad i_{max} = \dfrac{U}{R} = \dfrac{500}{0.01} = 50000A$

放电时间常数 $\quad \tau = RC = 0.01 \times 2000 \times 10^{-6} = 20\mu s$

在上例中，放电瞬间电流可以高达 **50000A**，这就是电容充放电过程中的过电流现象。过电流现象有利（如应用于储能焊）也有弊，处理不当，危害甚大。

【**例 4**】如图 9-1-3 所示为 R-L 串联电路，已知 $R=5\Omega$，$L=0.398H$，直流电源 $E=35V$，伏特表量程 50V，内阻 $R_V=5k\Omega$。开关 K 未断开时，电路已处于稳定状态，在 $t=0$ 时刻断开开关，求：（1）开关断开后电路的时间常数 τ；（2）i 的初始值；（3）i 和 u_V 的表达式；（4）$t=(0_+)$ 时刻伏特表两端电压。

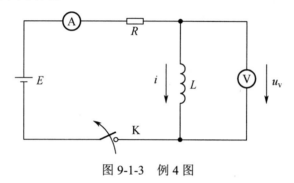

图 9-1-3 例 4 图

【**解答**】（1）时间常数

$$\tau = \frac{L}{R_V} = \frac{0.398}{5 \times 10^3} = 79.6\mu s$$

（2）$i(0_+) = i(0_-) = \dfrac{E}{R} = \dfrac{35}{5} = 7A$

i 的初始值为 7A，即 $i(0_+) = 7A$

（3）$i(t) = i(0_+)\, e^{-\frac{t}{\tau}} = 7e^{-12563t}(A)$

$$u_{V(t)} = -i(t)\, R_V = -7e^{-12563t}A \times 5 \times 10^3 k\Omega$$
$$= -35e^{-12563t}\,(kV)$$

（4）$t=0$ 时，$u_V = -35kV$

在上例中，伏特表两端的瞬间电压可高达 **35kV**，这就是电感在释放磁能过程中产生的过电压现象。在这一时刻伏特表要承受很高的电压，必然导致伏特表的损坏，所以在断开开关前，须将伏特表拆除。

同步练习题

一、判断题

1. 换路定律只适用于电路的换路瞬间。   （　　）

2．已储能的电容器在换路过渡过程中，相当于电压源。　　　　　（　　）

3．用万用表 $R×1kΩ$ 量程挡检测较大容量电容器，若测量时表针始终为∞，说明电容器已断路。　　　　　　　　　　　　　　　　　　　　　　　　　　　　（　　）

4．当电容器带上一定电荷量后，移去直流电源，若把直流电压表接到电容器两端，则指针会发生偏转。　　　　　　　　　　　　　　　　　　　　　　　　　（　　）

5．在直流激励下，未储能的电感元件在换路后的瞬间可看作开路。　（　　）

6．电容器具有"隔直流、通交流"的特性，就是说直流电不能通过电容器内部介质而交流电却能。　　　　　　　　　　　　　　　　　　　　　　　　　（　　）

7．放电开始瞬间，电容器相当于恒压源。　　　　　　　　　　　（　　）

8．释放磁能开始瞬间，电感器相当于恒流源。　　　　　　　　　（　　）

二、单项选择题

未充电的电容器与直流电源接通的瞬间（　　　　）。

　　A．电容量为零　　　　　　　　　　B．电容器相当于开路

　　C．电容器相当于短路　　　　　　　D．电容器两端电压为直流电压

9.2　一阶电路的三要素法

知识同步指导

1．一阶电路的三要素法

（1）三要素法的概念。

一阶电路的过渡过程通常是电路变量由初始值向新的稳态值过渡，并且是按指数规律逐渐趋向新的稳态值。指数曲线弯曲程度与反映趋向新稳态值的时间常数 τ 密切相关。

只要知道换路后的稳态值、初始值和时间常数这三个要素，就能直接写出一阶电路过渡过程的解析式，这就是一阶电路的三要素法。

（2）一阶电路三要素法的通用公式。

$$f(t) = f(\infty) + \left[f(0_+) - f(\infty) \right] e^{-\frac{t}{\tau}}$$

式中，$f(0_+)$ ——电压或电流的初始值；

　　　$f(\infty)$ ——电压或电流的新的稳态值；

　　　τ ——电路的时间常数；

　　　$f(t)$ ——电路中待求的电流或电压。

2．三要素法的运用步骤

（1）初始值 $f(0_+)$ 可根据换路定律和基尔霍夫定律求得，具体步骤如下：

① 根据 $t = (0_-)$ 时刻的等效电路，应用欧姆定律求出 $u_C(0_-)$ 或 $i_L(0_-)$；

② 根据换路定律求出 $u_C = (0_+)$ 和 $i_L = (0_+)$，即

$$u_C(0_+) = u_C(0_-) \qquad i_L(0_+) = i_L(0_-)$$

③ 根据 $t=(0_+)$ 时刻的等效电路，应用基尔霍夫定律及欧姆定律求出其他有关量的初始值。

（2）新的稳态值 $f(\infty)$ 根据 $t=\infty$ 时刻的等效电路求得，这时电容相当于开路，电感相当于短路。

（3）时间常数 $\tau=RC$（R-C 电路中）或 $\tau=\dfrac{L}{R}$，（R-L 电路中）其中 R 应理解为换路后的电路中从储能元件两端看进去的输入电阻。这时电路中所有电源均不作用，仅保留其内阻（恒压源用短接线替代，恒流源用开路线替代）。

3. R-C 串联电路过渡过程的应用

（1）微分电路。

微分电路结构如图 9-2-1（a）所示，其特点如下：

① 电路的时间常数 $\tau \ll t_d$ 时，若受到方波脉冲信号的激励，电路的响应信号波形为对应方波脉冲前、后沿的正、负尖脉冲波，见图 9-2-1（b）微分输出波形；

② 如果 R-C 电路的时间常数 $\tau \gg t_d$，则充电极慢，到方波后沿时，u_C 仍极小，故 $u_o \approx u_i$，且输出波形也与输入波形基本一样。这个电路就不再满足微分条件，而成为一个普通的阻容耦合电路。为了使耦合输出信号的失真尽可能小，耦合电路的 R、C 参数一般都得选得比较大。耦合输出见图 9-2-1（b）耦合输出波形。

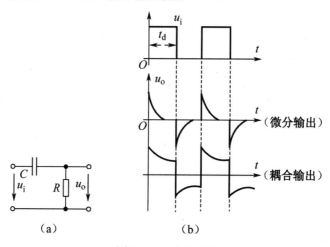

图 9-2-1 微分电路

（2）积分电路。

积分电路结构如图 9-2-2（a）所示，其特点如下：

① 当 R-C 电路的时间常数 $\tau \gg t_d$ 时，若受到方波脉冲信号的激励，电路的响应信号波形为图 9-2-2（b）所示的锯齿波。对应 u_i 高电平时，u_o 幅度按指数规律上升；对应 u_i 低电平时，u_o 幅度按指数规律下降；

② 积分电路也可以看成是低通滤波器。当 t_d 较小，即 u_i 的频率较高时，u_o 的幅度就比较小；反之，当 t_d 较大，即 u_i 的频率较低时，u_o 的幅度就比较大。

【强调】微分电路与积分电路都能进行波形变换。微分电路能把方波脉冲变成双向尖脉冲；积分电路能将方波脉冲变成锯齿波。在脉冲数字技术中常用这两种电路来产生触发信号和锯齿波信号。在模拟运算电路中，可用来求导数和积分等。

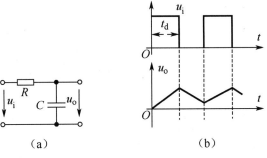

图 9-2-2　积分电路

经典例题解析

【例1】在图 9-2-3（a）所示电路中，开关长期合在位置 1 上，在 $t=0$ 时，把它合在位置 2，试求 $u_C(t)$、$i_C(t)$、$i_1(t)$、$i_2(t)$ 的解析式。已知 $R_1=1\text{k}\Omega$，$R_2=2\text{k}\Omega$，$C=3\mu\text{F}$、$U_1=3\text{V}$、$U_2=5\text{V}$。

【解析】分别求出 u_C、i_C、i_1、和 i_2 的初始值、稳态值、时间常数，再代入三要素通用公式即可。

【解答】（1）画出 $t=(0_+)$ 时的等效电路，如图 9-2-3（b）所示，分别求各初始值；

$$U_C(0_-)=\frac{U_1R_2}{R_1+R_2}=\frac{3\times2}{1+2}=2\text{V} \qquad U_C(0_+)=U_C(0_-)=2\text{V}$$

$$i_1(0_+)=\frac{U_2-U_C(0_+)}{R_1}=\frac{5-2}{1\text{k}\Omega}=3\text{mA}$$

$$i_2(0_+)=\frac{U_C(0_+)}{R_2}=\frac{2\text{V}}{2\text{k}\Omega}=1\text{mA}$$

$$i_C(0_+)=i_1(0_+)-i_2(0_+)=3-1=2\text{mA}$$

（2）画出 $t=\infty$ 时的等效电路，如图 9-2-3（c）所示，分别求出新的稳态值；

$$U_C(\infty)=\frac{U_2R_2}{R_1+R_2}=\frac{5\times2}{1+2}=\frac{10}{3}\text{V}$$

$$i_1(\infty)=i_2(\infty)=\frac{U_2}{R_1+R_2}=\frac{5\text{V}}{3\text{k}\Omega}=\frac{5}{3}\text{mA} \qquad i_C(\infty)=0\text{A}$$

（3）画出从电容器两端看过去的入端电阻等效电路，如图 9-2-3（d）所示，求时间常数 τ；

$$R=R_1/\!/R_2=1/\!/2=\frac{2}{3}\text{k}\Omega$$

$$\tau=RC=\frac{2}{3}\times10^3\times3\times10^{-6}=2\times10^{-3}\text{s}$$

（4）代入三要素法通式 $f(t)=f(\infty)+[f(0_+)-f(\infty)]\,\text{e}^{-\frac{t}{\tau}}$，得

$$u_C=\frac{10}{3}+\left(2-\frac{10}{3}\right)\text{e}^{-\frac{t}{2\times10^{-3}}}=\left(\frac{10}{3}-\frac{4}{3}\text{e}^{-500t}\right)\text{V}$$

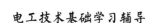

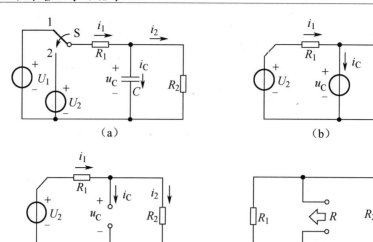

图 9-2-3 例1图

同理：$i_1 = (\frac{5}{3} + \frac{4}{3}e^{-500t})$ mA

$$i_2 = (\frac{5}{3} - \frac{2}{3}e^{-500t}) \text{ mA}$$

$$i_C = 2e^{-500t} \text{mA}$$

i_2 其实还有更简单的计算方法，即 $i_2 = \frac{u_C}{R_2} = (\frac{5}{3} - \frac{2}{3}e^{-500t})$ mA。

【例2】如图 9-2-4（a）所示电路，$t=0$ 时开关由 a 投向 b，试求 i 和 i_L 的解析式。

【解答】（1）画出 $t=(0_+)$ 时刻的等效电路，如图 9-2-4（b）所示，分别求出它们的初始值；

$$i_L(0_-) = -\frac{E_1}{R_1 + (R_2 /\!/ R_3)} \times \frac{R_3}{R_2 + R_3} = -\frac{3}{1 + (2/\!/1)} \times \frac{2}{1+2} = -1.2\text{A}$$

$$i_L(0_+) = i_L(0_-) = -1.2\text{A}$$

运用叠加原理求 $i(0_+)$

$$i(0_+) = \frac{E_2}{R_1 + R_3} + i_L(0_+)\frac{R_3}{R_1 + R_3} = \frac{3}{3} + (-1.2\frac{2}{1+2}) = 0.2\text{A}$$

（2）画出 $t = \infty$ 时的等效电路，如图 9-2-4（c）所示，分别求出它们的新的稳态值；

$$i(\infty) = \frac{E_2}{R_1 + (R_2 /\!/ R_3)} = \frac{3}{1 + (1/\!/2)} = 1.8\text{A}$$

$$i_L(\infty) = i(\infty)\frac{R_3}{R_2 + R_3} = 1.8\frac{2}{1+2} = 1.2\text{A}$$

（3）画出从电感器两端看过去的入端电阻等效电路，如图 9-2-4（d）所示，求时间常数 τ；

$$R = (R_1 /\!/ R_3) + R_2 = (1/\!/2) + 1 = \frac{5}{3}\Omega \qquad \tau = \frac{L}{R} = \frac{3}{\frac{5}{3}} = \frac{9}{5}\text{s}$$

（4）代入三要素法通式 $f(t)=f(\infty)+\left[f(0_+)-f(\infty)\right]\mathrm{e}^{-\frac{t}{\tau}}$，得

$$i=1.8+\left[0.2-1.8\right]\mathrm{e}^{-\frac{5t}{9}}=1.8-1.6\mathrm{e}^{-\frac{5t}{9}}\mathrm{A}$$

$$i_{\mathrm{L}}=1.2+\left[-1.2-1.2\right]\mathrm{e}^{-\frac{5t}{9}}=1.2-2.4\mathrm{e}^{-\frac{5t}{9}}\mathrm{A}$$

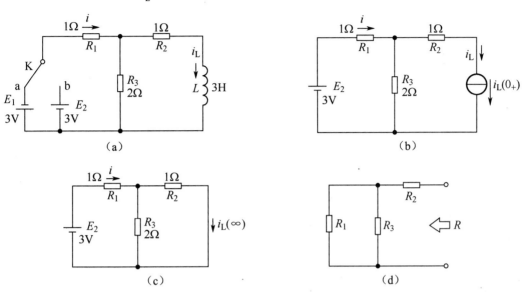

图 9-2-4　例 2 图

同步练习题

一、填空题

1. 如图 9-2-5 所示电路，开关 S 闭合前，电路已经达到稳定状态，当 $t=0$ 时刻开关 S 闭合，则初始值 $i(0_+)=$ _____A，电路的时间常数 $\tau=$ _____μs，稳定后 $u_{\mathrm{C}}(\infty)=$

_____。

2. 如图 9-2-6 所示电路，$I=10\mathrm{mA}$，$R_1=3\mathrm{k\Omega}$，$R_2=3\mathrm{k\Omega}$，$R_3=6\mathrm{k\Omega}$，$C=2\mathrm{\mu F}$，在开关闭合前电路已处于稳态，在开关 S 闭合后，$i_{\mathrm{c}}(0_+)=$ _____，$i_1(\infty)=$ _____，$\tau=$ _____。

3. 如图 9-2-7 所示电路，S 闭合时电路处于稳态，在 $t=0$ 时将 S 断开，则电容器上的电压稳态值 $u_{\mathrm{C}}(\infty)=$ _____V，时间常数 $\tau=$ _____ms。

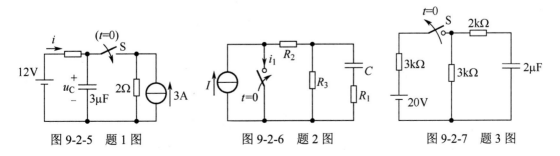

图 9-2-5　题 1 图　　　　图 9-2-6　题 2 图　　　　图 9-2-7　题 3 图

4. 如图 9-2-8 所示电路，已知 E=100V，R_1=10Ω，R_2=15Ω，开关 S 闭合前，电路处于稳态，求开关 S 闭合后 i_L、i_2 及电感器上电压的初始值分别为_____A，_____A，_____V。

5. 如图 9-2-9 所示电路，t=(0_+) 时，i_c=_____A，u_L=_____V，u_{R2}=_____V。

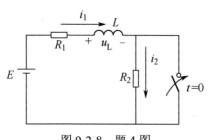

图 9-2-8　题 4 图

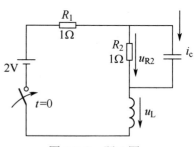

图 9-2-9　题 5 图

6. 如图 9-2-10 所示电路，I_S=100mA，R_1=3kΩ，R_2=3kΩ，R_3=6kΩ，C=2μF，在开关 S 闭合前电路已处于稳态，t=0 时开关 S 闭合，$i(0_+)$=_____mA，$i(\infty)$=_____mA。

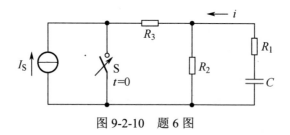

图 9-2-10　题 6 图

二、单项选择题

在 R-C 积分电路中，表达正确的是（　　　）。
　　A．信号从电阻器输出，其时间常数远小于输入的矩形波脉宽
　　B．信号从电容器输出，其时间常数远小于输入的矩形波脉宽
　　C．信号从电阻器输出，其时间常数远大于输入的矩形波脉宽
　　D．信号从电容器输出，其时间常数远大于输入的矩形波脉宽